Reuter

Psychologie im Projektmanagement

Psychologie im Projektmanagement

Eine Einführung für
Projektmanager und Teams

von Mark Reuter

PUBLICIS

Bibliografische Information Der Deutschen Nationalbibliothek
Die Deutsche Nationalbibliothek verzeichnet diese Publikation in der Deutschen Nationalbibliografie; detaillierte bibliografische Daten sind im Internet über http://dnb.d-nb.de abrufbar.

Gestaltung des Buchcovers: Jürgen Streitenberger unter Verwendung eines Fotos (Quelle: fotolia/poco_bw)

www.publicis-books.de

Lektorat: Dorit Gunia, dorit.gunia@publicis.de

ISBN 978-3-89578-361-6

Verlag: Publicis Publishing, Erlangen

Printed in Germany

Einleitung

Sie machen Projekte? Sie sind also Projektleiter oder Projektleiterin? Dann wissen Sie sicherlich: Projekte sind in Mode! Projektleiter sind in! Problematisch ist nur: Unter dem Begriff des Projektmanagements werden ganz unterschiedliche Dinge zusammengefasst. Was ein Projekt ist und was kein Projekt ist oder wo die Grenzen liegen, wird von verschiedenen Personen ganz unterschiedlich verstanden. Und was Projekterfolg ist, ist mindestens so vielschillernd. Operation gelungen – Patient tot? Dies trifft auf jeden Fall bei manchen Projekten zu. Projekte sind also irgendetwas zwischen Ausnahme und Planbarkeit, zwischen Komplexität und Machbarkeit, zwischen Risiko und Hoffnung.

Am Anfang meiner Seminare stelle ich regelmäßig fest, dass kaum zwei Teilnehmer im Raum sind, die die gleiche Vorstellung davon haben, was man unter Projektmanagement versteht. Offensichtlich werden unter dem Begriff des Projektmanagements ganz unterschiedliche Dinge zusammengefasst. Dies führt dazu, dass in manchen Betrieben Projektmanagement sehr „individuell", „pragmatisch" oder auch „spontan" gehandhabt wird. Ein Projekt wird dann schnell mal aus der Taufe gehoben, ohne die formellen organisatorischen und inhaltlichen Rahmenbedingungen richtig geklärt zu haben. In größeren Organisationen finden sich zumeist solche Regelungen, sie bleiben jedoch häufig abstrakt und werden nicht auf das jeweilige Projekt konkretisiert. Unklar bleiben in diesen Fällen die Zuständigkeiten und die Verantwortungsgrenzen des Projektleiters – gerade im Blick auf die Aspekte, die nicht den technischen Inhalt des Projektes betreffen: Wo beginnt und wo endet seine Macht gegenüber der Linie? Wie kann er die notwendigen Ressourcen aus den Fachabteilungen bekommen – gerade dann, wenn diese nicht sehr positiv seinem Projekt gegenüberstehen? Welche Möglichkeiten stehen ihm offen im Umgang mit schwierigen Personen und Situationen in seinem unmittelbaren und weiteren Projektumfeld? Was darf, kann und muss der Projektleiter selbst entscheiden – und was nicht? Nicht selten fühlen sich gerade unerfahrene Projektleiter ohnmächtig, diese grundsätzlichen Fragen zu klären. Da wird dann schnell darauf vertraut, dass man bei gegebenem Anlass den Rückhalt bei den eigenen Verantwortlichen hat. Meistens geht das nur so lange gut, wie das Projekt „problemlos" läuft. Tauchen entsprechende Schwierigkeiten auf, wird nicht die mangelhafte Ausstattung der

Rolle des Projektleiters verbessert, sondern schnell die persönliche Kompetenz des Projektleiters in Frage gestellt! So mancher Projektleiter empfindet sich in seiner Rolle daher als zahnloser Papiertiger, der sich gleichzeitig für sein Projekt mit Feuer und Flamme einsetzt, aber dabei zugleich zu verbrennen droht (Burn-out).

Die Ursache für diese erlebte Misere in der Praxis ist dabei nicht ausschließlich einem Faktor zuzuordnen. Wie so oft im Leben tragen mehrere Einflüsse zum Gelingen oder Misslingen bei. Meine These ist: Sollen Projekte erfolgreich zu Ende gebracht werden, braucht es im Projektmanagement in erster Linie ein bewusstes psychologisches Können. Gelegenheiten, dieses psychologische Können im Projekt unter Beweis zu stellen, gibt es viele:

- beim Erspüren von unausgesprochenen Erwartungen und Erfolgskriterien an das Projekt durch die Auftraggeber
- im Umgang mit externen Faktoren, die scheinbar so ganz nebenbei das Projekt beeinflussen
- beim Verhandeln über den Zugriff auf Ressourcen mit externen Partnern oder internen Vorgesetzten
- im Umgang mit Mitarbeitern, um diese für die Mitarbeit zu begeistern und später auch zu führen
- bei der Selbstmotivation und Selbstausrichtung der eigenen Person.

Projektmanagement als designtes Management

Diese Aussage mag im ersten Moment etwas ungewöhnlich erscheinen: Projektmanagement als „Design"? Für viele Menschen ist „etwas zu designen" eine künstlerische oder auch mal technische Tätigkeit. Das Wort „Design" bedeutet wertneutral etwas „planen", „entwerfen", „gestalten". Berücksichtigt man diese eigentliche Wortbedeutung, muss man festhalten: Insofern der Mensch ein Objekt bewusst formt oder gestaltet, ist dies Design. Diese Formgebung ist nicht zufällig, sondern unterliegt bestimmten Intentionen oder Prinzipien. Wenn also der Projektleiter das Projektgeschehen bewusst formt oder gestaltet, ist er Designer. Man kann sogar noch einen Schritt weitergehen: Neben Objekten, die durch ihre Form begreifbar sind, werden auch Ideen und Abstraktes erst durch eine Form begreifbar. Planen und Steuern als geistige Vorgänge sind solche Vorgänge. Sie sollten nicht „zufällig" vom Projektleiter, seinen Erfahrungen und Vorstellungen abhängig sein. Vielmehr sollte ein Projektleiter sein Projekt nach bestimmten formalen und persönlichen Kriterien planen und steuern.

Anders ausgedrückt heißt das: Jeder Mensch ist in der Lage, durch Introspektion und Retrospektion den eigenen Gedanken und Gefühlen eine Form zu geben. Dieses Gestalten von Immateriellem zeichnet den Menschen aus! Planung und Steuerung eines Projektes sind Ergebnisse einer solchen Reflexion, sind also individuelle Leistungen der Formgebung. *Also: Projektleiter reflektiere, was Du planst und wie Du steuerst. Dadurch bestimmst Du das Design Deines Projektmanagements.*

Nur am Rande sei angemerkt, dass die Fähigkeit, Dinge bewusst zu gestalten eine Fähigkeit ist, die den Menschen aller Zeiten und Zonen innewohnt. Schon in den frühen Höhlenmalereien wird durch die zeichnerische Gestaltung versucht, den eigenen Gefühlen wie z. B. Angst vor den gefährlichen Tieren oder auch zukünftigen Ereignissen – wie der bevorstehenden Jagd – Ausdruck zu verschaffen. Bis zur Beginn der Moderne gab es immer einen vorherrschenden Stil in der europäischen Kunstgeschichte. Diese einseitige Ausrichtung zerbrach und wurde bis heute nicht mehr erreicht. In unserer Zeit steigert sich in der künstlerischen Gestaltung diese „pluralistische" Bewegung manchmal bis ins Absurde und Groteske (siehe z. B. Dadaismus). Heute tritt durch die Vielfalt der Formen eine Beliebigkeit auf, die einem ästhetisierendem „Schön ist, was gefällt" mündet.

Und was hat das mit Projektmanagement zu tun? Projekte zu managen ist eine bewusste Gestaltung des Projektgeschehens. Jedoch gibt es eine unüberschaubare Fülle an Methoden und Ansätzen, Werkzeugen und Techniken, um bestimmte Fragestellungen im Projektmanagement darzustellen, aufzubereiten oder zu lösen. Projektmanagement ist gewissermaßen ein Baumarkt der Problemlösungsmethoden, und der Projektleiter muss immer wieder auswählen, welche „Tools und Techniken" er einsetzen möchte. Der Projektleiter gestaltet damit – bewusst oder unbewusst – das weitere Projektgeschehen.

Wir leben im Zeitalter der Baumärkte mit ihrem Überfluss an Tools und Templates, Methoden und Techniken im Projektmanagement. Projektarbeit verlangt, dass sich der Projektleiter immer wieder neu auf die Ziele und Anforderungen des Projektes einstellt, so wie ein guter Verkäufer sich auf seinen Kunden einstellt oder ein guter Arzt auf die Bedürfnisse seines Patienten. Persönliche Gewohnheiten, aber auch die Arbeit der Fachverbände mit ihren vorgefertigten Kategorien geben hier eine gewisse Orientierung. Dennoch: In der Tagesarbeit bin ich es als Person, die der Arbeit eine unverwechselbare Form gibt.

Was ist psychologisches Projektmanagement?

In meinen Projektmanagement-Seminaren sage ich manchmal scherzhaft, dass mancher Projektmitarbeiter – aber auch mancher Projektleiter – einem „autistischen Hacker“ gleiche. Diese Formulierung kommt erstaunlicherweise gerade bei vielen IT-Mitarbeitern gut an, denn jeder kennt einen Kollegen, der in dieses Vorurteilsraster passt. Natürlich soll mit dieser Formulierung niemand verletzt werden! Es handelt sich ja um ein Stereotyp, das humorvoll eingesetzt wird. Aber hinter dem Scherz verbirgt sich noch mehr, denn in der Tat wird manchmal das Managen eines Projektes betrieben wie ein rein mechanisches Handwerk, als eine Art Rechenkunst, die nach einer mathematischen Gleichung am Ende aufgehen muss, dass es mehr oder weniger isoliert von der Umgebung durchgeführt werden kann. Oder wie es eine andere Teilnehmerin am Ende eines Seminars einmal ausdrückte: „Ich habe hier gelernt, dass Projektmanagement und die Bedienung von MS Project ein Unterschied ist“.

Psychologisches Projektmanagement stellt die vielfältigen menschlichen Ebenen, die es in einem Projekt gibt, in den Vordergrund. Es geht um:

- mich selbst, mein eigenes Selbstbild als Projektleiter, meine Ethik, den inneren Dialog, den ich mit mir führe, und der wichtig ist in Hinblick auf die Frage, was mir wichtig ist und wie ich bestimmt und selbstsicher in meiner Rolle auftreten kann. Es geht um die Selbstreflexion hinsichtlich meines Wissens und Könnens und um die Frage, ob ich als Projektleiter geeignet bin.
- die Beziehung, die ich zum Kunden bzw. Auftraggeber habe: es geht um das Entwickeln einer gemeinsamen Denke, um das Verstehen des anderen: Warum und wofür braucht der Kunde das Produkt, welche Absicht verfolgt der Kunde letztlich, in welchem Kontext soll das Produkt zum Einsatz kommen etc. Es geht um das Erspüren von unausgesprochenen Erwartungen und Erfolgskriterien an das Projekt durch die Auftraggeber.
- den Umgang mit Mitarbeitern, die es zu gewinnen gilt, deren Einsatz und Leistung es zu steuern gilt: Es geht um Motivation und nicht um Manipulation.
- mein Verhältnis, das ich mit externen Lieferanten oder internen Vorgesetzten habe, deren Engagement und Unterstützung ich brauche.

Ich plädiere in diesem Buch für den bewussten Einsatz einer intra-individuellen und inter-individuellen Kompetenz, die menschliche Prozesse in den Vordergrund stellt und die es braucht, um eine komplexe Aufgabe zu lösen – etwas, das immer wieder als wichtig und richtig erkannt wird und trotzdem häufig auf der Strecke bleibt. In der Sprache des Projektmanagements stehen vor allem im Vordergrund: Stakeholdermanagement, Kommunikation und Beziehungsmanagement, Konfliktklärung, Ethik und Reflexion.

Um keinen falschen Eindruck zu erwecken, ich sehe durchaus die Notwendigkeit, technische Hilfsmittel im Managen eines Projektes einzusetzen. Die Komplexität eines Vorhabens mit der Fülle an Dokumenten kann am besten in Form einer systematischen EDV-Ablage bewältigt werden. Kostenberechnungen können leichter durch entsprechende Hilfsmittel durchgeführt und kontrolliert werden. Technik bleibt aber zweitrangig und ist Mittel zum Zweck. Jeder Projektleiter sollte die Fähigkeit besitzen, sich nicht von der Technik dominieren zu lassen. Sicherlich, man kann sich die Arbeit in einem Projekt auch nur unter total sachlichen Gesichtspunkten vorstellen – die Frage bliebe aber: Wollten wir in einem solchen Kontext arbeiten?

Inhalte

- In Kapitel 1 geht es um das Anforderungsprofil an den Projektleiter: Was muss ich alles kennen und können, um meinen Job gut zu machen? Was sagen die großen Fachverbände APM Group, IPMA und PMI mit ihren verschiedenen Normenkatalogen und ihren Zertifizierungsrichtlinien? Welche Rolle spielt bei Ihnen die menschlich-zwischenmenschliche Komponente?
- In Kapitel 2 geht es um die Beziehung des Projektes zu verschiedenen Projektbeteiligten. Wie gehe ich als Projektleiter mit den verschiedenen Interessensgruppen, die es rund um mein Projekt gibt, um? Wie gehe ich mit Kritikern um? Gilt es nur, sie zum Schweigen zu bringen, muss ich sie bekehren, manipulieren oder haben sie nicht auch berechtigte Interessen? Sind es letztlich nicht sie, die am Ende beurteilen, ob das Projekt gelungen ist?
- In den Kapiteln 3-5 geht es um Teamplay, Führung und Konfliktmanagement. Was kann ich tun, damit die Projektmitarbeiter sich mit dem Projekt identifizieren, dass sie die Projektarbeit nicht nur als zusätzliche Last empfinden? Wie kann ich echten Teamgeist erzeugen statt falscher Teamideologie? Welche Rolle kommt hierbei insbesondere der Person des Projektleiters zu? Wie geht er am besten mit Konflikten und Krisen im Projekt um? Hier geht es nicht einfach um die Anwendung von irgendwelchen Führungsregeln, sondern um das bewusste Einbringen von Wertvorstellungen in die Führung des Teams. Wenn das Team mehr als eine Gruppe mit einer gemeinsamen Arbeitsaufgabe sein soll und der Projektleiter mehr als ein Arbeitsverwalter, dann braucht es eine tiefere Übereinstimmung unter den Beteiligten, die sich in einem gemeinsamen Werteverständnis ausdrückt.

- Kapitel 6 beschäftigt sich mit den klassischen Planungs- und Steuerungsthemen aus psychologischer Sicht: Wie motiviere ich und wie überwache ich am besten die Projektmitarbeiter? Dabei gilt es, die Motivation abzugrenzen gegenüber der Manipulation und die Überwachung gegenüber der bloßen Kontrolle. Auch hier geht es darum, den anderen mehr zu erfassen, besser zu verstehen „wie der andere tickt", was seine wahren Bedürfnisse und Anliegen sind. Nur die Fähigkeit, die Weltsicht des Mitarbeiters in die Planung und Steuerung zu integrieren, wird zu einem effektiven Miteinander führen.
- Kapitel 7 ist dem Transfer gewidmet: Zum einen dem Projektabschluss als Ende der Projektzusammenarbeit mit der Frage: Was braucht es, um ein gutes Projektende zu finden? Zum anderen dem Erlernen des Projektmanagements – gewissermaßen als abschließende Aufgabe.
- Am Ende soll aber auch noch eine andere Sicht der Dinge ihren Platz finden: Ist der Erfolg wirklich nur vom Projektleiter und seiner Persönlichkeit abhängig? Nein, sicherlich nicht! Vielmehr bewegt sich der Projektleiter auch in einem konkreten Unternehmen, mit eigenen Regeln und Werten, Normen und Richtlinien, die seinen Weg beeinflussen. Letztlich ist dies die Unternehmenskultur, die es ihm ermöglicht, seine Fähigkeiten zu zeigen oder aber verhindert, dass er etwas erreicht.

Aktuelle Relevanz

- Im Frühjahr 2009 veröffentlichte die International Project Management Association (IPMA®) die Überarbeitung ihrer Beschreibung über das Wissen und die Erfahrung, die man im Projektmanagement braucht (ICB 3.0). Diese neue Norm wurde im Frühjahr 2009 in Deutschland freigegeben. Gleichzeitig überarbeitete das amerikanische Project Management Institute (PMI®) ihre „Project Management Body of Knowledge" (PMBOK® Guide). In beiden Veröffentlichungen, die quasi Normcharakter haben, spielt der Faktor Mensch eine wichtige Rolle.
- Das Buch berücksichtigt neben den Anforderungen der PMI und der IPMA als dritte Größe die Anforderungen der APM Group mit PRINCE2™. Der Ansatz von PRINCE2 wurde ebenfalls im Sommer 2009 aktualisiert und erhält im Moment auch in Deutschland zunehmend Beachtung.
- Das Thema Projektmanagement hat in den letzten Jahren eine enorme Nachfrage erlebt. Dies lässt sich gut an den immer weiter

steigenden Zahlen zu Zertifizierungen für Projektpersonal ablesen. Ich suche bewusst den kritischen Dialog mit den Inhalten der Zertifizierungen, denn in den Prüfungen werden genau diese sozialen Themen ebenfalls abgefragt.

- Das Thema „Faktor Mensch im Projekt" wird in vielen Veröffentlichungen zu Projektmanagement behandelt. Häufig wird aber das Thema der sozialen Kompetenz verkürzt zu einem pragmatischen „wie macht man das"? Diese vereinfachenden Rezepturen sollen hier nicht widergegeben werden! Ich will eine Ebene tiefer gehen, grundsätzlicher werden und suche den Dialog mit Ihnen als Leser – ich stelle meine Thesen, die ich durch meine Tätigkeit als Trainer und Berater gesammelt habe, berichte von den Erfahrungen meiner Seminarteilnehmer und möchte Sie als Leser bitten, abzugleichen, ob Sie gleiche oder ähnliche Erfahrungen gemacht haben. Daher ist das Buch gerade für Personen, die bereits Erfahrungen im Projektmanagement haben, von zusätzlichem Nutzen.

Inhaltsverzeichnis

1 Normen und Zertifizierungen

1.1 Relevanz: Die Bedeutung der richtigen Auswahl von Projektleitern

Immer mehr Aufgaben werden in Unternehmen in Form von Projekten abgewickelt. Die Projektarbeit gewinnt somit zunehmend an Bedeutung und ist aus dem Arbeitsalltag vieler Unternehmen nicht mehr wegzudenken. Erfolgreiches unternehmerisches Handeln setzt qualifiziertes Personal voraus und entsprechend gewissenhaft muss die Auswahl von geeignetem Projektpersonal erfolgen.

Aber wie wichtig nehmen Sie oder Ihre Unternehmensleitung die Frage, den oder die Richtige als Projektleiter zu beauftragen? Sicherlich haben Projekte nur Erfolg, wenn Projektleiter eingestellt werden, die als Person den späteren Anforderungen genügen und flexibel genug sind, sich auf ändernde Bedingungen einzustellen. Oftmals wird aber im Prozess der Personalauswahl die Notwendigkeit der gründlichen Analyse der Management-Kompetenz des Bewerbers unterschätzt. Die Kosten und die Mühe eines gründlichen Auswahlverfahrens werden gescheut oder der Aufwand als unnötig erachtet. In Wirklichkeit jedoch sind diese oftmals vernachlässigbar gering im Vergleich zum finanziellen Schaden und Imageverlust einer möglichen Fehlbesetzung. Deswegen gilt: Je höher und bedeutender die zu besetzende Position, desto mehr lohnt es sich für Sie selbst bzw. für Ihr Unternehmen, bei der Personalauswahl in die Erforschung der Persönlichkeit und der Fähigkeiten zu investieren, um die Folgeschäden einer fehlerhaften Besetzung so gering wie möglich zu halten – ganz abgesehen von den vermeidbaren Kosten, die im Falle einer sofortigen Optimalbesetzung der Stelle erst gar nicht entstehen würden.

Projekte bergen zu Beginn vielfache Chancen und Gefahren. Während des Verlaufs muss der Projektverantwortliche im Stande sein, angemessen zu reagieren. Vor allem bei komplexen Projekten lassen sich nicht alle möglichen Situationen vorhersehen. Auch reicht das Erkennen von Problemen nicht aus, um mit unkalkulierbaren Situationen entsprechend umgehen zu können, sondern hierfür bedarf es der „Berücksichtigung von Erfahrungen, Gefühlen, Intuitionen sowie assoziativen Denkweisen.“[1]. In

[1] Böhle, F.; Pfeiffer, S.; Sevsay-Tegethoff, N. Die Bewältigung des Unplanbaren. Wiesbaden: Verlag für Sozialwissenschaften, 2004, S.193.

Projekten wird zwar versucht, nahezu alles zu planen, dennoch ergeben sich immer wieder unvorhergesehene und komplexe Situationen, die der Projektleiter bewältigen muss. Dafür sind die Begabung für ganzheitliches, vernetztes Denken und die Fähigkeit, für eine harmonische Zusammenarbeit der Mitarbeiter zu sorgen, von Nöten.

Kerzner[1] sieht in der Risikobereitschaft einen Grund für das vergleichsweise junge Alter von Projektleitern, das im Schnitt zwischen 30 und 40 Jahren liegt. Jüngere sind bereit, mehr Risiko in Projekten auf sich zu nehmen, und sind zudem bereit, mehr und länger zu arbeiten als ihre älteren Kollegen. Oftmals sind sich diese jungen Projektverantwortlichen aber auch nicht des Ausmaßes des Risikos bewusst – sei es aufgrund mangelnder Erfahrung oder der Unzulänglichkeit an Objektivität – weshalb die ausschlaggebende Fähigkeit zur Bewältigung von Unvorhersehbarem die Risikobereitschaft darstellt.

Aber noch von einer anderen Seite gewinnt die Frage nach dem richtigen Projektleiter an Relevanz: Es ist die Perspektive der betroffenen Person selbst. Es muss doch für Sie mindestens ebenso wichtig sein wie für das Unternehmen herauszufinden, ob Sie das Zeug zu einem erfolgreichen Projektleiter haben. Diese Seite ist für Sie eine Form der Selbstvergewisserung, die sicherlich genauso wichtig ist wie die Frage der Unternehmensleitung, ob ein möglicher Kandidat, der sich auf die Stelle eines Projektleiters bewirbt, tatsächlich dafür geeignet ist. Hier erfolgt die Antwort auf die Eignungsfrage eher in Blick auf die ganz persönliche Kosten-Nutzen-Bilanz: Wie viel Aufwand, wie viel Nerven, wie viel Lebenswertverlust ist mir die Tätigkeit des Projektleiters wert? Oder wäre für Sie nicht eine Fachkarriere oder eine Linienkarriere besser?

Aus meiner Seminarleitertätigkeit ist gerade diese persönliche Frage für mich die entscheidende im Hinblick auf den Projekterfolg: Projektmanagement verlangt nicht selten einen „Helikopterblick", die Fähigkeit zur „Vogelperspektive", d. h. sich auf das große Ganze zu konzentrieren oder nicht zu kleinteilig zu werden. Und ich erlebe häufig Seminarteilnehmer, die genau das Gegenteil machen: Sie verlangen nach noch genaueren Tools, Methoden, Techniken, um das Unfassbare in den Griff zu bekommen. Beispiel: Das Verlangen nach einem noch ausdifferenzierten Informationsmanagementsystem, um der heutigen E-Mail-Flut „Herr" zu werden – statt dem Einsatz von persönlicher Gelassenheit, die sich z. B. darin ausdrückt, E-Mails nicht gleich am Morgen, sondern erst nach dem Mittagessen zu lesen! Oder: Ein Projektmanagement-Programm erst dann

[1] Kerzner, H. Project Management. A Systems Approach to Planning, Scheduling and Controlling. New York: John Wiley, 2001 (7.Ed), S. 9ff.

einsetzen, wenn es darum geht, einen stabilen Projektplan in Module herunterzubrechen und diese Details dann zu monitoren – statt gleich zu Beginn das Projekt in die EDV zu zwängen. Diese Gelassenheit ist eine Form von Souveränität, die vielleicht auch eine gewisse persönliche Reife braucht.

Im folgenden Kapitel geht es zunächst um die Anforderungen, die an eine Person gestellt werden, damit diese als Projektleiter eingesetzt werden kann. Gibt es einen eindeutigen Kriterienkatalog, die ein Projektleiter erfüllen muss? Wenn ja: wie sieht dieser aus? Wenn man diese Kriterien hat, lässt sich die Frage stellen: Wie wird überprüft, ob eine Person diese Kriterien erfüllt? Welche Verfahren können herangezogen werden, um die Eignung eines Kandidaten festzustellen und zu definieren.

Last but not least ist die entscheidende Frage für mich, ob ich die notwendigen Voraussetzungen erfülle bzw. wie ich mich selbst dazu entscheide.

1.2 Aufgaben und Anforderungen an einen Projektleiter

„Die Zukunft der innerbetrieblichen Arbeitsorganisation liegt im Projektmanagement" – Aussagen dieser Art finden Sie in vielen Managementzeitschriften und wissenschaftlichen Analysen. Dahinter verbirgt sich die These, dass Projektmanagement die effizienteste Möglichkeit der Organisation in Sachen Produktentwicklungen, Produkteinführungen etc. darstellt. Daneben erlebt diese Form der Organisation auch in vielen weiteren Bereichen eine Hochkonjunktur. Viele Unternehmen sind in einer Phase angelangt, in der versucht wird, diese Form der Aufgabenbewältigung für sehr unterschiedliche Bereiche einzusetzen.

Wer sich als Arbeitnehmer auf diesen Markt einstellen möchte, wird allerdings enttäuscht: Wenn man die Stellenanzeigen in den Wochenendausgaben nach einem Profil „Projektleiter" durchforstet, wird man schnell feststellen: Es gibt keine einheitliche Anforderungsbeschreibung für Projektleiter. Je nach Unternehmen und Branche differiert das geforderte Eintrittsalter (35 - 45 Jahre). Branchen- und/oder Berufserfahrung sind durchaus gewünscht, wobei es oftmals unklar bleibt, in welchem genauen Ausmaß – genauso unklar bleibt, was jeweils unter geforderten Kenntnissen in Projektmanagement-Methoden verstanden wird. Auch die persönlichen Voraussetzungen sind häufig mehr als wage: Es wird von Eigeninitiative sowie unternehmerisches Denken, soziale Kompetenz und Führungserfahrung gesprochen. Gerne wird auch analytisch-strukturiertes

Denken, selbständiger Arbeitsstil, teamorientierte Arbeitsweise und hohe Belastbarkeit gefordert.

Wenn ich in meinen Seminaren nach den verschiedenen „Rollen" frage, die die Seminarteilnehmer als Projektleiter schon erlebt haben, antworten viele: der Projektleiter hat die Rolle eines „Methodenexperten", er stellt das „Tor zwischen Technik und Business" dar, soll aber auch „Teamplayer und Leader zugleich" sein. In den Besprechungen wird von ihm die Rolle des „Moderators" und gleichzeitig des „Experten" abverlangt. Er soll die Funktion des „Verhandlers" oder eines Schlichters bei widersprechenden Zielen und Interessen übernehmen. Offensichtlich muss der Projektleiter also ein Alleskönner sein. Zur Beschreibung dieser vielfältigen Anforderungen wird umgangssprachlich gerne das Bild der „eierlegenden Wollmilchsau" bemüht!

In den Seminaren gibt es häufig kontroverse Diskussionen über das Anforderungsprofil. Meist entzünden sich die Diskussionen an der Frage, wie viel „Fachwissen" der Projekteiter haben muss. Die einen plädieren dafür, dass der Projektleiter auf jeden Fall vom Projektgegenstand eine Ahnung haben muss: Er muss zwar nicht in allen Fachgebieten Experte sein, aber er „muss wissen, wo er inhaltlich hin will". Andere vertreten die Ansicht, dass der Projektmanager als „reiner" Manager gewissermaßen nur Methodenexperte sein muss.

Und auch in der Literatur scheint es keinen Konsens bezüglich der Anforderungen zu geben. Eine Definition, die wir gefunden hatten, zieht sich zurück auf die Aussage, dass der Projektleiter die Verantwortlichkeit für kosten-, qualitäts- und zeitgerechte Leistungserbringung sowie für die interdisziplinäre fachliche und personelle Teamführung hat. Andere definieren: „Ein Projektleiter muss in der Lage sein, das Projekt zu managen, sein Team zu führen und als Schnittstelle zu den Stakeholdern zu fungieren"[1] und führt dazu wesentliche Aufgaben auf:

1. Projektplanung und -controlling
2. Projektorganisation
3. Auswahl und Führung des Projektteams
4. Erarbeitung von Umsetzungsstrategien
5. Steuerung des Projektfortschritts
6. Gestaltung und Pflege der Kundenbeziehungen
7. Information und Kommunikation über den Projektstatus
8. Risikomanagement

[1] Schelle, H.; Ottmann, R.; Pfeiffer, A.: ProjektManager. Nürnberg: GPM, 2005 (1. Auflage), S.320.

9. Organisation der Projektadministration und Dokumentation

Geben diese Definitionen uns die Sicherheit, eine allgemeingültige Beschreibung der Anforderungen an den Projektleiter in den Händen zu halten? Nicht wirklich, denn einerseits werden nur manche persönlichen Erfahrungen aufgezählt oder andererseits nur einige der typischen Aufgabenfelder benannt, die jedoch keine Aussage darüber beinhalten, über welche Eigenschaften jemand verfügen muss, um diese Aufgaben zu managen. So können sich doch hinter den verschiedenen Aufgabenfeldern unterschiedliche Kompetenzen verbergen, z. B. verlangt manche Aufgabe entsprechend Ruhe und Konzentrationsfähigkeit auch auf Kleines, während andere eher Intuition und soziales Gespür verlangt.

In diesem Zusammenhang wird dann von Kompetenz oder Qualifikationen des Projektleiters gesprochen (Handlungskompetenz). Schelle et al[1] unterscheiden zwischen den vier Kompetenzsäulen: Fachkompetenz, Methodenkompetenz, Organisationskompetenz und Sozialkompetenz. Andere Autoren[2] (z. B. Steinbuch, S.90) differenzieren dagegen in persönliche Qualifikation, Projektqualifikation, Fachqualifikation und Führungsqualifikation. Auch hinsichtlich der Frage, welche Rolle die Fachkompetenz des Projektleiters haben muss, ist ungeklärt. Die Befürworter eines „generalistischen Ansatzes" argumentieren, dass die sozialen und methodischen Kompetenzen der Projektleitung im Vordergrund stehen. Vertreter des „sach- bzw. fachkompetenten Ansatzes" verlangen vom Projektleiter, dass dieser die fachspezifischen Auskünfte seiner Mitarbeiter versteht.

Offensichtlich existiert weder im Alltagsgebrauch (Sprachgebrauch, Stellenanzeigen etc.) noch in der Literatur ein einheitliches Anforderungsprofil für einen Projektleiter. Wen wundert es? Angesichts der Heterogenität von Projekten (Dauer, Komplexitätsgrad, Branche) scheint es durchaus verwegen, einen einheitlichen Kriterienkatalog für den Projektleiter festlegen zu wollen. Ist es also eine Frage der Selbstdefinition?

1.3 Ein pragmatischer Ansatz – Selbstreflexion: wie gut bin ich als Projektleiter geeignet?

Wir haben jetzt über Projektleiterfähigkeiten aus unterschiedlichen Perspektiven berichtet – zumindest von den inoffiziellen und allgemein zugänglichen Anforderungskatalogen. Je nach Testverfahren wird hier ver-

---

1 Schelle, H.; Ottmann, R.; Pfeiffer, A.: ProjektManager. Nürnberg: GPM 2005 (1. Auflage), S.321.

2 Steinbuch, P.: Projektorganisation und Projektmanagement. Ludwigshafen (Rhein): Kiehl, 1998, S.90.

schiedenes Methodenwissen, teilweise auch die Anwendung dieser Methoden, erfasst. An dieser Stelle möchte ich die Frage nach den Anforderungen noch einmal anders stellen. Statt der Frage, „was muss ich können“, finde ich die Frage viel wichtiger „was will ich können“?

Viele Projektleiter übernehmen die Aufgabe nicht bewusst. Sie wachsen in diese Funktion hinein oder werden ganz einfach in diese Funktion hineingestoßen: Die einen nennen es „Vorstandsbeauftragung“, andere ganz einfach „Fisch, schwimm oder stirb!“ Das mag nicht die beste Art sein, jemand Verantwortung zu übertragen, ist aber häufig sehr üblich. Eine Zertifizierung kann für das eigene Selbstwertgefühl hilfreich sein, aber nicht unbedingt die tatsächliche Kompetenz widerspiegeln.

Dass zwischen gelebter Kompetenz und verliehenem Titel oft gewaltige Unterschiede bestehen können, zeigt dieses (drastische) Beispiel:

Praxis

Im Rahmen eines IPMA-Projektmanagement-Zertifizierungskurses „Level D“ traf ich einen Teilnehmer, der seit 20 Jahren im Projektgeschäft tätig war. Erhatte ca. 14 Jahre im Angestelltenverhältnis eines großen IT-Dienstleisters gearbeitet, bevor er sich selbständig gemacht hatte. Seitdem arbeitete er bei verschiedenen Unternehmen in der IT-Branche und besuchte mit 43 Jahren (3 Söhne im Alter von 23, 18 und 12 J.) einen Level D-Kurs! Ich machte ihn darauf aufmerksam, dass ein Level-D-Kurs der IPMA dem Niveau eines kompetenten Projektmitarbeiters entspricht ...

Ich werde im nächsten Kapitel noch genauer beschreiben, welche offiziellen Zertifizierungsstufen es bei den verschiedenen Fachverbänden gibt. So viel sei hier jedoch schon gesagt: Das „Level D“ ist die niedrigste Zertifizierungsstufe und testiert einem Projektmitarbeiter bzw. einem Mitarbeiter im Projekt-Office entsprechendes Grundlagenwissen.

Auch manche großen Unternehmen bieten (eigens entwickelte) Beurteilungsinstrumente an, mit denen der Projektleiter seine Kompetenz in Projektmanagement einschätzen kann. Meistens korrespondieren diese Skalen mit den verschiedenen Projektarten oder den verschiedenen Komplexitätsstufen, die die Projekte in diesem Unternehmen haben. Wenn das Unternehmen sich diese Mühe nicht machen will bzw. wenn die einzelne Person unabhängig von ihrer beruflichen Situation nach einem Beurteilungsinstrument sucht, stößt sie unweigerlich auf die „Selbstbeurteilung“ der GPM (siehe Abschnitt 1.4.2). Diese Selbstbewertung dient dem Projektmanagement-Zertifikanten als kritischer Spiegel, wenn er überlegt, ob er eine der Zertifizierungsstufen erlangen möchte. Je nach Zertifizierungsstufe sollten dann die unterschiedlichen Wissensgebiete verschieden stark ausgeprägt sein. Die anderen PM-Verbände, die PMI aus den USA, und die APM-Group, die in Deutschland besser unter dem Namen PRINCE2 bekannt ist, kennen eine solche Selbstreflexion nicht.

Ab wann bin ich zum Projektleiter geeignet? Ein Satz, der mir in diesem Zusammenhang immer wieder begegnet und mich auch deswegen ein gutes Stück geprägt hat, lautet: „Irgendwann muss man wissen, was man kann!“ Ein solcher Satz ist gegenüber den Zertifizierungsverbänden geradezu geschäftsschädigend – zugleich aber umso wichtiger für das persönliche Selbstwertgefühl. Zertifizierungen sind Orden, die man sich ans Revers hängt, um sich als großer Feldmarschall zu präsentieren. Jeder Historiker kann aber bestätigen, dass Schlachten häufig aufgrund scheinbar nebensächlicher Begleitumstände gewonnen wurden – nicht aufgrund der Orden, die der General hatte.

In meine mehrtägigen Seminare lade ich gerne abends einen erfahrenen Projektleiter ein, damit dieser den meist jungen Projektleitern von seinen Erfahrungen erzählt. Diese Abende finde ich selbst immer hochinteressant und spannend, zumal ich selbst dort immer auf neue Ideen gebracht werde. Die eingeladenen Referenten erzählen manchmal von den Zufällen, durch die sie in die heutige Positionen kamen, sie erzählen von dem „Vernetztsein“ mit anderen, ihren Entscheidern etc. Sie erzählen von dem gesunden Menschenverstand, der sich nachträglich als richtig und wichtig herausgestellt hat. Und jetzt frage ich Sie: Welche Empfehlungen könnten Sie – vielleicht als erfahrene Projektmanager anderen, jüngeren Projektleitern geben, damit diese von ihren Erfahrungen profitieren könnten? Oder von welchen Erfahrungen anderer haben sie selbst am ehesten profitiert? Welche Personen, Bilder, Geschichten von Lehrern und Lehren haben Sie im Kopf, durch die sie geprägt wurden? Kompetenz kommt nicht von außen, sondern geschieht durch das Nachdenken und Bewerten dessen, was uns bewusst ist.

In vielen dieser Erzählungen und Erfahrungen wird bestätigt, dass neben Projektmanagement-Wissen und „automatisierter“ Anwendung der Projektmanagement-Methoden immer noch eine Determinante übrigbleibt, die über Erfolg oder Misserfolg des Projektleiters entscheidet. Die einen nennen es die persönliche Note, die anderen die persönliche Erfahrung – vielleicht ist es beides – seine Persönlichkeit. Projektmanagement ist eine Werkzeugkiste mit großen und kleinen Schraubenziehern, verschiedenen Zangen, Hämmern und anderen Werkzeugen. Dass die Werkzeugkiste richtig gepackt ist, ist das Projektmanagement-Wissen. Es ist die Erfahrung, die darüber entscheidet, ob der Projektleiter den großen oder den kleinen Schraubenzieher aus der Kiste herausholt. Es ist aber die individuelle Persönlichkeit, die dann noch bestimmt, wie fest die Schraube im Einzelfall angezogen wird.

Ein Projektleiter brachte die Erkenntnis seiner persönlichen Reflexion einmal wie folgt auf den Punkt:

> Habe ich den Mut und die Lust, mich an das Neue heranzuwagen? Habe ich Mut, aktuelle Probleme umgehend, offen und konstruktiv anzusprechen (oder warte ich darauf, dass es jemand anderes tut)? Kann ich auch mit einem Scheitern umgehen? Ist mit klar, dass Scheitern möglich ist und nicht zu einem persönlichen Nachteil führt?
>
> Kann ich mit allen Projektbeteiligten kommunizieren oder habe ich mit bestimmten Personen oder Instanzen Probleme? Kann ich Feedback holen und annehmen, um mich zu vergewissern, dass ich auf dem richtigen Weg bin, anstatt ohne Absicherung alleine weiter vorzupreschen.
>
> Was muss ich auf jeden Fall planen – und wie einfach kann ich komplexe Dinge denken? Wie detailversessen bin ich oder wie gut kann ich die einfachste Lösung, die die Anforderungen erfüllt, beschreiben?

1.4 Ein mögliches Anforderungsprofil: Variante 1 – die International Competence Baseline (ICB) der IPMA

Ein Ansatz, einheitliche Anforderungen an Projektpersonal zu definieren, wird durch die Arbeit von Fachverbänden geleistet. Hier ist an erster Stelle die IPMA (International Project Management Association) zu nennen. Diese ist ein Zusammenschluss von mehr als 50 nationalen PM-(Fach)verbänden mit insgesamt rund 40 000 Mitgliedern. Ziele der IPMA sind die Harmonisierung der in den Mitgliedsländern bereits praktizierten Qualifizierungs- und Zertifizierungsprogramme für Projektpersonal sowie die Vergleichbarkeit und Einordnungsmöglichkeit der nationalen Abschlüsse und die gegenseitige Anerkennung der erteilten Zertifikate im Projektmanagement. Basis dafür bildet die aus den unterschiedlichsten Projektmanagement-Standards der nationalen Gesellschaften für Projektmanagement entstandene gemeinsame International Competence Baseline (ICB). Zusätzlich verabschiedete die IPMA 1998 ein universales System für die Validierung von PM-Zertifizierungen über vier Stufen (4-l-c). Deutscher Vertreter der IPMA ist die GPM (Deutsche Gesellschaft für Projektmanagement e.V.). An ihrer Seite – jedoch unabhängig davon – steht die PM-Zert, die nationale Zertifizierungsstelle für Projektpersonal, die für die Zertifizierung zuständig ist. Während die GPM über ihre zertifizierten und autorisierten Trainingspartner durch Lehrgänge und Seminare die Qualifizierung von Projektpersonal vorantreibt, will die PM-Zert als unparteiische Instanz die vorhandene Qualifikation von Projektpersonal testieren. Mit der Zertifizierung kann ein Projektmitarbeiter nachweisen, dass seine Kompetenzen für bestimmte Aufgaben geprüft sind. Die Zertifizierung ist damit Prüfung und Bestätigung einer vorhandenen Qualifikation (Kompetenznachweis).

Alle nationalen Verbände, die in der IPMA zusammengefasst sind, richten ihre Arbeit an den internationalen Anforderungen der ICB aus. Die ICB enthält die offiziellen Definitionen der von der IPMA postulierten Kompetenzen eines Projektmanagers. Die ICB ist ein „Rahmendokument, an das sich alle IPMA-Mitgliedsorganisationen und Zertifizierungsstellen halten, um die Anwendung einheitlicher und harmonischer Normen zu gewährleisten". In regelmäßigen Zeitabständen wird dieses Referenzdokument aktualisiert und angepasst. So definierte die ICB 2.0 noch 42 Themengebiete, über die ein Projektmitarbeiter/Projektleiter entsprechendes PM-Wissen und Erfahrung verfügen sollte. Außerdem wurden für den Projektverantwortlichen acht Aspekte für das persönliche Verhalten (Führungsfähigkeiten) sowie zehn Aspekte für den allgemeinen Eindruck postuliert. Ende 2008 wurde die ICB 2.0 von der ICB 3.0 abgelöst. Diese unterscheidet jetzt drei Bereiche, die für die Projektmanagement-Kompetenz wichtig sind: Technik, Verhalten und Kontext.

1.4.1 Inhalt und Aufbau der ICB 3.0

In der ICB 3.0 werden 46 Kompetenzen festgelegt, ergänzt durch die Schlüsselbeziehungen zwischen ihnen. Diese werden für die drei Bereiche Technik, Verhalten und Kontext beschrieben.

Als Kompetenz wird in der ICB 3.0 die nachgewiesene Fähigkeit verstanden, Wissen und/oder Fertigkeiten anzuwenden sowie der Nachweis persönlicher Eigenschaften (dort, wo diese relevant sind). An einer anderen Stelle heißt es: Kompetenz ist eine Kombination aus Wissen, persönlichem Verhalten, Fertigkeiten und spezifischer Erfahrung, die nötig ist, um in einer entsprechenden Funktion erfolgreich zu sein.

Jedes Kompetenzelement ist inhaltlich beschrieben und setzt sich aus Wissen und Erfahrung zusammen. Jedes Element – zumindest in der Theorie – ist auch gleich wichtig: In der Praxis kann natürlich das eine Element mal eine größere oder geringere Rolle spielen. Gleichzeitig sind die einzelnen Kompetenzbereiche jedoch nicht frei von Überlappungen.

Tabelle 1 Inhalt und Aufbau der ICB 3.0

Fachlich-methodische Kompetenzen	Kontext-Kompetenzen	Verhaltens-Kompetenzen
Projektmanagementerfolg	Projektorientierung	Führung
Interessierte Parteien	Programmorientierung	Engagement und Motivation
Projektanforderungen und Projektziele	Portfolio-Orientierung	Selbststeuerung
Risiken und Chancen	Einführung von Projekt-, Programm- und Portfolio-Management	Durchsetzungsvermögen
Qualität	Stammorganisation	Entspannung und Stressbewältigung
Projektorganisation	Business	Offenheit
Teamarbeit	Systeme, Produkte und Technologien	Kreativität
Problemlösung	Personalmanagement	Ergebnisorientierung
Projektstrukturen	Gesundheit, Arbeits-, Betriebs- und Umweltschutz	Effizienz
Leistungsumfang und Lieferobjekte (Deliverables)	Finanzmanagement	Beratung
Projektphasen, Ablauf und Termine	Rechtliche Aspekte	Verhandlungen
Ressourcen		Konflikte und Krisen
Kosten und Finanzmittel		Verlässlichkeit
Beschaffung und Verträge		Wertschätzung
Änderungen		Ethik
Überwachung, Steuerung und Berichtswesen		
Information und Dokumentation		
Kommunikation		
Projektstart		
Projektabschluss		

1.4.2 Die 4 Kompetenz- und Zertifizierungsstufen der IPMA

Auf der Basis der ICB wurden von den nationalen Verbänden vier verschiedene Klassen (Levels) festgelegt, die jeweils für unterschiedliche Kompetenzstufen eines Projektmanagers stehen. Jedes Level spiegelt ein bestimmtes Kompetenz-Niveau (4C-L) wider. So steht „Level D" für das niedrigste Kompetenzniveau und „Level A" für das höchste. Das Interessante dabei ist: Die Fachverbände der verschiedenen Mitgliedsländer haben sich auf ein einheitliches System zur Beurteilung von Projektmanagement-Kompetenz geeinigt! Also existiert so etwas wie eine allgemein gültige Vorstellung über die Kompetenzen von Projektmanagern? Ja, in der Tat, wobei es sich hier um eine Setzung handelt, also nicht um eine empirische Validierung, vielmehr um einen willkürlichen Akt. Wie sind nun diese vier Kompetenzstufen definiert?

Level D: Zertifizierte Projektmanagement-Fachkraft (GPM)

- Verfügt über eine schulische und berufliche Ausbildung sowie Berufserfahrung, besitzt gute Kenntnisse (Kennen + Wissen) in allen Projektmanagement-Bereichen.
- Ist fähig, diese Kenntnisse anzuwenden (Können).
- Kann als Teammitglied in einem Projekt in jedem Projektmanagement-Bereich arbeiten.

Level C: Zertifizierter Projektmanager (GPM)

- Hat mindestens drei Jahre Projektmanagement-Erfahrung (=full time equivalent) in verantwortlichen Leitungsfunktionen von nicht-komplexen Projekten und hat innerhalb der letzten acht Jahre sowie zeitnah vor dem Zertifizierungsantrag die levelbezogene Tätigkeit ausgeführt.
- Ist fähig, ein nicht-komplexes Projekt mit allen Projektparametern oder ein Teilprojekt eines komplexen Projektes mit den entsprechenden Projektparametern zu leiten und/oder die Projektleitung eines komplexen Projekts in jedem Projektmanagement-Bereich zu unterstützen und die Verantwortung dafür zu übernehmen.
- Ist verantwortlich für das Management eines Projekts von begrenzter Komplexität und führt ein kleines Team von Projektmanagement-Personal.
- Wendet gebräuchliche PM-Methoden, PM-Managementprozesse, PM-Techniken und -Werkzeuge an.

Level B: Zertifizierter Senior Projektmanager (GPM)

- Hat mindestens fünf Jahre Projektmanagement-Erfahrung, davon drei Jahre in verantwortlichen Leitungsfunktionen von komplexen (optional: internationalen) Projekten. (Voraussetzung ist, dass er innerhalb der letzten acht Jahre sowie zeitnah vor dem Zertifizierungsantrag die levelbezogene Tätigkeit ausgeführt hat.)
- Ist fähig, ein komplexes Projekt mit allen Projektparametern in allen Projektmanagement-Bereichen zu leiten.

- Ist verantwortlich für ein größeres Team von Projektmanagement-Personal und führt dieses.
- Setzt gebräuchliche und weitergehende PM-Methoden, PM-Techniken und -Werkzeuge ein.

Level A: Zertifizierter Projekt-Direktor (GPM)

- Hat mindestens fünf Jahre Erfahrung im Mehrprojekt- und Programm-Management, davon drei Jahre in verantwortlichen Leitungsfunktionen für die Koordination und das Portfolio-Management von Projekten. (Voraussetzung ist, dass er innerhalb der letzten acht Jahre, sowie zeitnah vor dem Zertifizierungsantrag die levelbezogene Tätigkeit ausgeführt hat.)
- Ist fähig, alle Projekte einer Organisation oder Organisationseinheit oder eines Programms verantwortlich zu koordinieren, zu überwachen und zu steuern.
- Hat Entscheidungsvollmacht für ein Projekt-Portfolio und setzt Prioritäten für das Management.
- Ist verantwortlich für die Entwicklung von Projektmanagement-Personal und das Coaching von Projektmanagern.
- Ist verantwortlich für die Einführung und den Einsatz von PM-Methoden, PM-Techniken, -Werkzeugen, PM-Handbüchern, -Leitfäden und –Richtlinien.

Auf der Basis der ICB und der Ausdifferenzierung in verschiedene Kompetenzlevels können sich Projektleiter bei den nationalen Zertifizierungsstellen der IPMA zertifizieren lassen. Zertifizierung bedeutet hierbei die Bestätigung durch einen unabhängigen Dritten, dass die Person über die betreffenden Kompetenzen im Sinne der ICB-Norm, verfügt (d. h. sie ist normenkonform). Dass es sich mit der „Zertifiziererei" auch um eine verbandliche Geldmacherei handelt, will ich hier nur am Rande erwähnen. Der Vorteil auf der Seite des Zertifizierungskandidaten ist folgender: Besteht er/sie das Verfahren zur Zertifizierung, erhält er eine Urkunde, die ihm (und einem möglichen Auftraggeber oder Arbeitgeber) bescheinigt: „Jawohl, Du bist ein Level X Projektmanager". Eine solche Aussage über Kompetenz plus Normenkonformität hilft auf jeden Fall – angesichts der Tatsache, dass es kein empirisches Anforderungsprofil für Projektmanager gibt.

1.4.3 Die levelabhängigen Zertifizierungs-Prüfungen bei der IPMA

Die Prüfungen und Assessments im Rahmen der Zertifizierung führen unabhängige, selbst zertifizierte und/oder von internationalen Gremien zugelassene Projektmanagement-Assessoren durch. In jedem Land versucht eine Zertifizierungsstelle der IPMA (in Deutschland die PM-Zert, in der Schweiz der VZPM), für jede Zertifizierungsstufe ein Personen-unabhängiges Verfahren und die beste Objektivität der Bewertung zu gewährleisten.

Was gehört nun zu einer PM-Zertifizierung nach IPMA? Je nach „Level" werden unterschiedlich aufwändige Tests durchgeführt. An erster Stelle steht aber immer eine Selbstbewertung, die der Zertifikant ausfüllt, um sich selbst einzuschätzen.

Tabelle 2 Selbstbewertung PM-technische Kompetenz

Ausprägung der PM-technischen Kompetenzen je Level (unterteilt nach Wissen und Können)																				
	PM-Wissen										**PM-Erfahrung**									
Punktzahl (in Ausprägungsstufen)	1	2	3	4	5	6	7	8	9	10	1	2	3	4	5	6	7	8	9	10
PM-Erfolg				D		C	B	A							C		B	A		
Interessierte Parteien				D	C		B	A							C		B	A		
Projektanforderung und Projektziele					D	C	B	A						C		B	A			
Risiken und Chancen					D/C		A|B							C		B	A			
Qualität					D/C		A|B							C		B	A			
Projekt-organisation					D	C	B	A						C		B		A		
Teamarbeit					D	B|C	A								C	B|A				
Problem-lösung						D|C	B	A							C	B	A			
Projekt-strukturen					D|C	B	A							C		B	A			
Leistungs-umfang und Lieferobjekte					D	C	B	A						C	B		A			
Projektphasen, Ablauf und Termine					D	C	B	A							C	B	A			
Ressourcen					D|C	B	A							C		B	A			
Kosten und Finanzmittel					D	C	B	A							C	B	A			
Beschaffung und Verträge				D	C		B	A						C	B	A				
Änderungen					D|C		B|A							C		B	A			

Tabelle 2 Selbstbewertung PM-technische Kompetenz

Ausprägung der PM-technischen Kompetenzen je Level (unterteilt nach Wissen und Können)																				
	PM-Wissen										**PM-Erfahrung**									
Überwachung & Steuerung, Berichtswesen					D	C	B	A						C		B		A		
Information, Dokumentation				D	C	B	A							C		B	A			
Kommunikation					D	C	B	A							C	B		A		
Projektstart					D	C	B	A							C	B	A			
Projekt-Abschluss					D	C	B	A							C	B	A			

Während diese Selbstbewertung beim Level D mehr dem Zweck dient, dass der Bewerber noch rechtzeitig Wissenslücken vor seiner Prüfung entdeckt, wird bei den höheren Zertifizierungsstufen diese Selbstbewertung einer Fremdbewertung durch die Assessoren gegenübergestellt. Mit jeder höheren Stufe wird aber nicht nur die Anforderung immer höher, sondern ab Level C wird – neben dem Wissen – auch die Erfahrung mit in die Selbstbewertung aufgenommen. Wie diese Selbstbewertung aussieht zeigt Tabelle 2.

Aus den Tabellen 2 bis 4 ist ersichtlich, dass für das Level D in keinem Kompetenzbereich „Können" erwartet wird, das Level-D-Niveau bedeutet also, dass dieser Zertifikant über das entsprechende Wissen in den Kompetenzen verfügt. Erst ab Level C spielt die Erfahrung eine Rolle und ist Bestandteil der Zertifizierungsanforderungen.

Tabelle 3 Selbstbewertung PM-Verhaltenskompetenz

Ausprägung der PM-Verhaltenskompetenzen je Level (unterteilt nach Wissen und Können)																				
	PM-Wissen										**PM-Erfahrung**									
Punktzahl	1	2	3	4	5	6	7	8	9	10	1	2	3	4	5	6	7	8	9	10
Führung			D	C		B	A							C		B		A		
Engagement und Motivation			D		C		B	A							C	B|A				
Selbststeuerung			D		C	B	A							C		B	A			
Durchsetzungsvermögen				D	C	B	A							C		B		A		

Tabelle 3 Selbstbewertung PM-Verhaltenskompetenz

Ausprägung der PM-Verhaltenskompetenzen je Level (unterteilt nach Wissen und Können)																				
	PM-Wissen										**PM-Erfahrung**									
Entspannung und Stress-bewältigung			D	C		B	A							C		B	A			
Offenheit			D	C	B	A								C		B	A			
Kreativität			D		C	B	A								C		B	A		
Ergebnis-orientierung				D	C		B	A						C			B	A		
Effizienz				D	C	B	A							C		B	A			
Beratung				D	C	B		A						C		B|A				
Verhand-lungen					D|C	B	A							C			B|A			
Konflikte und Krisen				D	C	B	A								C		B	A		
Verlässlichkeit			D		C		B|A									C	B	A		
Wertschät-zung			D	C	B	A								C			B|A			
Ethik				D	C	B	A							C		B	A			

Tabelle 4 Selbstbewertung PM-Kontextkompetenz

PM-Kontextkompetenz																				
	PM-Wissen										**PM-Erfahrung**									
Punktzahl	1	2	3	4	5	6	7	8	9	10	1	2	3	4	5	6	7	8	9	10
Projekt-orientierung				D	C		B	A							C		B	A		
Programm-orientierung		D	C		B		A						C	B			A			
Portfolio-orientierung		D		C		B		A					C		B			A		
Projekt-, Programm- und Portfolio-Einführung				D	C	B	A						C		B		A			
Stamm-organisation				D	C	B	A						C	B		A				
Geschäft			D		C		B	A						C		B	A			
Systeme, Produkte und Technologien			D	C	B		A						C	B		A				
Personal-management			D	C	B	A							C	B		A				
Gesundheit, Arbeits-, Betriebs- und Umweltschutz				D|C		B|A								C	B	A				
Finanzierung			D	C	B	A							C		B	A				
Rechtliche Aspekte			D|C		B	A							C	B		A				

1.4.4 Zusammenfassung der Taxonomiebereiche

Insgesamt wird von einem Kandidaten eine durchschnittliche Wissens- und Erfahrungspunktzahl in den Bereichen Technik, Verhalten und Kontext erwartet, wie in Tabelle 5 dargestellt.

Tabelle 5 Zusammenfassung der Taxonomiebereiche

PM-Verhalten, Technik-Kontextkompetenz		
	PM-Wissen	**PM-Erfahrung**
IPMA-Level D (0 – 10)	4	(optional)
IPMA-Level C (0 – 10)	5	4
IPMA-Level B (0 – 10)	6	6
IPMA-Level A (0 – 10)	7	7

Auch an Tabelle 5 sieht man, dass das Level D nur ein Wissenszertifikat ist und erst ab Level C entsprechende Erfahrung erwartet wird. Zur Zulassung ab Level C gehört daher, dass der Kandidat mit seinem Antrag auf Zertifizierung seine Erfahrung nachweist. Dazu muss er die Projekte, die er leitete bzw. an denen er in der Leitung beteiligt war, in Form kurzer Darstellungen porträtieren und auf einem Zeitstrahl die Dauer dieser Projekte dokumentieren.

Nach Einreichen des Erfahrungsnachweises und der Selbstbeurteilung sowie nach Prüfung dieser Unterlagen durch die jeweilige Zertifizierungsstelle wird der Bewerber zum Zertifizierungsverfahren zugelassen. Hier muss er als nächstes einen levelabhängigen Wissenstest ablegen. Dabei handelt es sich bei den unteren Zertifikatsstufen um einen Test mit Multiple-Choice-Fragen, Fill-in-Fragen, Rechenaufgaben und schematischen Zeichnungen. Bei den höheren Stufen werden Fallschilderungen vorgegeben, die gelöst werden müssen. Anschließend muss der Kandidat eine mündliche Prüfung („Interview") bestehen und bei den höheren Zertifizierungsstufen schließlich an einem Assessment-Center (Workshop) teilnehmen, bei dem er zusammen mit anderen Bewerbern unter Beobachtung der Assessoren, eine Projektaufgabe löst.

Alle vier Levels des Zertifizierungssystems können entsprechend der Entwicklung der PM-Kompetenz systematisch aufeinanderfolgend, durchlaufen werden. Es ist auch möglich, einen Direkteinstieg in Level A, B oder C zu vollziehen.

1.4.5 Voraussetzung und Zertifizierungsverfahren zum Projektmanagement-Fachmann (GPM) nach IPMA-Level D mit der Gültigkeit von 5 Jahren

Die Voraussetzungen und Inhalte der verschiedenen Zertifizierungsstufen sind in den Tabellen 6 und 7 zusammengefasst.

Tabelle 6 Voraussetzung und Zertifizierungsverfahren Level D

Level	Bezeichnung	Voraussetzung	Zertifizierungsverfahren
D	Zertifizierter PM-Fachmann (GPM)	Projektmanagementkenntnisse in allen Kompetenzelementen; (PM-Erfahrung ist nicht notwendig, jedoch günstig) Abgeschlossene Schul- und Berufsausbildung von mindestens 13 Jahren	Bewerbung, Lebenslauf, Selbstbewertung Erstellen eines Transfernachweises (mit einem frei gewählten Beispiel-Projekt) 2-stündige schriftliche Basisprüfung 0,5-stündiges Interview mit zwei Assessoren (=mündliche Prüfung)

Tabelle 7 Voraussetzung und Zertifizierungsverfahren Level C

Level	Bezeichnung	Voraussetzung	Zertifizierungsverfahren (ohne Level D)
C	Zertifizierter Projektmanager (GPM)	Mind. 3 Jahre PM-Erfahrung in verantwortlicher Leitungsfunktion nicht-komplexer Projekte (Projektleiter, Teilprojektleiter, Mitglied des Projektmanagementteams) Fähigkeit zum Managen von Projekten begrenzter Komplexität in allen PM-Kompetenzelementen	Bewerbung, Lebenslauf, Selbstbewertung, zwei Referenzen Erstellen eines Projekterfahrungsberichts (PEB) Zertifizierungsworkshop (Dauer 1 Tag) 2-stündige schriftliche Levelprüfung, sowie 2-stündige schriftliche Basisprüfung 1-stündiges Prüfungsgespräch (Interview) mit zwei Assessoren

Hat der Kandidat bereits die Level-D-Zertifizierung, entfallen die Basisprüfung sowie die Erstellung des „PEB“ (Projekterfahrungsberichts), falls als Transfernachweis ein reales Projekt verwendet wurde.

Zur Abgrenzung zwischen einer IPMA-Level-C- und B-Zertifizierung wird die Komplexität der nachgewiesenen Projekte herangezogen (siehe Tabelle 8).

Detaillierte Beschreibung und Formulare für die jeweiligen Zertifikatsstufen sind im Internet unter www.gpm-ipma.de zu finden. Dort sind auch die Termine für sogenannte offene Zertifizierungsrunden ersichtlich (Prüfungstermine, zu denen sich Einzelpersonen anmelden können). Zusätzlich führt die PM-Zert auch Inhouse-Zertifizierungen in Unternehmen nach Absprache durch.

Tabelle 8 Voraussetzung und Zertifizierungsverfahren Level B

Level	Bezeichnung	Voraussetzung	Zertifizierungsverfahren (ohne Level D)
B	Zertifizierter Senior Projektmanager (GPM)	Mind. 5 Jahre PM-Erfahrung, davon 3 Jahre in verantwortlichen Leitungsfunktionen komplexer Projekte Fähigkeit zum Managen von komplexen Projekten	Bewerbung, Lebenslauf, Selbstbewertung, Projektliste und -kurzbericht, zwei Referenzen sowie Vorschlag zur Projektstudienarbeit Erstellen einer Projektstudienarbeit und eines Literaturkonspekts Zertifizierungsworkshop (Dauer 1 Tag) 2-stündige schriftliche Levelprüfung, sowie 2stündige schriftliche Basisprüfung 1-stündiges Prüfungsgespräch (Interview) mit zwei Assessoren

Tabelle 9 Voraussetzung und Zertifizierungsverfahren Level A

Level	Bezeichnung	Voraussetzung	Zertifizierungsverfahren (ohne Level D)
A	Zertifizierter Projekt direktor (GPM)	Mind. 5 Jahre Erfahrung im Portfolio-, Programm- oder Mulitprojektmanagement, davon 3 Jahre in verantwortlicher Leitungsfunktion im Portfoliomanagement einer Organisation, Firma bzw. Geschäftseinheit oder im Management wichtiger Programme Fähigkeit zum Mangen von Projektportfolios oder Projektprogrammen	Bewerbung, Lebenslauf, Selbstbewertung, Projektliste und -kurzbericht, 2 Referenzen, Vorschlag zur PPSA sowie zusätzlichem Zulassungsgespräch Erstellen einer Programm/Portfoliostudienarbeit und eines Literaturkonspekts Zertifizierungsworkshop (Dauer 1 Tag) 2-stündige schriftliche Levelprüfung 1-stündiges Prüfungsgespräch (Interview) mit zwei Assessoren

Der Ablauf des Zertifizierungsverfahrens ist in Bild 1 beispielhaft für den Zertifizierungsprozess Level D vereinfacht dargestellt. Alle Verfahrensschritte werden durch zwei unabhängige Assessoren geprüft und Zulassungsempfehlungen ausgesprochen.

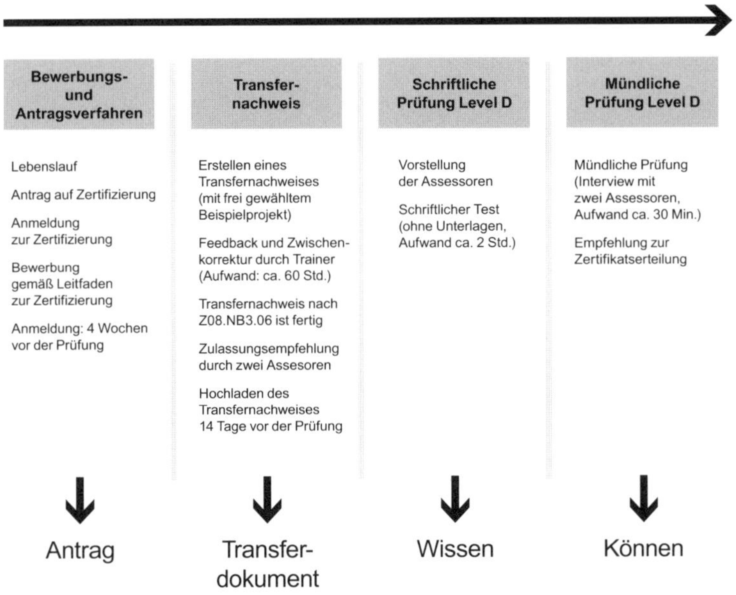

Bild 1 Schritte der Level D-Zertifizierung bei der GPM

1.4.6 Beispiel-Fragen aus dem Wissenstest der Zertifizierungsverfahren

Wer eine IPMA-/GPM-Zertifizierung durchläuft, muss auf jeder Zertifizierungsstufe einen Wissenstest ablegen. Dieser Test dauert beim Level D zwei Stunden. Ab dem Level C muss der Kandidat einen 4-stündigen Test (2×2 Stunden) absolvieren, wobei der erste Testteil (2 Stunden) identisch ist mit dem Level-D-Wissenstest. In der Folge bedeutet dies, wenn der Level-C- oder B-Kandidat bereits einen Level-D-Test im Zeitraum der letzten 5 Jahre gemacht hat, braucht er diesen Teil nicht noch mal durchlaufen. Somit wird der Level-D-Test zum Basistest für die höheren Zertifizierungsstufen.

Wer sich die Prüfungsordnung und Prüfungsschwerpunkte der einzelnen Levels genauer anschaut, wird bemerken, dass die Themen, die in den jeweilgen Zertifizierungsstufen abgefragt werden, größtenteils gleich sind. Wesentlicher Unterschied bei den Fragen der jeweiligen Wissenstests ist, dass die Fragen bzw. Aufgaben des Level D (identisch mit dem Basistest für die höheren Zertifizierungsstufen) „theorieorientiert“, für die höheren Level eher „fallorientiert“ sind. Dazu gebe ich ein paar Beispiele:

Beispiel für Level D

Frage: Was sind Merkmale erfolgreicher Teams?

Antwort:

1. Kooperation (Zusammenarbeit und Führung)
2. Akzeptierte Rollen und Persönlichkeiten
3. Offene Konfliktkultur
4. Anerkennung (gegenseitig und von außen)
5. Ausgewogene Zusammensetzung (Fach-, Sozial-, Methoden-, Organisationskompetenz)

Frage: Welche sind die Schritte einer Stakeholderanalyse?

Antwort:

- Stakeholder identifizieren
- Stakeholder analysieren/bewerten
- Verhaltensvorhersage treffen

Beispiel für Level C/B/A

Aufgabe: Team- und Konfliktlösung

In einen Betriebshof mit vier Mitarbeitern sollen wie jedes Jahr vor dem Winter die Winterfenster eingesetzt werden. Seit Jahren übernimmt das der jüngste Mitarbeiter. Schuster (24) ist seit mehreren Jahren der Jüngste. Als der Termin ansteht, kommt der Leiter in den Aufenthaltsraum, daraufhin verlassen die drei älteren Mitarbeiter den Raum. Der jüngste Mitarbeiter, der die Aufgabe machen soll, weigert sich, die Fenster einzusetzen.

Schildern Sie das Vorgehen, um eine zukünftige Lösung zu finden!

Antwort:

Gespräch suchen, Verständnis zeigen, eine Vereinbarung treffen: Für dieses Jahr gilt die alte Regelung – für kommendes Jahr soll eine neue Regelung ausgearbeitet werden.

Aufgabe: Stakeholderanalyse

In einem (armen) Land in Afrika sollen als Entwicklungsmaßnahme zwanzig neue Schulen gebaut werden. Zur Finanzierung sollen Spender und Sponsoren aus der Wirtschaft, Kirchen, anderen Organisationen und privaten Personen aktiviert werden. Falls möglich sollen darüber hinaus Fördermittel der EU oder anderen staatlichen Organisationen genutzt werden. Der Bau der Gebäude soll vor der Regenzeit abgeschlossen sein. Die lokalen Einwohner sollen beim Bau behilflich sein. Eine Gruppe von Experten aus Deutschland soll im pädagogischen Bereich tätig werden, um neue Lehr- und Lernmethoden, die speziell für Menschen in dieser Region entwickelt wurden, einzuführen.

Führen Sie eine Stakeholderanalyse durch

Antwort:

Lokale Bevölkerung: positiv/negativ – ist stolz auf eine neue Schule, hat aber auch Angst, eigene Tradition zu verlieren.

Spender/Sponsoren: positiv/vorsichtig – wollen, dass ihre Gelder richtig eingesetzt werden.

Pädagogen: positiv/neugierig – möchten ihr Konzept erprobt wissen.

1.5 Anforderungsprofil Variante 2 – die Kompetenzstufen der PMI

Ein weiterer Ansatz, Kompetenzen von Projektpersonal zu testen und damit eine Abstufung von Profilen zu definieren, wird durch das amerikanische Project Management Institute (PMI) gegeben. Der Ansatz der PMI basiert auf ihrem „Guide to the Projektmanagement Body of Knowledge (PMBOK Guide)“, dem grundlegenden PMI-Dokument, das inzwischen in der 4. Auflage erschienen ist. Nachfolgend soll kurz dargestellt werden, welche Anforderungen die PMI für ihre Zertifizierungen zugrunde legt und wie eine PM-Zertifizierung bei der PMI abläuft.

1.5.1 Die Inhalte des PM Body of Knowledge

Der PMBOK Guide (aktuell: 4. Auflage) ist das Referenzwerk der PMI und vergleichbar mit der ICB der IPMA. Der Unterschied besteht darin, dass der PMBOK Guide prozessorientiert aufgebaut ist, während die ICB systematisch geordnet ist. Unterhalb der fünf Hauptprozessgruppen Initiierung, Planung. Ausführung, Überwachung/Steuerung und Abschluss finden sich 42 Subprozesse, die neun Wissensgebiete abdecken.

1.5.2 Die 3 Kompetenzstufen der PMI

Das Projektmanagement Institut (PMI) unterscheidet folgende drei Kompetenzstufen (siehe Tabelle 11):

CAPM®: Certificated Associate in Project Management

- Adressaten: Mitarbeiter in Projektteams, Junior-Projektmanager, Studenten

Tabelle 10 Inhalte des PMBOK Guide

Wissens-gebiete	Projektmanagement-Prozess				
	Initiierung	Planung	Ausführung	Überwa-chung/Steue-rung	Abschluss
Integrations-management	Projekt-auftrag entwickeln	Projektmanagement-plan entwickeln	Projekt-abwicklung managen	Projektarbeit überwachen und steuern Integrierte Änderungs-steuerung durchführen	Projekt oder Phase abschlie-ßen
Inhalts-management		Anforderungen sammeln Umfang definieren Kostenplan erstellen		Umfang verifizieren Umfang kontrollieren	
Termin-management		Vorgänge definieren Ablaufplan für Vor-gänge erstellen Schätzen der Res-sourcen für die Vorgänge Schätzen der Vor-gangsdauern Terminplan entwickeln		Terminplan kontrollieren	
Kosten-management		Kosten schätzen Budget festlegen		Kosten kontrollieren	
Qualitäts-management		Qualität planen	Qualitätssiche-rung durchfüh-ren	Qualitäts-kontrolle durchführen	
Personal-management		Personalplan entwickeln	Projekt Team gewinnen Projekt Team entwickeln Projekt Team managen		
Kommunika-tionsmanage-ment	Identifizie-ren der Stakeholder	Planen der Kommunikation	Informations-verteilung Managen der Erwartungen von Stakeholdern	Fortschritts-bereichtswesen	
Risiko-management		Risikomanagement planen Risiken identifizieren Qualitative Risiko Analyse durchführen Quantitative Risiko Analyse durchführen Risiko-Maßnahmen planen		Risiken über-wachen und steuern	
Vertrags-management		Verträge planen	Verträge schließen	Verträge überwachen	Verträge beenden

- Kandidat verfügt über grundlegende Kenntnisse bezüglich PM-Prozessen und PM-Terminologie
- Kandidat ist mit den Inhalten des PMBOK Guide vertraut

- Kandidat verfügt neben einem Studienabschluss auch über erste PM-Erfahrung und hat sich in Sachen PM weitergebildet.

PMP®: Project Management Professional

- Adressaten: berufserfahrene Projektmanager
- Kandidat ist in der Lage, Projekte selbstständig steuern und führen zu können
- Kandidat ist mit den neuesten Entwicklungen in Sachen PM vertraut und verfügt über fundierte Kenntnisse im Bereich PM (Methoden, Instrumente, Verfahrensweisen)
- Kandidat verfügt über einen Studienabschluss, mehrere Jahre Berufserfahrung und einer Weiterbildung im Bereich PM

PgMP®: Program Management Professional

- Adressaten: Projektmanagement-Professionals, die bereits mehrere Jahre mit Aufgaben im Multiprojektmanagement betraut sind
- Kandidat verfügt über das erforderliche Wissen und die Erfahrungen, um wichtige/strategische Entscheidungen treffen und strategische Unternehmensziele realisieren zu können
- Kandidat hat umfassende Kenntnisse in den Bereichen Projektfinanzierung, Cross-cultural Awareness, Führung, Kommunikation, Verhandlungsführung und Konfliktbearbeitung
- Kandidat ist mit dem Inhalt des PMBOK Guide vertraut

Tabelle 11 Voraussetzungen und Zertifizierungsverfahren der PMI

Level	Bezeichnung	Voraussetzung	Zertifizierungsverfahren	Gültigkeit/ Rezertifizierung
CAPM	Certified Associate in Project Management	Schulabschluss: Mittlere Reife oder eine weltweit anerkannte gleichwertige Bildung	Sekundärabschluss und 1.500 Stunden Arbeit in einem Projektteam oder Sekundärabschluss sowie 23 Stunden formale Bildung	5 Jahre
PMP	Project Management Professional	Hochschulabschluss	Mindestens fünf Jahre/ 60 Monate PM-Erfahrung (ohne Überschneidungen), währenddessen mindestens 7.500 Stunden in leitender Funktion sowie 35 Stunden formale Bildung	3 Jahre

Tabelle 11 Voraussetzungen und Zertifizierungsverfahren der PMI

Level	Bezeichnung	Voraussetzung	Zertifizierungs-verfahren	Gültigkeit/ Rezertifizierung
		Kandidat verfügt über einen Hochschulabschluss	Mindestens 3 Jahre/36 Monate PM-Erfahrung (ohne Überschneidungen), währenddessen mindestens 4.500 Stunden in leitender Funktion sowie 35 Stunden formale Bildung	3 Jahre
PgMP	Programm Management Professional	Ohne Hochschulabschluss	Über mindestens 4 Jahre: 6000 h PM-Berufserfahrung (ohne Überschneidung) und 7 Jahre/10.500 h Programm-Management-Erfahrung (ohne Überschneidung)	3 Jahre
		Kandidat verfügt über einen Hochschulabschluss	Über mindestens 4 Jahre: 6000 h PM-Berufserfahrung (ohne Überlappung) und 4 Jahre/6000 h Programm-Management-Erfahrung	

- PgMP besitzt einen Studienabschluss und fundierte Erfahrungen im Programmmanagement

Zusammenfassend ist der Ablauf des Zertifizierungsprozesses in Bild 2 dargestellt.

Als Kandidat kann man sich auf eines dieser drei Kompetenzstufen bewerben und sich durch einen entsprechenden Wissenstest (Multiple Choice) prüfen lassen.

1.5.3 Das Prüfungsverfahren der PMI

Die Fragen in der PMI-Prüfung sind in den letzten Jahren mehr und mehr in die Richtung „Falldarstellungen" entwickelt worden: Anhand von verschiedenen Fallschilderungen aus unterschiedlichen Branchen soll der Kandidat aus vier Antwortmöglichkeiten die richtige Antwort herausfinden. Dabei darf man sich aber nicht von der Falldarstellung beeindrucken lassen – sie dient nur als „Kulisse", um darauf das Projektmanagementwissen anzuwenden. Für die eigentliche Frage war früher noch stärker das Auswendiglernen von Prozessen und Methoden gefordert. Durch diese Fall-Methode wird nun die Prüfung etwas erschwert.

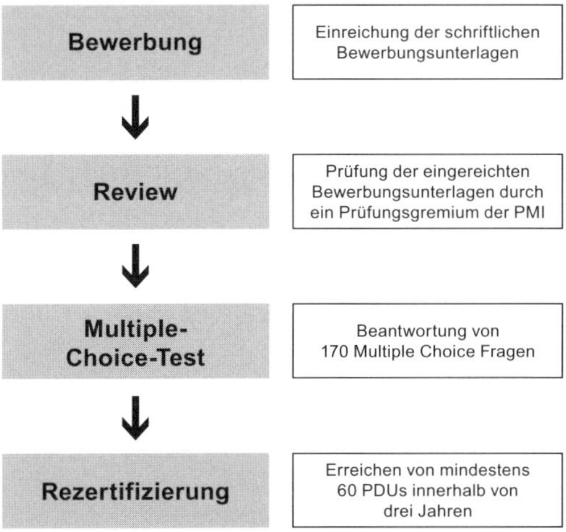

Bild 2 Zertifizierungs-prozess PMI

1.5.4 Vier Beispielfragen aus dem PMP-Zertifizierungsverfahren

Sie sind Projektleiter eines kleinen IT-Entwicklerteams. Das Projekt steht unter hohem Zeitdruck – von den Mitarbeitern werden regelmäßig Überstunden abverlangt. Wie können Sie als Projektleiter über die Stimmung der Mitglieder des Projektteams auf dem Laufenden bleiben?

Die Antwortmöglichkeiten dazu lauten:

1. Durch das Beobachten des Miteinanders und der Art, wie die Personen miteinander kommunizieren.
2. Durch das Verteilen einer geschlossenen Befragung bei Team-Meetings.
3. Durch das Hinzuziehen von dritten Parteien.
4. Über die Befragung der Vorgesetzten der Teammitglieder.

Als verantwortlicher Projektmanager haben Sie während der Ausführungsphase festgestellt, dass Konflikte im Team sowohl auf technischer als auch auf persönlicher Ebene auftreten. Was wäre ein angemessener Umgang mit Konflikten?

Die Antwortmöglichkeiten dazu lauten:

1. Konflikte lenken das Team ab und stören den Arbeitsrhythmus. Sie sollten immer aus dem Weg geräumt werden, sobald sie auftreten.
2. Ein Konflikt sollte in einem Meeting besprochen werden, so dass sich das gesamte Team an der Lösungsfindung beteiligen kann.

3. Konflikte sollten früh und am besten persönlich angesprochen werden, direkt und mit einem kooperativen Ansatz.
4. Sie sollten Ihre Autorität schnell nutzen, um Konflikte zu lösen und sich dann auf das Erreichen der Ziele konzentrieren.

Das Verständnis von Eigenschaften von Menschen ist nicht Teil des Verständnisses von kultureller und sozialer Umgebung, sondern …

Die Antwortmöglichkeiten dazu lauten:

1. wirtschaftlichen
2. individuellen
3. bildungsbezogenen
4. ethnischen und religiösen

Zu Beginn der Projektausführung bemerken Sie unterschiedliche Meinungen zwischen Teammitgliedern über die Projektarbeit und die Liefergegenstände sowie über die Ebene der Gesamtkomplexität. Was sollten Sie jetzt tun?

Die Antwortmöglichkeiten dazu lauten:

1. Ihren Teammitgliedern einige Zeit geben, um ein gemeinsames Verständnis von Inhalt und Umfang des Projekts und des Produkts zu erlangen. Auftretende Schnittstellenprobleme können später gelöst werden.
2. Risikomanagement-Prozesse nutzen, um Risiken zu identifizieren und einzuordnen, die aus Missverständnissen entstehen, sowie einen Plan mit Maßnahmen für den Umgang mit diesen Risiken entwickeln.
3. Meetings organisieren, um Missverständnisse zwischen Teammitgliedern zu identifizieren und zu lösen, um frühe Schnittstellenprobleme, Auflösung des Teams und teure Mehrarbeit zu vermeiden.
4. Jedes Teammitglied einzeln und privat befragen, um es von Ihren Erwartungen und Anforderungen in einer vertraulichen Atmosphäre zu unterrichten.

Die richtigen Antworten zu diesen vier Beispielfragen sind:

- Frage 1: Antwort 1
- Frage 2: Antwort 3
- Frage 3: Antwort 2
- Frage 4: Antwort 3

1.6 Anforderungsprofil Variante 3 – die Kompetenzstufen der APM Group mit PRINCE2

PRINCE2 stellt eine strukturierte Methode dar, um ein Projekt auf logische und durchorganisierte Art und Weise durchzuführen und läuft – über im Voraus festgelegte Schritte ab. PRINCE2 wurde 1989 für den IT-Bereich in Großbritannien entwickelt und 1996 als allgemeine Projektmanagement-Methode veröffentlicht.

Genauso wie beim „PMBOK Guide" wird in der Grundlage von PRINCE2 „Managing Successful Projects with PRINCE2" die Theorie prozessorientiert dargestellt – allerdings bei Weitem nicht so ausdifferenziert bei der PMI.

Im Vergleich zum PMI bietet die APM-Group ein zweistufiges Zertifizierungssystem an. Das Zertifikat Foundation (Grundlagen) ist für PM-Einsteiger, die über erste PM-Erfahrungen und grundlegende Kenntnisse in der PM-Terminologie und in den PM-Prozessen verfügen. Der Practitioner (Praktiker) ist für Mitarbeiter, die Entscheidungen in Projekten treffen und dem Steuerkreis berichten.

Die Anwendung ist in mehr als 55 Ländern verbreitet (www.prince2.org).

Im Folgenden wird dargestellt, welche Anforderungen für eine PRINCE2-Zertifizierung gestellt werden und welche Schritte dazu notwendig sind.

1.6.1 Die Inhalte des „Managing Successful Projects with PRINCE2"

Das PRINCE2-Prozessmodell beschreibt einen konkreten Prozess, wer, wann, was mit welchem Ergebnis tun sollte, um erfolgreiche Projekte durchzuführen. Dabei werden 40 Aktivitäten beschrieben, die sieben Wissensgebiete zugeordnet werden: In Bild 3 ist dies schematisch dargestellt.

1. Vorbereiten eines Projekts (Starting up a Project)
2. Initiieren eines Projekts (Initiating a Project)
3. Lenken eines Projekts (Directing a Project)
4. Steuern einer Phase (Controlling a Stage)
5. Managen der Produktlieferung (Managing Product Delivery)
6. Managen eines Phasenübergangs (Managing Stage Boundaries)
7. Abschließen eines Projekts (Closing a Project)

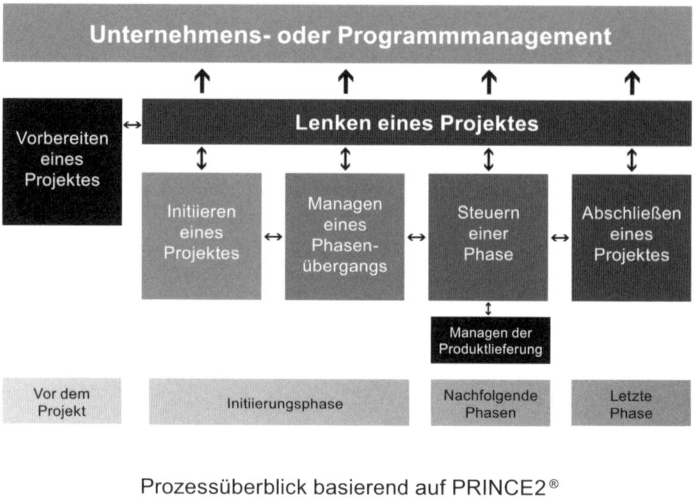

Bild 3 Unternehmens- oder Programmmanagement

1.6.2 Die Kompetenzstufen von PRINCE2

PRINCE2 wird zunehmend als internationaler Standard angesehen, da derzeit eine internationale Entwicklung der Prüfungen, Schulungen und Kursmaterialien vollzogen wird. Akkreditierte Trainingsorganisationen bieten Trainings der zweistufigen Kompetenzen des PRINCE2 an.

Tabelle 12 Voraussetzungen und Zertifizierungsverfahren von PRINCE2

Bezeichnung	**Voraussetzung**	**Zertifizierungsverfahren**
Foundation	keine Erfahrung notwendig;	• Seminar oder Selbststudium mit dem Ziel des Wissens über die PRINCE2-Terminologie sowie die Theorie und Praxis des Aufbaus und der Methode. • nach Anmeldung wird ein einstündiger Multiple-Choice-Test durchgeführt
Practitioner	• bestandene Foundation-Prüfung • Zielgruppe: Projekt- und Teilprojektleiter	• Seminar oder Selbststudium mit dem Ziel, Führungs- und Kontrollmöglichkeiten von PRINCE2 in Projekten zu erfahren • 3-stündiges Practitioner-Examen mittels eines Multiple-Choice-Tests (Voraussetzung: bestandene Foundation-Prüfung)

1.6.3 Das Prüfungsverfahren von PRINCE2

Ein Bewerber wird innerhalb kurzer Zeit über die PRINCE2-Methode mit gezielten Anpassungsmöglichkeiten und klarer Beschreibung der Rollen und Verantwortlichkeiten und einem schnellen Nutzen für ein Unternehmen zertifiziert:

1. Ausbildungslehrgang oder Selbststudium.
2. Prüfung durch eine akkreditierte Trainingsorganisation.
3. Foundation-Prüfung: 75 Multiple-Choice-Fragen (Dauer 1 Stunde); bestanden mit 38 richtigen Antworten.
4. Nach bestandenem Foundation-Examen ist die Prüfung zum Practitioner möglich: Neun Fragenblöcke, basierend auf Fallstudien mit Multiple-Choice Fragen (Dauer 3 Stunden); bestanden mit 180 von 360 Punkten.
5. Der PRINCE2-Prüfungsausschuss hat bestimmt, dass alle PRINCE2-Praktiker innerhalb von 3-5 Jahren nach Erhalt ihres ursprünglichen Zertifikats sich wieder neu zertifizieren lassen müssen. Diese Re-Registrierung umfasst eine 1-stündige Prüfung. Die Re-Registrierungsprüfung kann in Papierform oder online über www.apmg-exams.com abgelegt werden. (Quelle: www.apmg-deutschland.com).

1.6.4 Beispielfragen aus dem Zertifizierungsverfahren

Welche Rolle ist dafür verantwortlich, die Arbeit im Projekt zu autorisieren und zu überwachen und wenn notwendig notwendige Korrekturmaßnahmen innerhalb einer Phase durchzuführen?

Die Antwortmöglichkeiten dazu lauten:

1. der Projektleiter
2. der Team/Linienmanager
3. der Projektsponsor
4. der QM-Beauftragte.

Welches „Produkt" bildet den „Vertrag" zwischen dem Projektmanager und dem Auftraggeber?

Die Antwortmöglichkeiten dazu lauten:

1. Projektplan
2. Projektprodukt-Beschreibung
3. Projektleitdokument
4. Projektbeschreibung.

Ein Projekt nach dem Prinzip „Management by Exception“ durchzuführen, hat folgende Vorteile:

Die Antwortmöglichkeiten dazu lauten:

1. unterstützt und fördert die Konsistenz der Projektarbeit
2. sorgt dafür, das Projekt nicht als Selbstzweck zu sehen
3. sorgt für Klarheit darüber, wer, wann, was an wen liefert
4. ist eine effiziente und ökonomische Art, die Zeit für das Management zu nutzen.

Welches ist eines der 6 Elemente, die man im Projekt „managen“ muss?

Die Antwortmöglichkeiten dazu lauten:

1. Verlässlichkeit
2. Leistungsumfang
3. Leistungsfortschritt
4. Anwendbarkeit.

Die richtigen Antworten zu diesen vier Beispielfragen sind:

- Frage 1: Antwort 1
- Frage 2: Antwort 3
- Frage 3: Antwort 4
- Frage 4: Antwort 2

1.7 Zusammenfassung und Ausblick

Können die Zertifizierungsmodelle die Ausgangsfrage nach einem Anforderungsprofil beantworten? Können die Zertifizierungsstufen bei der Personalauswahl eingesetzt werden? Die Antwort muss lauten: ja und nein!

- *Projektmanagement als gestufte Erfahrungskompetenz:* Alle Zertifizierungsmodelle unterscheiden verschiedene Stufen der Kompetenz – von reinem Wissen oder Grundlagenkompetenz bis hin zu Stufen der mehrjährigen Erfahrung im Managen von Projekten/Programmen. Offensichtlich hat die (Projekt)-Management-Kompetenz immer etwas mit Erfahrung zu tun. Je nach Erfahrung ändert sich die Rolle im Projektmanagementteam: Untere Stufen sind eher in der Funktion des Projektassistenten bzw. kompetenter fachlicher Mitarbeiter mit Wissenshintergrund in Projektmanagement angesiedelt. Höhere Stufen dagegen können eine Komplexität-Stufe managen, bei der die Projekte aus mehreren Projekten zusammengesetzt sind (= Programm).

- *Projektmanagement-Kompetenz und andere Kompetenzen*: Neben dem Projektmanagementaspekt gilt es, bei der Projektarbeit auch immer Fachkompetenz oder Sozialkompetenz richtig einzusetzen. Diese Aspekte spielen bei den Quasi-Normen der PM-Verbände eine unterschiedlich starke Rolle: Die APM Group ist hier am deutlichsten, wenn es gilt, die Grenzen zu anderen Themengebieten zu ziehen, die nicht orginär Projektmanagement sind. Themen wie Beschaffung/Vertragsmanagement, aber auch sämtliche Teamprozesse sind nicht Gegenstand von PRINCE2, während PMI und IPMA/GPM solche Aspekte immer in ihrem Anforderungskatalog dabei haben und auch prüfen.
- *Stufen der Kompetenz als einheitliche Normstufen?* Die IPMA stellt auf der Basis der ICB 3.0 mit vier verschiedenen Levels für Projektleiter das ausdifferenzierte Modell der Kompetenzzertifizierung zur Verfügung. Die ICB 3.0 wird aber nicht in den verschiedenen IPMA-Mitgliedsländern, von den nationalen Zertifizierungsstellen einfach 1:1 in ihre Landessprache übernommen. „Jede Zertifizierungsstelle wendet die ICB 3.0 oder eine auf der ICB 3.0 basierende nationale Baseline an. Zusätzlich können weitere nationale Projektmanagement-Vorschriften von den jeweiligen Zertifizierungsstellen verabschiedet werden“[1]. Und schließlich: die nationalen Zertifizierungsstellen nutzen ganz unterschiedliche Testverfahren und -Prozesse zur Feststellung der entsprechenden levelbezogenen Normenkonformität. Ein Beispiel macht dies deutlich: In Deutschland muss ein Level-D-Bewerber eine 60-seitige Hausarbeit schreiben, einen zweistündigen Wissenstest abgelegen und eine 30 Minuten dauernde mündliche Prüfung absolvieren. In der Schweiz dagegen genügt ein 3-stündiger Test. Hier zeigt sich: Die jeweiligen nationalen Zertifizierungsstufen stimmen nur in der Bezeichnung überein – nicht aber im Verfahren. Im Extremfall bedeutet dies: Die Kompetenz einer Person, die eine Level D Zertifizierung in Deutschland gemacht hat, entspricht nicht der Kompetenz einer Person, die in einem anderen Land einer Level D Zertifizierung gemacht hat. Dies bedeutet, dass die IPMA-Zertifizierungen nur in sehr beschränktem (nationalem) Kontext eine Aussagemöglichkeit über das Wissen und Können eines Projektleiters bietet. PMI und PRINCE2 sind hier globaler aufgestellt: Die Tests zu ihren verschiedenen Zertifizie-

[1] ICB-IPMA Competence Baseline – in der Fassung als Deutsche NCB – National Competence Baseline Version 3.0 der PM-ZERT Zertifizierungsstelle der GPM e.V. S. 162

rungsstufen sind weltweit einheitlich und bieten damit eine globale Vergleichbarkeit.

- *Zertifizierungsprüfungen als Eignungsuntersuchung?* Immer wieder werde ich gefragt: Kann ich die Zertifizierungsstufen der ICB mit ihren dazugehörigen Testverfahren als eignungsdiagnostisches Instrument einsetzen? Um diese Frage beantworten zu können, muss man wissen wie die ICB entstanden ist. Die Norm ist eine Setzung, die auf einem Konsens der verschiedenen beteiligten nationalen Verbände beruht. Es ist zwar historisch nachvollziehbar, wie aus der ICB 2.0b die ICB 3.0 wurde – es gibt aber offensichtlich keine empirisch-wissenschaftliche Basis für ihren normativen Charakter. (Gleiches gilt übrigens auch für die PMI: In Ihrer aktuellen Ausgabe des PMBOK Guide wird auf den historischen Entwicklungsprozess vom PMBOK Guide 2.0 zu 3.0 zu 4.0 eingegangen. Es wird benannt, welche Instanzen daran beteiligt waren und sich eingebracht haben). Das Aufzeigen einer historischen Entwicklungslinie erleichtert es, stellenweise ein besseres Verständnis für die jeweilige Norm zu erhalten, reicht aber nicht als Basis für eine echte Eignungsdiagnostik.
- *Normative Setzungen können empirische Belege nicht ersetzen!* Für einen Einsatz der Zertifizierungsstufen als Eignungsinstrument müsste nachgewiesen werden, dass eine Zertifizierung signifikant einen kompetenten Projektmanager von einem nichtkompetenten Projektleiter unterscheiden könnte. Implizit wird zwar immer davon ausgegangen, dass es eine positive Korrelation der Zertifizierungsstufen mit den in der Praxis erwarteten Kompetenzen eines Projektleiters gibt. Aber kann es theoretisch nicht auch sein, dass es einen negativen Zusammenhang zwischen Zertifizierungsstufe und tatsächlicher Eignung gibt oder vielleicht gar keinen Zusammenhang? Eine Zertifizierung ersetzt also nicht eine diagnostische Eignungsuntersuchung. Damit ist weder die ICB mit ihren vier Zertifizierungsstufen noch die PMI mit ihren drei Zertifizierungsstufen und auch nicht die APM Group eine jeweils geeignete Methode für die Personalauswahl – wollen sie vielleicht auch gar nicht sein. Die betriebliche Eignungsdiagnostik muss mit ihren bewährten, wissenschaftlich kritischen Personalauswahlmethoden (Analyse des beruflichen Werdegangs, Interview, Leistungstest, Persönlichkeitstests etc.) die Passung der Person auf die jeweiligen betrieblichen Anforderungen vornehmen. Sie kann sicherlich das Vorliegen einer Zertifizierung als Eingangserwartung definieren – was zunehmend auch gemacht wird. Ob die Person aber den jeweiligen tatsächlichen Anforderungen entspricht oder nicht (und nicht ob sie einer Norm genügt oder nicht) kann nur durch weitere diagnostische Untersuchungen ermittelt werden.

- *Projektmanagement, Persönlichkeit und soziale Kompetenz:* Die alte ICB 2.0 der IPMA unterschied zwischen Wissen, Erfahrung und Persönlichkeit. Die Wissens- sowie Erfahrungsanforderungen stiegen im Zertifizierungsverfahren je nach Level-Stufe an, während die Persönlichkeitseigenschaften konstant bei mittlerer Ausprägung blieben. Alle berufsbezogenen Persönlichkeitstests unterscheiden heute jedoch Normgruppen nach unterschiedlichem Alter. Diese wissenschaftlichen Eignungstests belegen, dass sich Mittelwerte für Persönlichkeiten bei unterschiedlichen Altersgruppen signifikant voneinander unterscheiden. Dieser „Fehler" aus der ICB 2.0 wurde in der neuen ICB 3.0 dadurch beseitigt, dass nun gänzlich auf den Persönlichkeitsaspekt zu Gunsten der Verhaltenskompetenzen verzichtet wurde. Konsequent werden heute im Kontext des Assessment-Verfahrens diese Persönlichkeitsaspekte auf beobachtbares Verhalten reduziert. Ob sich daraus jedoch auf zukünftiges Verhalten schließen lässt, ist fraglich. In der Personalauswahl haben die Ergebnisse aus einem Assessment-Center eher durchschnittliche Aussagekraft. Eine ähnliche Kritik gilt es auch für die PMI und ihre Testung der sozialen Kompetenz zu benennen: Teilnehmer wählen in der Zertifizierung eine von vier Antwortmöglichkeiten auf eine situative Problemschilderung. Geantwortet wird auf dem Hintergrund des Prozesswissens, aber nicht auf dem Hintergrund der eigenen Persönlichkeit. Oft genug habe ich in meinen Kursen zur Zertifizierungsvorbereitung das Dilemma, dass die Teilnehmer sagen: ich selbst würde ja so oder so handeln, aber ich weiß, dass ich auf diese Frage anders antworten muss, um zu bestehen.
- *Zertifizierungen als Orientierungshilfe:* Die Zertifizierungsstufen, wie sie jetzt von Seiten der Fachverbände vorliegen, sind noch keine fertigen Anforderungsprofile – sie wollen es auch nicht sein. Und die Zertifizierungsverfahren ersetzen nicht die eignungsdiagnostischen Untersuchungen im Rahmen der Personalauswahl. Die Normen und Zertifizierungsstufen können aber als Rohstoff für Unternehmen und Personalverantwortliche dienen, die sich an diese Modelle anlehnen wollen und ein für ihren Bedarf besser maßgeschneidertes Profil erstellen wollen. Die PM-Verbände mit ihren Zertifizierungsmodellen leisten hier wertvolle Arbeit den Nutzen von Projektarbeit für Unternehmen wie auch für Einzelpersonen weltweit zu verbreiten. Die Zertifizierungsmodelle haben unterschiedliche Verbreitung und Bekanntheit: IPMA ist sicherlich in Europa (Ausnahme GB) am bekanntesten, gefolgt von der PMI, die uneingeschränkt in den USA dominiert. Dann wird es darum gehen, im Unternehmen zuerst zu definieren, was man als Projekt versteht, wie viel Fachkompetenz

im Verhältnis zur Management-Kompetenz für notwendig erachtet wird und welche Wissensgebiete mehr oder weniger wichtig sind.

- *Situative und organisatorische Einflüsse auf den Projektmanagementerfolg:* Bei den Zertifizierungen der Verbände handelt es sich um Personenzertifizierungen, d. h. um die Bescheinigung, dass eine Person über die gesetzten Wissens- und Erfahrungsanforderungen verfügt. Wir wissen aber auch, dass das Zeigen eines bestimmten Verhaltens nicht nur von den Kompetenzen der Person abhängig ist, sondern auch von dem entsprechenden Kontext, der die Person umgibt. Logischerweise müsste also neben des Assessments der PM-Kompetenzen einer Person auch die PM-Reife der Organisation, in der der Projektleiter arbeitet, ermittelt werden. Für ein erfolgreiches Projektmanagement sind sicher nicht nur das Wissen und Können einer Person von Wichtigkeit, sondern auch die Methoden und Prozesse, die im Unternehmen gelebt werden. Hinzu kommen Aspekte wie Governance, Kompetenzentwicklung und die Unternehmens-Projektkultur. Diese Überlegungen waren auch der Anlass für eine Projektgruppe der GPM, ein neues Modell zu entwickeln, das den „State-of-the-Art" im Projektmanagement berücksichtigt. Dieses Modell wird momentan in mehreren Pilotanwendungen im Rahmen der IPMA verifiziert und soll dann als internationaler Standard für das „Assessment of Organisation" eingeführt werden. Die Ergebnisse des Assessments können zur Ableitung einer geeigneten Strategie im Projektmanagement, zur Planung von Verbesserungsmaßnahmen, zum gezielten Einsatz von PM-Beratern, zur Bewertung von Lieferanten oder zum Benchmarking genutzt werden. Die GPM will zukünftig auf Basis dieses Modells auch Organisationen im Projektmanagement zertifizieren.

In diesem Kapitel ging es um die Frage nach einem Eignungsprofil, darum, die verschiedenen Ansätze der verschiedenen PM-Fachverbände einander gegenüberzustellen. In meiner Praxis werde ich häufig von Einzelpersonen wie auch von Unternehmensverantwortlichen gefragt: „Welche Zertifizierung sollen wir machen?"

In einer Zeitung fand ich einmal folgende Überschrift zu einem Artikel: Ohne Zeit zum Lesen können wir nicht denken! Ich weiß nicht mehr, worum es in diesem Artikel ging, aber der Satz hat sich bei mir eingeprägt. Was ist damit gemeint? Ganz einfach: Kompetenzentwicklung braucht manchmal den Anstoß von außen, von Neuem, das ich aufnehme. Zeit zum Lesen kann also gedeutet werden als Zeit zum Reflektieren, zum Lernen und Verändern. Diese Zeit zum Lesen bestimmt, wie und was ich denke. Es sind meine Wahrnehmungsfilter, meine Interpretationsmuster, die sich durch Lernen, Wachstum und Reifung verändern. Wie schnell oder wie langsam ein solcher Reifungsprozess geschieht, kann man nicht vorherbestimmen. Er hängt sicherlich von vielen äußeren Umständen wie auch der Fähigkeit zur Selbstreflexion ab. Tabelle 13 stellt Pro und Contra der verschiedenen Zertifizierungsverfahren einander gegenüber.

Tabelle 13 Pro und Contra der Zertifizierungsprozesse

	GPM	PMI	PRINCE2
Pro:	• bekanntester Standard in Deutschland • gewährleistet eine umfassende inhaltliche Auseinandersetzung mit allen Themengebieten des PM • stellt Kompetenz der Person in den Vordergrund • Qualifizierung und Zertifizierung sind getrennt: Zertifizierung durch eigenständige Organisation Zertifizierung nicht obligatorisch • 4-stufiges Zertifizierungssystem kann als Vorlage für unternehmensinterne Karriereleiter dienen	• höchster internationaler Bekanntheitsgrad • prozesshaftes Verständnis von PM • flexible Gestaltung eines möglichen Lehrgangs (kein „obligatorisches „Lehrbuch") • Prüfungsgebühren geringer als bei GPM	• einfaches Zertifizierungsverfahren (Organisation) • Prüfung und Kurs sind getrennt • geringe Prüfungsgebühr • geringer Vorbereitungsaufwand
Contra	• sehr zeitaufwändig • kein Prozess-Modell	• eindimensionale Zertifizierungsprüfung (nur Multiple Choice) • Zertifizierung steht im Vordergrund • Zertifizierung nur in einem Testingcenter möglich • umständliches Anmeldeverfahren	• soziale Kompetenz, rechtliche Aspekte etc. sind kein Thema in der Prüfung • geringer Verbreitungsgrad in Deutschland • wenige Anbieter in Deutschland • eindimensionale Prüfung

2 Stakeholdermanagement oder der Gleichklang mit dem Projektumfeld

2.1 Relevanz

In meinen Seminaren wird immer zu einem sehr frühen Zeitpunkt von den Teilnehmern gefragt: „Was sind die Faktoren, die letztlich ein Projekt erfolgreich machen“? Wenn ich die Frage an meine Zuhörer zurückgebe, indem ich sie bitte, einmal über ihre letzten Projekte nachzudenken, dann wird sehr schnell klar, dass es neben wirtschaftlichen oder technischen Aspekten vor allem unterschiedlichste Personen oder Personengruppen innerhalb und außerhalb der Organisation sind, die dazu entscheidend beigetragen haben, dass das Projekt erfolgreich bzw. nicht erfolgreich verwirklicht werden konnte. „Ich lag ständig im Streit mit diesem Abteilungsleiter, der mir nicht die Mitarbeiter zur Verfügung stellte, die ich brauchte.“ Oder: „Als die Pläne in der Öffentlichkeit zum ersten Mal vorgestellt wurden, war auch schon die erste Gegenbewegung bei den Anwohnern da, die sich dem Vorhaben in den Weg stellen wollten.“ Anwohner, Medien, staatliche Stellen, der Betriebsrat, Verantwortliche anderer Unternehmensbereiche, Bürgerinitiativen, ausgewählte Projektmitarbeiter, der Kunde bzw. Vertreter des Kunden, manchmal die eigene Geschäftsleitung im Haus – alle können durch ihre Macht und ihren Einfluss Förderer oder Hemmer eines Projektes werden. Sie alle bezeichnet man als *Stakeholder* des Projektes.

Diese Stakeholder, die früher gerne als Anspruchsgruppen, in der ICB 3.0 heute auch als „interessierte Parteien“ bezeichnet werden, finden sich sowohl innerhalb des projektdurchführenden Unternehmens als auch im engeren oder weiteren räumlichen oder gesellschaftlichen Umfeld des Projektes. Dabei müssen diese interessierten Parteien nicht unbedingt positiv zum Projekt stehen, denn dass selbst das eigene betriebliche Umfeld einem Projekt manchmal sehr negativ zugeneigt ist, können sicherlich viele Projektleiter bestätigen. Immer wieder wird von meinen Schulungsteilnehmern die mangelnde Kooperationsbereitschaft der eigenen Linienvorgesetzten beklagt. Mancher Linienvorgesetzte beginnt seinen Einflussbereich gegenüber anderen Fachabteilungen, insbesondere gegenüber Projektleitern abzustecken, weil er die Projektarbeit als Bedrohung für seinen angestammten Machtbereich ansieht oder weil er selbst so viel Arbeit hat, dass er keinen Mitarbeiter abgeben möchte. Da dieser „Abgrenzungsprozess“ teilweise verdeckt und manchmal über längere Zeit abläuft, verursacht er dabei enorme Effizienz- und Effektivitätsverluste. In dieser Zeit werden Entscheidungen blockiert bzw. wieder rückgängig zu machen versucht, weil diese von Personen gefällt wurden, welchen man die Kompetenz bzw. Zuständigkeit abspricht. Dieses Gerangel um Macht und Einfluss verhindert jedoch eine abteilungsübergreifende Zusammenarbeit bzw. Projektarbeit. Im Übrigen gilt dies sowohl für öffentliche als auch für kommerzielle Einrichtungen.

Probleme können sich auch aus den Strukturen ergeben, die gebildet werden, um das Projekt zu managen. Beispiel: Das Management des Projektes erfolgt durch ein Führungs-Team, was zu einer unklaren Positionierung der Beteiligten zueinander in der Führung des Projektes zu einer Lähmung führen und damit letztlich den Projekterfolg behindern kann. Ein beliebtes Spiel ist in diesem Zusammenhang die „Shared Responsibility“. Diese Bezeichnung will eigentlich etwas Positives erreichen, nämlich, dass sich für unterschiedliche Inhaltsbereiche unterschiedliche Personen verantwortlich fühlen. So kann es neben einem technischen Verantwortlichen auch einen kaufmännischen Verantwortlichen geben. Dies funktioniert aber nur so lange, wie die beiden konsensfähig sind. Muss es im Extremfall zu einer Entscheidung kommen, dann wird aus der geteilten Verantwortung schnell eine Patt-Situation.

Neben kooperationsunwilligen Linienvorgesetzten oder konsensunwilligen/-fähigen Kollegen im Führungsteam kann das soziale Störfeuer auch aus den eigenen Projektreihen kommen: Für manche Mitarbeiter beschränkt sich die Arbeit in einem Projekt auf die (körperliche) Anwesenheit im Projektmeeting, d. h. es werden Aufgaben, die im Meeting verabredet wurden, nicht gemacht, so dass der Projektleiter dann die Aufgabe selbst erledigt oder das Projekt nur schleppend vorankommt. Als häufigste Begründung, warum Aufgaben nicht erledigt werden, wird die Aufgabenüberlastung genannt. Zugleich fühlen sich manche Projektmitarbeiter nicht verantwortlich für die Arbeit, die im Projekt gemacht werden soll. Neben der Motivation fehlt hier die Identifikation mit dem Projekt. Dies zeigt sich darin, dass sich die Mitarbeiter im Meeting nicht im Stande bzw. nicht berechtigt fühlen, Entscheidungen zu treffen. Das Problem verschärft sich, wenn die Mitarbeiter nicht einmal mehr zur Projektbesprechung kommen.

Neben diesen projektinternen Einfluss- und Störgrößen gibt es schließlich die interessierten Parteien außerhalb des Projektes und noch mehr Personen bzw. Personengruppen in dessen Umfeld, welche auf das Projekt einwirken. Bekannteste Beispiele sind Bürgerinitiativen, die sich anlässlich öffentlicher Bauvorhaben bilden. Hier zeigt sich die ganze Macht und Stärke solcher Einflussgruppen: Durch ihre Eingaben im Rahmen von Genehmigungsverfahren sind sie in der Lage, manches Bauprojekt zu verhindern oder zumindest um Jahre zu verzögern. Die Legionen von Ordnern, die mit Klageschriften und Gutachten bei Anhörungen und Genehmigungsverfahren öffentlich zur Schau gestellt werden, zeugen von dieser Macht der Bürger.

Projektleiter brauchen Vorgesetzte, die Verantwortung übernehmen und den Projektleitern entsprechend Rückhalt bieten. Wird ein Projektleiter mit einer konkreten Problemlösung durch die Geschäftsleitung beispielsweise beauftragt und mit entsprechenden Mitarbeiterressourcen ausgestattet, dann muss diese Beauftragung mit den Linienvorgesetzten geklärt sein. Linienvorgesetzte müssen ihr Commitment abgeben und dem Projektleiter passende Mitarbeiterressourcen zur Verfügung zu stellen.

Was ist also zu tun? Die Probleme sind bekannt – was ist die Lösung? „Tue Gutes und sprich darüber." Dieses Grundmotto der Werbebranche müssten sich auch Projektverantwortliche zu Eigen machen, um ihr Projektumfeld positiv für das eigene Projekt zu beeinflussen. Meine Erfahrungen als Seminarleiter innerhalb verschiedener Organisationen legt jedoch die Vermutung nahe, dass an dieser Stelle die Erkenntnis dem Handeln bisher weit vorauseilt. Vielfach wird das „Reden über das Gute" sehr spontan, „ad hoc" und recht unüberlegt absolviert oder es wird nur nebenbei und halbherzig oder verspätet angegangen. Auch werden oft nur einzelne wenige Stakeholder als solche wahrgenommen und viele andere vergessen. Um möglichst alle Stakeholder zu erreichen, empfiehlt es sich für Organisationen deshalb, ein systematisches Stakeholdermanagement einzusetzen.

Im folgenden Kapitel geht es darum, welche zwischenmenschlichen Faktoren auf das Projekt Einfluss haben und wie damit am besten umgegangen werden kann.

2.2 Stakeholdermanagement nach Sicht der Fachverbände

Wie definieren die wichtigsten Fachverbände im Projektmanagement dieses Thema? Wie unterscheiden sich die Sichtweisen zu diesem Thema?

PRINCE2 definiert: „An jedem Projekt sind mehrere Parteien beteiligt, die eigene Interessen an dem Projekt und seinem Produkt haben." Diese sind neben Kunden und späteren Nutzern auch Lieferanten und deren Zulieferer. Zum Thema Management dieser Stakeholder und deren Erwartungen sagt das Handbuch nichts aus – nicht weil es nicht wichtig wäre, aber weil PRINCE2 nicht alle Managementdisziplinen abdecken will, die in einem Projekt wichtig sein können!

In der ICB 3.0 der IPMA werden die Stakeholder als interessierte Parteien (engl. Interested Parties), Klienten oder Kunden bezeichnet. Kennzeichen dieser Interested Parties ist es, dass sie direkt oder indirekt den Erfolg des Projekts beeinflussen. Der Projektmanager sollte daher die Interessen dieser Personen/Gruppen erfassen und sie je nach Einflussstärke/Betroffenheit dieser Gruppe in ihrer Bedeutung für das Projekt gewichten. Die ICB sagt klar: Die Erwartungen der Betroffenen müssen gemanagt werden. Dies kann auch dazu führen, dass diese Stakeholderanalyse mehrmals in einem Projekt erfolgen muss, wenn neue Interessensgruppen entstehen bzw. es Änderungen in bestehenden Gruppen gibt. Zum Umgang mit den verschiedenen Gruppen kann der Projektmanager „sowohl formelle als auch informelle interne und externe Netzwerke zwischen den am Projekt Beteiligten nutzen bzw. entwickeln."

Eine noch wichtigere Rolle scheint das Konzept „Stakeholdermanagement" bei der PMI zu spielen. Wurde in der zweiten Auflage des PMBOK Guide die Identifizierung der Stakeholder noch innerhalb eines Arbeitsprozesses „Aufsetzen des Projektauftrages" gesehen, in der dritten Auflage mehr unter dem Aspekt „Kommunikation im Managen des Projektes", wird in der neuesten vierten Auflage dem Identifizieren der Stakeholder ein eigener Prozess gewidmet: Stakeholder zu identifizieren bedeutet demnach, alle Personen oder Organisationseinheiten zu identifizieren, die von dem Projekt betroffen sind und schriftlich zu dokumentieren, welche Interessen diese an dem Projekt haben, wie sie an dem Projekt beteiligt sind und welche Auswirkungen dies auf den Projekterfolg hat. Die Stakeholder werden so in ihrer relativen Bedeutung für das Projekt gewichtet. Dieses Identifizieren und Bewerten der Stakeholder sollte am besten zu Beginn des Projektes, z. B. innerhalb einer Anspruchsgruppenanalyse geschehen und sollte auch später in regelmäßigen Abständen überprüft werden, welche – möglicherweise neuen – Stakeholder aufgetreten sind bzw. wie sich deren Maß an Beteiligung und Betroffenheit verändert hat. Auf der Basis dieser Informationen soll dann vom Projektleiter eine „Strategie" entwickelt werden, mit welchen Maßnahmen, zu welchem Zeitpunkt und in welchem Ausmaß er auf die unterschiedlichen Stakeholdergruppen zugeht. Laut PMBOK Guide (4. Auflage) stehen dem Projektmanagement für das Identifizieren und Bewerten der Stakeholder verschiedene Informationsquellen und Instrumente zur Verfügung: Aus der Analyse von Verträgen, des Projektauftrages oder des wirtschaftlichen

Umfeldes lassen sich entsprechende Erkenntnisse gewinnen, ebenso aus der Analyse bereits früherer Projekte (Lessons learned). Mit Hilfe der Portfolio-Darstellung lässt sich dann die relative Macht und Betroffenheit des jeweiligen Stakeholders darstellen bzw. durch eine Einschätzung von erfahrenen Kollegen und Vorgesetzten die getroffene Bewertung bestätigen bzw. nachkorrigieren.

Bezogen auf die Stakeholder-Strategie bleibt der PMBOK Guide 4.0 eher knapp in seinen Aussagen: Mit Hilfe der Stakeholdermanagementstrategie würde man die Maßnahmen definieren, mit denen man die Unterstützung für das Projekt noch weiter fördern möchte bzw. die Maßnahmen, mit denen man die negativen Einflüsse von Stakeholdern auf das Projekt minimieren möchte. Am Ende steht der wichtige Hinweis, dass die Informationen und Bewertungen bezüglich Stärke, Einfluss und Ausrichtung der verschiedenen Stakeholder zu sensibel sein könnten, um sie in einem für alle Beteiligten frei zugänglichen Dokument zu hinterlegen. Fazit: Stakeholdermanagement kann manchmal ganz schön heikel sein!

2.3 Die unsichtbare Macht der menschlichen Beziehungen: die soziale Wirklichkeit rund um das Projekt

Dass Projekte nicht nur an der fehlenden objektiven Beschaffenheit scheitern, ist hinlänglich bekannt. Neben technischer Machbarkeit, räumlichen und zeitlichen Grenzen sowie gesetzlichen Rahmenbedingungen gibt es im Umfeld zu jedem Projekt Personen, die direkt oder nur indirekt an den Projekt beteiligt oder davon betroffen sind und als Beteiligte, Betroffene oder Interessenten Einfluss auf das Projektgeschehen nehmen. Diese soziale Wirklichkeit kann zu einem Erfolgs- oder aber auch Misserfolgsfaktor im Projekt werden.

In der Sprache des Projektmanagements wird dieses soziale Umfeld als „Stakeholder" bezeichnet. Der Begriff stammt aus dem Englischen und bedeutet, „derjenige, der etwas aufs Spiel setzt". Ein Stakeholder stellt also eine gewisse Gefahrenquelle für das Projekt dar, kann aber auch andererseits eine positive Wirkung auf das Projekt entfalten. Neben der inhaltlichen Abgrenzung dieser Personen oder Personengruppen und ihrer entsprechenden positiven bzw. negativen Einstellung ist es wichtig, dass sich der Projektleiter überlegt, wie er mit diesen Personen umgehen möchte, wie er diese Personen beeinflusst, um sein Projekt entsprechend voranzutreiben. Zunächst die Frage: Wer sind die wichtigsten Stakeholder?

2.3.1 Formelle Stakeholder

Ohne große Probleme lassen sich in der Regel die formalen Stakeholder identifizieren:

Projektauftraggeber

Der Projektauftraggeber (Sponsor) ist letztlich der Eigentümer des Projektes. Der Auftraggeber kann innerhalb des projektdurchführenden Unternehmens sein (Trägerorganisation: unternehmensinterne Projekte) oder außerhalb der durchführenden Organisation als Kunde. Er stellt die finanziellen Einsatzmittel zur Verfügung, ist maßgeblich bei der Projektauswahl beteiligt, entscheidet über gewünschte Schwerpunktsetzungen und Prioritäten und ist damit letztendlich für den Erfolg des Projektes verantwortlich. Er verantwortet, wie die Ergebnisse des Projektes umgesetzt werden, um den angestrebten unternehmerischen Erfolg zu sichern.

Projektmanager und das Projektmanagementteam

Der Projektmanager hat die Autorität und die Verantwortung, um die inhaltlichen Anforderungen des Projektes gemäß der gesetzten Kosten- und Zeitgrenzen zu erreichen. Nicht selten kann eine einzelne Person die Vielzahl und die Komplexität der Managementanforderungen nicht überblicken. Zu komplex sind betriebswirtschaftliche, rechtliche und soziale Faktoren, in die das Management des Projektes hineinspielen. Deswegen wird nicht selten die Managementfunktion auf mehrere Schultern verteilt – und damit geteilt: Dann bekommt z. B. die Person des Projektmanagers die Funktion des Aufgabenplaners, des Zeit- und Kostenplaners bzw. -überwachers etc., während andere Personen, die ebenfalls an der Leitung des Projektes beteiligt sind, sich z. B. um Vertragsfragen, technische Fragen etc. kümmern.

Der Projektmanager bzw. das Projektmanagementteam ist für die Zielerreichung des Projektes verantwortlich – der Projektsponsor ist für den Erfolg des Projektes verantwortlich.

Projektteam

Zur Durchführung eines Projektes benötigen wir auch Menschen, die es bearbeiten. Das Projektteam wird nach Maßgabe der zur Umsetzung benötigten Fähigkeiten rekrutiert. In der Regel sind die Projektmitglieder technische Spezialisten aus den Fachabteilungen des Unternehmens und erhalten ihre Rolle im Team je nach Verfügbarkeit und Fähigkeiten. Das Projektteam ist in der Regel ein *temporäres* Team, das nur für einen begrenzten Zeitraum zur Erfüllung eines definierten Zieles gebildet wird.

Nutzer

Die Nutzer sind die Anwender des Produktes oder der Dienstleistung, die erbracht wurde. Sie können identisch mit dem Auftraggeber sein oder auch die Mitarbeiter bzw. Kunden des Auftraggebers. Sie können aber auch weit in der Zukunft liegen und in der Phase der Produktentwicklung erst unscharf erkennbar sein.

Weitere Personen

Neben diesem unmittelbaren Umfeld gibt es das weiter umliegende Projektumfeld, das aus anderen Fachvorgesetzten, Abteilungsleitern, Personal/Betriebsrat, Geschäftsleitung, unterschiedlichen Vertretern des Kunden bestehen kann. In manchen Projekten kommen hinzu: konkurrierende Unternehmen, Anwohner, Subunternehmer, Gewerkschaften, andere Interessensvertreter, Bürgerinitiativen, Politik, Medien bzw. Medienvertreter etc. Man sieht: Der Kreis der betroffenen bzw. beteiligten Personen kann weit – sogar sehr weit – gespannt werden und es gibt letztlich keine Sicherheit, wann alle notwendigen Stakeholder identifiziert sind.

2.3.2 Informelle Stakeholder

Bei der Stakeholderanalyse lassen sich viele „Offizielle" gut identifizieren und benennen. Sie finden sich z. B. im Organigramm abgebildet bzw. geben sich durch ihren Rang zu erkennen. Hinter dem offiziellen Organigramm und seinen Funktionsträgern steht jedoch auch eine inoffizielle Struktur. Diese informellen Größen im Unternehmen haben einen unschätzbaren Einfluss auf das Projekt.

Wer sind diese informellen Stakeholder? Wie lassen sie sich identifizieren? Sie haben keine offiziellen Bezeichnungen und tauchen auch in keinem Projektverzeichnis auf. Doch jeder kennt die Ausdrücke, mit denen diese Kräfte belegt werden: Es sind die „grauen Eminenzen", „die Strippenzieher", die „Buschtrommler", die hier zu nennen sind. Es ist die undurchdringliche Lehmschicht bestimmter Abteilungsleiter, die aus Kraft der Gewohnheit Innovation verhindern. Sie sind die Dämonen der Projekt-Finsternis, die das Tageslicht der Projektarbeit scheuen!

Neben all dieser negativen Macht von Stakeholdern darf aber nicht übersehen werden, dass es für das Projekt auch positive Kräfte gibt, die es zu nutzen gilt, Stakeholder können auch durchaus zu Gunsten des Projektes wirken. Es sind die Personen, bei denen der Projektleiter „ein Stein im Brett hat", es sind quasi die Lichtgestalten, die das Projekt beflügeln können. Diese Wesen bevölkern ebenfalls unsere Projektumwelt und beeinflussen das Projekt vor allem indirekt.

Ein Teilnehmer in einer Veranstaltung sagte einmal zu mir: „Ich denke, dass der öffentliche Dienst prinzipiell projektunfähig ist". Ich teile diese Ansicht überhaupt nicht, zumal ich mit verschiedenen Mitarbeitern aus der öffentlichen Verwaltung für deren Institutionen in den letzten Jahren durchaus gute und erfolgreiche Projektarbeit gemacht habe. Aber ich verstehe auch, was der Hintergrund der Aussage des Teilnehmers ist: Er erlebte wohl, dass eine lang gepflegte und tradierte Abteilungsdenke in den Köpfen von Mitarbeitern und Vorgesetzten häufig eine so massive Blockade darstellen, dass abteilungsübergreifende Projektarbeit sehr schwierig ist. Es sind Gewohnheiten und Liebgewonnenes, Bewährtes und Vertrautes aus der Vergangenheit, die verhindern können, dass ein Projekt entsprechenden Erfolg hat. Insofern diese Aspekte in den Köpfen der Menschen verhaftet sind, stellen sie eine Einflussgröße dar, die im positiven Fall eine Projektarbeit unterstützen und vorantreiben können – im negativen Fall den Projekterfolg unwahrscheinlicher machen.

Beide Seiten, Gegner und Förderer, Feinde und Gönner des Projektes sollte der Projektleiter kennen. Da es keine offizielle Liste dieser Personen gibt, ist es häufig eine Frage des Gespürs vom Projektleiter, wie er verschiedene Personen und deren Haltungen einschätzen kann. Er braucht gewissermaßen ein Bauchgefühl oder den firmenpolitischen Hintergrund, um diese Einschätzung treffen zu können. Vielleicht muss er sich auch mal etwas von anderen in Hinblick auf den verborgenen Machtpoker sagen lassen, sprich: sich beraten lassen. Und zugleich weiß man als Projektleiter, dass solche Einschätzungen immer nur eine Momentaufnahme sein können. In Anwendung eines Ausspruches von Konrad Adenauer: „Niemand kann mir verbieten, über Nacht schlauer zu werden", kann sich auch ein Projekt-Saulus zu einem Projekt-Paulus mustern.

2.3.3 Fehlende Motivation als Widerstand?

Bei der Umsetzung von Projekten haben die Verantwortlichen oft mit Personen zu tun, die den geplanten Veränderungen entweder äußerst skeptisch gegenüber stehen oder diese vollkommen ablehnen. Doch woher rührt dieser Widerstand? Welche Symptome lassen auf vorhandene Widerstände schließen und welche menschlichen Reaktionsmuster von Stakeholdern lassen sich unterscheiden?

Neben der politischen Bedeutung des Wortes „Widerstand" wird seit Freud ein psychologisches Phänomen mit dem Begriff Widerstand bezeichnet: Die betreffende Person möchte etwas über sich erfahren, ein Symptom heilen, sich verändern, wobei dann der Impuls „Widerstand" auftaucht, der dieses Lernen zu verhindern sucht. Dieser Impuls schützt z. B. vor dem Bewusstwerden eigener Schwächen, deren Wahrnehmung das Ego als Kränkung empfinden würde. „Widerstand“ hat für die Person selbst damit eine Schutzfunktion, die u. a. dazu beiträgt, Angst vor Neuem zu vermeiden.

Diese positive Interpretation ist mir wichtig, denn in der Projektarbeit wird „Widerstand“ zumeist negativ interpretiert. „Widerstand“ führt dazu, dass ein Projekt nicht voranschreitet und notwendige Maßnahmen nicht umgesetzt werden. Widerstand ist also schlecht für das Erreichen des Projektziels.

Obwohl Widerstand als Schutzfunktion durchaus Sinn macht, erschwert er das Erreichen des Projektziels und wird daher als Gegenteil von Motivation angesehen. Hinsichtlich des Aktivitätsgrades und der Ausdrucksform (verbal, nonverbal) lässt sich Widerstand in verschiedene „Symptom“-Gruppen unterscheiden. Neben aktiven Formen von Widerstand in verbaler Form von Vorwürfen, Drohungen oder auch polemischen Äußerungen bzw. nonverbal in Form von Intrigen und Gerüchten gibt es auch passivere Formen wie Bagatellisieren, ins Lächerliche ziehen oder einfach nur ein Fernbleiben. Menschen nehmen diese Widerstandssymptome unterschiedlich wahr und reagieren auch unterschiedlich darauf. Für die Planung der Projekte, für die Auswahl geeigneter Methoden und die Klärung der Frage, wer aktiv in das Projektgeschehen einzubeziehen ist, kann es hilfreich sein, bereits im Vorfeld die vorhandenen „Widerstandsmuster“ zu identifizieren und zu überlegen, wer am besten bzw. am leichtesten mit diesen Schwierigkeiten umgehen kann. Denn was den einen belastet, kann für jemand anderes sehr einfach sein!

Wenn man diese Ausdrucksformen „personifiziert“, lassen sich drei verschiedene Widerstandstypen beschreiben:

Promotoren/Sponsoren

Einzelne Personen oder eine kleine Gruppe von Personen zählen zu den Projekt-Promotoren. Promotoren oder Sponsoren schätzen die sachlichen und persönlichen Risiken als gering ein und unterstützen das Projekt. Promotoren sehen den Nutzen des Projektes, engagieren sich für den Projekterfolg – sei es direkt oder indirekt – sei es vor oder hinter den Kulissen.

Zu den wichtigsten formellen Promotoren zählt der „Projekt-Eigentümer“. Das muss nicht die Person oder nicht der Projektleiter sein, sondern ist die Instanz, die das Projekt beantragt oder beauftragt hat. Verliert der Projekt-Eigentümer das Interesse an dem Projekt bzw. sieht den erwarteten Nutzen nicht mehr, den er sich von dem Projekt erhofft, ist das Projekt ernsthaft in Gefahr.

Skeptiker

Bremser, Skeptiker, Jammerer, Fähnchen-Meister: Bei diesen Zwitterwesen handelt es sich um Personen oder Personengruppen, die häufig als different, undurchschaubar, wankelmütig wahrgenommen werden. Dabei bewerten Skeptiker sachliche Risiken als außerordentlich hoch und wenden sich mit Einwänden gegen das Projekt. Sie sind skeptisch hinsichtlich der definierten Rahmenbedingungen, der Erreichung der Zielstellung, der Wirksamkeit der beabsichtigten Maßnahmen und/oder befürchten das Scheitern des Projektes.

Skeptiker haben eine wichtige Funktion im Projekt, insofern sie als „Risikomanager" einbezogen werden können. Ihre Bedenken gilt es ernst zu nehmen und z. B. im Rahmen des Risikomanagements die Wahrscheinlichkeit und die befürchtete Schadenshöhe des Risikos realistisch abzuschätzen. Außerdem sollten Gegenmaßnahmen definiert werden. Wenn Skeptiker sehen, dass auf diese Weise ihre Befürchtungen ernst genommen werden, ist dies für sie meist schon mal beruhigend. Ein positiver Nebeneffekt dabei ist: Die Unruhe, die durch Skeptiker im Projekt verursacht werden, wird nicht mehr wahllos verstreut, sondern kann durch eine solche systematische Bearbeitung kanalisiert werden.

Gegner und Bremser

Gegner fürchten sachliche und persönliche Risiken bei dem Projekt in einem solchen Ausmaß, dass sie ihren Standpunkt gegen das Projekt teilweise aggressiv vertreten. Bremser schätzen ebenfalls das persönliche Risiko als sehr hoch ein und stehen dem Projekt entsprechend ablehnend gegenüber. Sie befürchten z. B., Verlierer eines Veränderungsprojektes zu werden und kaschieren ihre Befürchtungen durch scheinrationale Sachargumente. Bremser müssen zur aktiven Mitarbeit bewegt werden, indem ihnen die Vorzüge/Vorteile der Veränderung verdeutlicht werden.

Überzeugt werden können die Gegner und Bremser nur durch eindeutige Erfolge des Projektes. Dafür ist es z. B. hilfreich, das Projekt in Phasen einzuteilen und die erreichten Zwischenziele entsprechend deutlich als erfolgreich zu markieren.

2.4 Stakeholderanalyse: eine permanente Aufgabe im Projektmanagement

„Wer seine Feinde nicht kennt, kann sie auch nicht bekämpfen!“

Dieses Sprichwort zeigt, wie wichtig es für eine spätere Steuerung des Projektumfeldes ist, die soziale Landschaft seines Projektes gewissenhaft abzuschreiten. Genauso wichtig ist aber auch der Satz:

„Wer seine Freunde nicht kennt, weiß nicht, auf wen er bauen kann.“

Wer sind die Stakeholder, wie stark sind sie, wie betroffen sind sie, wie stehen sie emotional zu dem Projekt? Diese Frage ist umso wichtiger, wenn man bedenkt: Die Zufriedenheit der Stakeholder ist das wichtigste Kriterium für Projekterfolg!

Eine wichtige Frage ist: Wie kann der Projektleiter mit den Stakeholdern umgehen? Welche Möglichkeiten stehen ihm zur Verfügung?

- *Grundsätzlich:* Es ist letztlich ein Prozess, in dessen Verlauf sich immer wieder neu entscheidet, wer alles in die Überlegungen zum sozialen Umfeld einzubeziehen ist und wessen Interessen letztlich im Projekt zu berücksichtigen sind. Stakeholder zu identifizieren ist nicht nur eine Aufgabe, die einmal zu Beginn des Projektes durchgeführt wird, sondern eine, die wiederholt im Laufe des Projektes erfolgt. In bestimmten Phasen des Projektes können neue Stakeholder auftauchen, an die niemand zuvor gedacht hatte. Es ist letztendlich ein immer wiederkehrender Entscheidungsprozess, welche Stakeholder-Erwartungen als Zielstellung in das Projekt einzubeziehen sind.
- *Erster Schritt:* Identifizieren Sie die verschiedenen Personen bzw. Personengruppen, die ihrer Ansicht nach wichtig sind für das Projekt. Stellen sie in einer Liste die verschiedenen Personen oder Personengruppen zusammen, die sie als mögliche Stakeholder identifizieren. Hilfreich ist es, diese Definition auch als eine Aufgabe für das Projektteam anzusehen, um möglichst breit zu denken.
- *Zweiter Schritt:* Überlegen Sie genau, ob diese Personen zu Gunsten oder zu Ungunsten für die Erreichung der Projektziele stehen. Versuchen Sie, eine Einschätzung zu treffen, wie stark diese Stakeholder von dem Projekt betroffen sind – direkt oder indirekt, stark, mittel, schwach etc.
- *Dritter Schritt:* Beschreiben Sie, welche Absichten und welche Werte diesen Stakeholdern wichtig sind. Versuchen Sie, die Motive der Personen zu beschreiben und prognostizieren Sie, welches Verhalten die jeweiligen Stakeholder in der Zukunft zeigen werden.

- *Vierter Schritt:* Die Maßnahmen zur Steuerung des Projektumfeldes lassen sich in drei Strategien einteilen (siehe Tabelle 14). Definieren Sie eine Strategie, bei der Sie berücksichtigen, ob Sie dem Einfluss der Stakeholder begegnen wollen (repressiv) oder ob sie eine negative Einstellung bearbeiten wollen („ins Boot holen"-Strategie → partizipativ)

Tabelle 14 Übersicht der Stakeholderstrategien

Strategie	„partizipativ"	„diskursiv"	„repressiv"
Beschreibung	Mit Stakeholdern wird aktiv gesprochen und sie werden informiert	sachliche Auseinandersetzung	Entwicklung des Stakeholders wird absichtlich vermieden
Beispiel	Einrichten von Projekt-Pin-Boards, Projekt-Newsletter.	Diskussion, Gespräch	Weisung, Vorgaben, selektive Information, Einsatz eines Machtpromotors

- *Fünfter Schritt:* Konzentrieren Sie sich auf die wichtigsten Stakeholder, die Sie identifiziert haben. Überlegen Sie sich konkrete Maßnahmen, wie Sie diese Stakeholder beeinflussen wollen. Definieren Sie z. B. einen Kommunikationsplan, der genau auflistet, welche Informationen welcher Stakeholder erhält. Vergessen Sie nicht, den Verantwortlichen für das Informationsmanagement zu definieren und für die einzelnen Aktivitäten jeweils Termine zu hinterlegen, wann Sie den Erfolg oder Misserfolg der Maßnahme kontrollieren möchten.
- *Sechster Schritt:* Kalkulieren Sie den Aufwand und die Kosten dieser Kommunikationsaufgaben und nehmen Sie diese Aktionen in ihren Terminplan und in ihr Projektbudget auf!

2.5 Kommunikationsplanung als Basis des Stakeholdermanagements

Da in der heutigen Zeit der Kunde einer immer größeren Flut von Bildern und Worten ausgesetzt ist, werden Maßnahmen nötig, die nicht mehr nur informieren, sondern auch überzeugen. Jemanden zu überzeugen bedeutet, in ihm nicht nur seinen Verstand, sondern auch sein Herz, seine Einstellung, seine Vorlieben, seinen Nutzen und seine Neigungen anzusprechen. Überzeugen ist also ein komplexer Prozess, der Logik und Gefühl, Herz und Verstand benötigt.

Zum Thema „Kommunikation“ hatte ich bereits im Rahmen des Stakeholdermanagements das Instrument des Kommunikationsplans genannt. Hierbei geht es zunächst darum, den echten Informationsbedarf der Stakeholder gegenüber dem größeren Informationsbedürfnis abzugrenzen. Man muss also vom Empfänger her denken. Erst im nächsten Schritt muss überlegt werden, wie, wer, wann, womit diese Kommunikation durchführt.

Wie üblich geht es beim „managen“ darum, zunächst einen Plan zu entwerfen, der anschließend umgesetzt und parallel auch überwacht und gesteuert werden kann. Grundsätzlich ist aber auch klar, dass es darum geht, den „Plan mit Leben zu erfüllen“, d. h. es geht um lebendige Kommunikation, die immer mehr ist, als das, was ein Plan letztlich beschreiben kann. Entscheidend für einen guten Kommunikationsplan ist, was der Empfänger am Ende versteht und wie er dies für sich emotional bewertet.

Bild 4 zeigt einige der wichtigsten Grundprinzipien in der Kommunikationsplanung im Stakeholdermanagement.

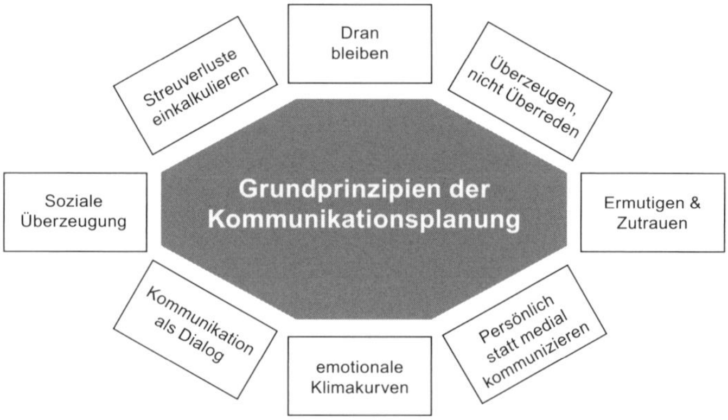

Bild 4 Grundprinzipien der Kommunikationsplanung

- *Berücksichtigen Sie neben fachlichen Aspekten (was soll kommuniziert werden) v. a. die emotionalen Klimakurven bei ihrer Kommunikationsplanung:* Die Notwendigkeit, eine Aufbruchstimmung am Anfang zu erzeugen, die Wellen der Empörung, wenn auch unschöne Elemente auf die Betroffenen einwirken, die lange Durststrecke, wenn vermeintlich Stillstand eintritt, die Abschlusspanik, wenn die Zeit knapp wird etc. All diese Empfindungen schlagen sich bei den Stakeholdern als Klimakurve nieder und sind nicht nur rein fachlich sondern auch emotional zu begegnen. Entwickeln Sie zum Beispiel einen Phasenplan der Emotionen.

- *Ermutigen und Zutrauen aussprechen (statt loben):* Mit dem Projekt sind in der Regel Veränderungen in der Zukunft verbunden. Der klassische Motivationsansatz, die Beteiligten zu loben, ist insofern hier untauglich, weil jemand nur für etwas gelobt werden kann, das bereits gemacht wurde! Es geht deswegen häufig darum, den anderen Mut zuzusprechen, Veränderungen in der Zukunft zu wagen.
- *Soziale Überzeugung:* Meinungsführerschaft erreichen. In vielen Projekten – gerade Organisationsprojekten – gibt es unterschiedlichste Entscheidungsprobleme, in denen neben rationalen Aspekten auch nach vielen sozial-emotionalen Aspekten entschieden wird. Es ist in diesem Kontext nichts ehrenrühriges, eine herausragende soziale Position einzunehmen, um dadurch auch bestimmte Überzeugungen besser vertreten zu können. Seien Sie gewiss: Wenn Sie es nicht tun, tut es jemand anderer.
- *Streuverluste einkalkulieren:* Kommunikation soll zielgerichtet sein, funktioniert aber nicht immer auf Anhieb. Manche Information wird vom Empfänger gar nicht, nur teilweise oder sogar verzerrt gehört. Diese „Streuverluste" in der Informationsvermittlung können nur ausgeglichen werden, indem die gleiche Information zwei, drei oder vier Mal gesendet und wiederholt wird.
- *Kommunikation als Dialog und nicht Monolog:* Es geht um das miteinander reden, um aktives Zuhören und verstehen, wenn man mit Stakeholdern in Verbindung tritt. Es geht darum, dass sich der andere verstanden fühlt und ich erkenne, dass ich ihn richtig verstanden habe. Achten Sie auf die Verteilung der Gesprächsanteile – wer redet mehr, wer hört mehr zu?
- *Personale statt mediale Kommunikation:* Viele Projektleiter (und auch andere) beklagen die Zunahme der E-Mail-Flut. Kommunikation wird dabei schnell zu einem „cc" degradiert. Ein Seminarteilnehmer von mir erregte bei seinen Kollegen Entsetzen, als er berichtete, dass er sein E-Mail-Programm erst nach dem Mittagessen einschaltet. „Dinge, die wirklich wichtig sind, kommen zu mir durch die Türe", so seine Aussage. Also: Wichtige Dinge erhalten eine viel höhere Relevanz, wenn sie auch persönlich übermittelt werden.
- *Kommunikation zielt auf Überzeugen und nicht auf Überreden:* Dabei weiß man heute, dass zum Überzeugen nicht nur gute Argumente gehören bzw. die sachliche Widerlegung gegenteiliger Argumente; es gehören dazu auch periphere Aspekte wie z. B. das persönliche, adäquate Auftreten. In einer Schulungsgruppe wurde einmal die

Frage diskutiert, wie sinnvoll es ist, bei der Erstellung von Präsentationsunterlagen genau auf Layout-Richtlinien, Farbwahl etc. zu achten. Ein erfahrener Teilnehmer dieser Schulungsgruppe brachte als schlagkräftiges Argument seine eigene Erfahrung ein: Schon einige Male hatte er in Steuerkreisbesprechungen erlebt, wie sich die Diskussion plötzlich nicht mehr um die eigentliche Frage drehte, sondern um die Frage, ob die verwendeten Farben zu den Layout-Richtlinien des Unternehmens passen. Was lernen wir daraus? Sorgfalt auch in den kleinen Dingen zahlt sich aus!

- *Dran bleiben:* Überzeugungen zu ändern ist manchmal sehr schwierig. Ist es schon schwierig, seine eigenen Überzeugungen selbst zu ändern, dann ist es nochmals schwieriger, sich von anderen überzeugen zu lassen bzw. andere zu überzeugen. Meistens geben Personen zu schnell auf, wenn es darum geht, andere zu überzeugen. Bleiben Sie also dran, lassen Sie nicht locker, drängeln Sie aber auch nicht.

Kommunikationsmanagement setzt Kommunikationsfähigkeit voraus. Das mag banal klingen, ist aber in der Praxis manchmal ein Problem. Gemeint ist, dass man Spaß daran hat, auf Personen zuzugehen, ihnen zunächst genau zuzuhören, ihnen auch authentisch das Gefühl zu geben, dass man zuhört. Wenn es darum geht, einen Kommunikationsplan umzusetzen, dann meint dies nicht einfach eine professionelle Identität, die austauschbar und damit beliebig ist, sondern eine reale.

2.6 Emotionsmanagement als Risiko und Chance zugleich

Praxis:

In einem deutsch-spanischen Projekt wurde über mehrere Wochen hinweg die Projektplanung verfeinert, um am Ende eine neue Baseline für die Projektplanung dem Steuerkreis zur Genehmigung vorlegen zu können. Das Projekt lief bereits seit mehreren Wochen und eine Plananpassung war aufgrund der fortschreitenden Erkenntnis notwendig geworden. Insgesamt sollte die 24-monatige Projektlaufzeit um zwei Monate verlängert werden und das geplante Budget von 1,1 Mill. Euro um ca. 100.000 Euro erhöht werden. Während des letzten regulären Planungs-Meetings vor dem Erreichen des Meilensteins „Fertigstellung der zweiten Baseline" stellte die spanische Teilprojektleiterin plötzlich die gemeinsam erarbeitete neue Baseline zu Budget- und Zeitzielen im Projektmanagementteam in Frage. Es kam lediglich ein knapper Hinweis, dass die neuen Zeit- und Budgetziele so nicht durch den spanischen Partner akzeptiert werden würden. Die Situation war verfahren, weil eine schnelle Lösung des Problems gefunden werden musste und die Hintergründe für die plötzliche Verweigerung nicht bekannt waren. Der Hinweis vom Gesamtprojektleiter, dass diese Einwände doch recht spät kämen, führte zu einer Abkühlung in der bisher freundlichen Meeting-Atmosphäre.

Was zunächst unklar war: Der spanische CEO (Chief Executive Officer) war zugleich disziplinarischer Vorgesetzter der spanischen Teilprojektleiterin und hatte daher einen relativ großen Einfluss auf die Projektleiterin. Er saß auch im spanischen Board of Management und war somit ein wichtiger Stakeholder. Offensichtlich wurde er erst während des Planungsmeetings telefonisch von der spanischen Teilprojektleiterin über die zu erwartenden Anpassungen am Projektbudget und an der Zeitplanung informiert, obwohl diese aber schon Wochen vorher bekannt waren. Der CEO wiederum verweigerte der spanischen Teilprojektleiterin offenbar seine Zustimmung zu Anpassungen, weil ihm Detailinformationen fehlten.

Die Kollegin wollte ihren Fehler natürlich nicht vor dem Team eingestehen und reagierte entsprechend verschlossen und wenig kooperativ. Die neue Planung konnte nicht im Planungsmeeting final verabschiedet werden. Es wurde vereinbart, das weitere Vorgehen telefonisch und bilateral mit der Kollegin abzustimmen.

Zur Lösung des Konflikts wurde sehr schnell ein weiteres außerordentliches Planungsmeeting in Barcelona einberufen. Im bilateralen Gespräch mit der Teilprojektleiterin wurde vereinbart, den CEO jetzt formell in die Verabschiedung des neuen Projektplans einzubeziehen. Auch wurde darauf hingewiesen, ihn zukünftig frühzeitiger zu informieren. Die Planungsergebnisse wurden nochmals aufbereitet und auch unter Einbeziehung des Gesamtprojektleiters telefonisch vorab mit dem CEO erörtert und nochmals fein justiert.

Im außerordentlichen Planungsmeeting in Barcelona war auch der CEO zugegen und stimmte dem neuen Projektplan zu. Die Teilprojektleiterin hat ihr Gesicht wahren können, weil letztendlich auch die spanischen Interessen nochmals weitere Berücksichtigung fanden und noch rechtzeitig ein tragbarer Kompromiss verabschiedet werden konnte, der am Ende unter Mitwirkung aller zustande kam.

Eine Besonderheit dieser Situation war sicherlich der kulturell bedingte Umgang mit Fehlern und Kritik. Eine offene Diskussion von Fehlern in einer Gruppe kann bei den spanischen Kollegen sehr schnell von der Sach- auf die psychosoziale Ebene gehen und als Minderschätzung der Person gewertet werden. Daher wurde in einem bilateralen Gespräch mit der Betroffenen versucht, sehr sachlich über den Fehler zu sprechen und eine Lösung zu finden. Das Problem bestand im rechtzeitigen Erkennen des eigentlichen Konflikts. Die Stakeholder-Kommunikation hatte nicht ordentlich funktioniert und damit war der Konflikt mit dem CEO erst sehr spät sichtbar geworden. Der Konflikt mit dem CEO hatte seine Ursache auf der Sachebene. Der dann folgende Konflikt mit der Teilprojektleiterin wiederum lag im persönlichen Verhalten der Teilprojektleiterin.

Die Bewältigung des Konflikts mit der Teilprojektleiterin konnte über eine Versachlichung des Problems in einem positiv gestimmten Gespräch erreicht werden. Durch Kooperation und Unterstützung bei der Lösung dieser kritischen Situation durch die Projektleitung konnte die gemeinsame Vertrauensbasis wieder gestärkt werden.

(Nach dem Bericht eines Zertifizierungskandidaten)

Dieser Konflikt macht klar, wie bedeutsam eine funktionierende Stakeholder-Kommunikation für ein Projekt sein kann. Die frühzeitige Einbindung des Stakeholders in die Planungsaktivitäten hätte nicht zu der kritischen Situation geführt.

Stakeholder sind also die soziale Wirklichkeit des Projektes und im Vergleich zu manchen technischen Problemen ist das Management der Stakeholder die wahre Herausforderung im Projektmanagement. Hier stoßen wir auch an eine erste ernstzunehmende Schwierigkeit für einen technisch ausgerichteten Projektleiter: Technische Probleme lassen sich in der Regel nach dem Prinzip Ursache-Wirkung erforschen, während Spannungen und Konflikte mit Personen ein undurchschaubares Netz bilden können, das sich der Logik und der nüchternen Analyse entzieht. Viele Projektleiter erleben diese Wirklichkeit als die „höhere Politik", die auf das Projekt einwirkt, als den „Machtpoker in den oberen Etagen" im Unternehmen oder auch als das „emotionale Wirrwarr" einzelner Mitarbeiter. Diese Formulierungen zeigen, dass sich viele Projektleiter nicht im Stande fühlen, in dieses Geschehen einzugreifen. Dies mag daran liegen, dass bei einem aktiven Stakeholdermanagement gefordert ist, Fähigkeiten wie rascher Beziehungsaufbau und Einfühlungsvermögen, aber auch strategisches Denken und Verhandlungsgeschick einzusetzen.

Gerne wird das Thema „Stakeholdermanagement" verbunden mit dem Thema Risikomanagement im Projekt. Risiken sind Faktoren, die zu einer gewissen Wahrscheinlichkeit eintreten können und dann einen bestimmten Schaden verursachen. Stakeholder können also insofern Risikofaktoren sein, da sie sich mit einer bestimmten Wahrscheinlichkeit gegen das Projekt stellen und dadurch den Projekterfolg in Frage stellen.

Der Kern des Problems mit Stakeholdern ist aus der Sicht vieler Projektmanager, dass der ausgeübte Widerstand letztlich nicht rational, sondern emotional begründet ist: verletzte Eitelkeits-Gefühle, z. B. durch das Gefühl, übergangen worden zu sein oder nicht ernst genommen zu werden, das Gefühl eines Status- oder Machtverlustes oder schnöder Egoismus und Eigennutz scheinen häufig verborgen im Vordergrund zu stehen, wenn das soziale Projektumfeld zu mauern beginnt. Stakeholdermanagement ist im Wesentlichen Emotionsmanagement.

Wie gehen wir mit den Emotionen anderer um? Wie können wir die Emotionen und Wert-Haltungen anderer Personen beeinflussen? Dies ist die Gretchen-Frage des Emotionsmanagements. Fragen Sie sich mal selbst, was Sie mit Ihren Einstellungen beeinflusst: Die reine Information, die nackten Zahlen?

- *Emotionen sind nur beschränkt gestaltbar:* Grundsätzlich gilt: Emotionen von Personen sind für Außenstehende/nicht betroffene Personen meist schwer bzw. nur mit hoher Unsicherheit vorhersagbar. Je nach Vertrautheit der Personen miteinander mag dies mal mehr, mal weniger gut gelingen. Ziel kann es in der Regel aber nicht sein, die Emotionen anderer zu beherrschen oder zu lenken; sie sind maximal handhabbar. Versuchen Sie einmal, sich in eine andere Person einzufühlen und die Emotionen dieser einer anderen Person einfach nur zu beschreiben – nicht zu interpretieren – und zwar so, dass es für Sie stimmig ist. Ein Weg dazu wäre: Wenn Sie sich z. B. an eine eigene Situation erinnern, in der es Ihnen genau so erging. Trotzdem bleibt festzuhalten, dass selbst bei bestem „Einfühlen" nie die Sicherheit erreichbar ist, den anderen gänzlich verstanden zu haben.
- *Zulassen von Unterschieden:* Während logisches Handeln eher durch ein Ursachen-Wirkungs-Verhältnis bestimmt wird, geschieht die Handhabung von Emotionen am besten durch die Veränderung von Rahmenbedingungen. Sie können also die Frage stellen: Wie müssten wir anders vorgehen, damit es aus Ihrer Sicht passender ist? Aber machen Sie sich nicht zu viele Hoffnungen. Sie werden erkennen, dass Emotionen sich nicht gänzlich synchronisieren lassen – was vielleicht auch nicht schlimm ist, denn das Zulassen von Unterschieden auch im emotionalen Erleben eröffnet auch wieder neue Handlungsmöglichkeiten.
- *Positive Absichten berücksichtigen:* Aus der Sicht der Betroffenen ist Widerstand etwas Berechtigtes, um eine falsche Entscheidung oder einen falschen Prozess aufzuhalten, um Unheil für andere und sich abzuhalten. Der Widerstand resultiert also nach Sicht der Betroffenen aus einer positiven Absicht. Er entzündet sich z. B., wenn aus der Sicht der Betroffenen der Eindruck entsteht, dass Veränderungen einfach vorgegeben und nicht beeinflussbar sind, dass Entscheidungen ohne Mitsprache, unerwartet oder plötzlich erfolgen, die schnell und unkontrollierbar über sie hereinbrechen, möglicherweise Wegbereiter und Ursache neuer Probleme sein können und/oder eine Bedrohung des Bewährten. Deshalb versuchen Sie ganz bewusst, die zielführende, positive Absicht hinter dem Handeln des anderen zu entdecken: Welcher Kern steckt in dem anderen, sich – aus Ihrer Sicht – so zu verhalten? Und achten Sie darauf,

dass Sie in diesen Kern nicht negative Absichten hineindeuten (z. B. „er ist neidisch", „er hat Angst, seine Macht zu verlieren").

- *Negative Gefühle akzeptieren:* In der Psychologie wird davon ausgegangen, dass es keine Veränderungen ohne Widerstand gibt. Widerstand enthält immer eine verschlüsselte Botschaft, die es zu entschlüsseln gibt. Statt Widerstand zu ignorieren oder zu versuchen, ihn zu brechen, ist es besser mit dem Widerstand „mitzugehen". Als Projektleiter sollten Sie den Widerstand aufmerksam verfolgen, für sich beschreiben/analysieren und sich Gedanken dazu machen, welche zielführenden Absichten die andere Person mit ihrem Verhalten erreichen möchte. Entdecken Sie die vielleicht nützlichen Seiten dieser negativen Gefühle für sich. Widerstand ist das beste Zeichen, dass der anderen Seite etwas an dem Thema liegt. In manchen Fällen ist Widerstand allemal besser als Indifferenz oder Teilnahmslosigkeit.
- *Gefühle entstehen als Summe verschiedener Informationen, eigenen und fremden Bewertungen, Wissen und Halbwissen:* Wollen Sie Gefühle anderer Personen „gestalten," dann ist dies in den seltensten Fällen durch eine einzelne Aktion erreichbar. Vielmehr wird ein Mensch sich aufgrund der Informationen, die er erhält, weitere Gedanken machen, Gefühle entwickeln etc. Diese Eigenprozesse im Menschen, diese Kreativität und Originalität ist es, die uns Menschen ausmachen. Das letztliche Ergebnis ist also nicht bestimmbar.

Diese wenigen Punkte sollen verdeutlichen, dass es für den Umgang mit den Emotionen anderer keine „schnelle" und schon gar nicht die „eine" Lösung gibt. Letztlich unterliegt die Welt der Gefühle ihren eignen Gesetzmäßigkeiten, die sich von den Gesetzmäßigkeiten der Logik unterscheidet. Mag auch für manch einen die Welt der Gefühle keine Regeln haben, so sind uns Menschen Gefühle nicht fremd. Die Fähigkeit, sich in andere Personen einzufühlen, einen Perspektivenwechsel zu vollziehen, zeichnet uns aus, vorausgesetzt wir verstehen, dass eine rein technizistische Betrachtung der Projekt-Wirklichkeit nicht ausreichend ist.

2.7 Projektmarketing? Projektmarketing!

Wir haben gesehen: Projekterfolg hängt häufig von der Zustimmung relevanter Personenkreise ab, die unmittelbar oder mittelbar mit dem Projekt in Berührung stehen. Es ist auch klar, dass diese Zustimmung nicht immer automatisch erfolgt, sondern langfristig und durch konkrete Maßnahmen erarbeitet werden muss und eine bestimmte, wertige Richtung hat. Was wir in Projekten brauchen, ist ein gezieltes Marketing für das

Projekt. Anders ausgedrückt: pure Information in Wissen zu verwandeln ist ein wichtiges Ziel im Rahmen des Projektmarketing.

2.7.1 Was verstehen wir unter Projektmarketing?

Was verstehen wir in diesem Zusammenhang unter Marketing? Allgemein werden unter Marketing alle Aktionen verstanden, die dafür sorgen, dass ein Unternehmen, ein Produkt oder eine Dienstleistung einzelnen Menschen oder der Öffentlichkeit bekannt wird und ein Erfolg wird. Dazu greift das Marketing in die Produktentwicklung, in die Preisgestaltung, in die Kommunikation und in die Produktverteilung ein. In der klassischen Betriebswirtschaft wird davon ausgegangen, dass bis zu 20 Prozent vom Umsatz in die Entwicklung der Marke und des Marketings investiert werden. Diese Summe bzw. dieser Aufwand ist auch notwendig, wenn man bedenkt, wie zersplittert heute die verschiedenen Zielgruppen sind.

In Analogie dazu kann Projektmarketing verstanden werden als die Summe aller Maßnahmen, die bei den verschiedenen Stakeholdern ansetzen, um den Projekterfolg zu sichern. Interessehalber müsste nun überlegt werden, wie viel Aufwand und Zeit in einem Projekt investiert wird, um die Stakeholder zu erreichen. Meine Beobachtung aus vielen Gesprächen und Seminarsituationen ist allerdings sehr ernüchternd:

- *Bedeutung von Marketing richtig einschätzen:* In vielen Fällen wird das Stakeholdermanagement „intuitiv" im Kopf betrieben. „Ich kenne die drei bis vier wichtigen Personen im Projekt", sagte mir ein Schulungsteilnehmer, „das muss ich mir nicht aufschreiben". Was hier mitschwingt, ist sicherlich, dass es Wichtigeres im Projekt gibt als sein Marketing. Kennen Sie das? Eine Teilnehmerin aus einem meiner Seminare verwendete in diesem Zusammenhang den Begriff des „Babysittings für Erwachsene", was zu einer allgemeinen Heiterkeit der anderen Teilnehmer führte. Diese Aussage und die Reaktion zeigen mir, wie wenig die Aufgabe des Projektmarketings wertgeschätzt wird: Der Babysitter ist kein anerkannter Beruf, sondern diente lange Zeit als Zuverdienst für Schüler und Studenten. Größer kann die Kluft nicht sein: Ein strategischer Erfolgsfaktor fristet ein erbärmliches Randdasein! Überprüfen Sie mal sich selbst, wie wichtig Ihnen das Projektmarketing persönlich ist. Geben Sie ihm einen Stellenwert dadurch, dass sie sich z. B. feste Zeiten reservieren für Hintergrund-Gespräche mit Personen, die wichtig sind. Bedenken Sie aber auch Zeit für Personen in der zweiten Reihe. Diese haben manchmal eine nicht zu unterschätzende Wirkung auf die Personen an der vordersten Front.

- *Projektmarketing mit „Multiplikatorenwirkung“:* Im Rahmen des Projektmarketings müsste eine Kommunikation entwickelt werden, deren Aufgabe es ist, Denk- und Verhaltensweisen zu beeinflussen. Sie hat die Funktion, nicht nur Aspekte des Projektes bekannt zu machen und zu informieren, sondern soll auch eine bestimmte Image- und Handlungsbeeinflussung zugunsten der Projektziele auslösen. Als Kommunikationsmix umfasst es Aspekte der Öffentlichkeitsarbeit, die Werbung, Information/Bildung und die persönliche Bindung. Kann dies alleinige Aufgabe des Projektmanagers sein? Sicherlich nicht. Stakeholdermanagement als Emotionsmanagement verlangt, die unterschiedlichen Beziehungen der Mitarbeiter zu anderen Personen einzubeziehen. Konkret bedeutet dies eine Stärkung der Position der Mitarbeiter. Wenn neben dem Projektleiter auch andere Personen für das Stakeholdermanagement eingesetzt werden sollen, dann muss der Motivationsbedarf dieser Mitarbeiter stärker mit in die Überlegungen des Stakeholdermanagements einbezogen werden. Sollen die Mitarbeiter des Projektes überzeugend wiederum auf andere Personen wirken, dann muss im Projektteam die Motivation alle Projektarbeiter geklärt sein. Vielfach entscheidend für ein überzeugendes Auftreten gegenüber anderen ist dann die geklärte Sinnfrage des Projektes. Konkret: Fragen wie „warum machen wir dieses Projekt?“ oder „warum machen wir dieses Projekt so?“ und „warum arbeite ich in diesem Projekt?“ oder „was verspreche ich mir von meinem Einsatz in diesem Projekt?“ Diese Fragen sollten offen im Team besprochen und eine adäquate Antwort gefunden sein.
- *Projektmarketing hat einen spezifischen Fokus:* Projekte und ihr Management sind im Wesentlichen auf Einmaligkeit ausgerichtet und im Gegensatz zur „Serie“ nicht auf die Menge ausgerichtet. Die Frage, ob der Auftraggeber zufrieden ist mit dem Projektmanagement, hängt maßgeblich von den Prozessen und den beteiligten Personen ab. Die Bildung von Zufriedenheit und Vertrauen in den Projektleiter und seine Arbeit sind im Projektmanagement von großer Wichtigkeit. Das Vertrauen des Auftraggebers in den Projektleiter als Dienstleister oder als verantwortlichen Mitarbeiter ist jedoch häufig schwer zu erwerben – auf jeden Fall schwerer als in Bereichen, die durch eine reine Produktorientierung gekennzeichnet sind und damit eine tendenziell kurzfristige Geschäftsbeziehung haben. Anders ausgedrückt: Eine konsequente Kundenorientierung des Projektmanagers und die Ausrichtung des Projektmarketings auf die Einbindung der Stakeholder hat in der dienstleistungsorientierten Betrachtung von Projektmanagement eine größere Bedeutung für die Frage nach Qualität als die reine produktbasierte Betrachtung von Qualität. Dies zu leisten, ist für einen technizistischen Projektleiter sicherlich nicht einfach.

- *Blick über den Tellerrand:* Im Unterschied zu vielen anderen Aktivitäten des Marketings ist im Zusammenhang des Projektmarketings der Auftraggeber nicht immer identisch mit dem Kunden bzw. dem Nutzer, d. h. ein Anwender erhält die Dienstleistung des Projektmanagers, die Vergütung übernimmt jedoch der Auftraggeber. Dies ist wiederum bedeutsam dafür, dass der Projektleiter mit (mindestens) zwei unterschiedlichen Kunden- und Zielgruppen interagiert und dass er somit zum Teil unterschiedliche Vorstellungen, Anforderungen und Wünsche zu berücksichtigen hat. Anders ausgedrückt: Projektmarketing hat eine unmittelbare Zielrichtung (Auftraggeber) und eine längerfristige Zielrichtung (Endnutzer). Dieser Blick über den unmittelbaren (Projekt)-Tellerrand darf und sollte in keinem Projektmarketing fehlen.

Sehen Sie es positiv: Diese verschiedenen Aspekte von Projektmarketing machen das Thema spannend und vielseitig. Wer sich hier richtig hineinbegibt, wird sich sicherlich nicht über mangelnde Arbeit beschweren können – im Gegenteil. Man braucht jedoch auch nicht davor zurückzuschrecken: „Stakeholder-Marketing ist oftmals gesunder Menschenverstand" (Was Du willst, das man Dir tut, das füge auch anderen zu!). Im Folgenden will ich exemplarisch einige Konzepte für die Umsetzungsmöglichkeiten aufzeigen.

2.7.2 Projektmarketing als Customer-Relationship-Management

Ein mögliches Konzept für die Frage „Wie erreiche ich einen Gleichklang mit meinem Projektumfeld?" lässt sich aus dem Management-Ansatz des Customer Relationship Management (CRM = [deutsch] Kundenbeziehungsmanagement) herleiten. CRM impliziert eine Abkehr von der „produktzentrierten" Unternehmenssicht hin zu einer Sicht, die Kundenzufriedenheit, Kundenorientierung und Kundenbindung in den Vordergrund stellt. Statt das Produkt und seine Entwicklungsschritte genau zu planen und zu steuern, wird der Kunde mit seinen Anforderungen in den Mittelpunkt der Unternehmensprozesse gerückt. Als notwendiger Bestandteil des CRM gelten daher die Ausrichtung der Geschäftsprozesse an der kundenorientierten Unternehmensstrategie sowie die Abstimmung der anbieterseitigen Prozesse mit den Kundenprozessen.

CRM ist ein Managementansatz, der mit Systematik die Kundenbeziehung aufbauen und pflegen will. Wichtiger Bestandteil dabei ist, dass die Kundenbeziehung sehr individuell betrieben wird, d. h. die Beziehung ist nach Möglichkeit persönlich und damit auch langfristig. Die Zusammenarbeit mit dem Kunden ist auf einen kontinuierlichen Dialog ausgerichtet, in dem man immer wieder die Bedarfssituation des Kunden ermittelt und durchaus persönliche Präferenzen und Wünsche zu berücksichtigen versucht. Dazu gehört auch, dass bestimmte Kunden bzw. Kundenvertreter bei der Produktverbesserung, bei Prozessverbesserungen bzw. auch bei der Produktentwicklung mitwirken.

Auf technische Hilfsmittel kann in diesem Zusammenhang in der Regel nicht verzichtet werden: Datenbanken speichern wichtige Kundenstammdaten, die Kundenhistorie (Telefonate, Meetings, Briefkontakte, E-Mails) werden erfasst und laufende, angenommene oder abgelehnte Angebote sind im IT-System hinterlegt. Eine gute Pflege dieser Daten und eine entsprechende Planung und Durchführung von Aktionen runden die technische Seite ab.

Merken Sie etwas? Wenn wir jetzt den Begriff „Kunde" erweitern um die Begriffe „Betroffene" bzw. „Beteiligte", dann sind wir wieder beim Stakeholder-Management! Stakeholder-Management als Customer-Relationship-Management bedeutet also die systematische Pflege und Einbeziehung von Beziehungen zu den Entscheidern – sowohl unmittelbar im Projekt als auch im weiteren Projektumfeld. Kommunikationsinstrumente dienen jetzt nicht nur einseitig dazu, diese Instanzen zu informieren oder gar zu manipulieren, es dient zum Austausch und zur Zusammenarbeit im Sinne eines gemeinsamen Vorhabens. Stakeholder sind berechtigt – ja es ist sogar gewünscht – an Prozessen und Entscheidungen teilzunehmen. Das Projekt selbst passt sich seinerseits den Prozessen dieser Stakeholder an, d. h. Planung, Kommunikation und Steuerung erfolgen so, dass sie sich dem Rhythmus der (anderen) Prozesse beim Kunden anpassen. Wie könnte dies konkret aussehen?

Stakeholder-Relationship-Management

- *Datenmanagement:* Nutzen Sie verfügbare Daten über die Stakeholder, um deren Bedarf bzgl. des Projektes systematisch zu erfassen. Sammeln Sie dabei aber nicht einfach wahllos Daten, sondern überlegen Sie zuerst, welche Daten wichtig sind. Setzen Sie diese Daten dann zu einem Modell zusammen, das in der Lage ist, konsistent ein zukünftiges Verhalten der Stakeholder vorherzusagen.
- *Individualisierung:* Stakeholder-Relationship-Management achtet auf die Individualität des Gegenübers. Der Aufbau von persönlichen Beziehungen geschieht z. B. durch individuelles Reporting, das gezielt den Wissensbedarf des Empfängers berücksichtigt.
- *Auf hohe Nutzbarkeit von Projektinformationen achten:* Stakeholder-Relationship-Management ist in seiner Form (auch in der EDV) so angelegt, dass die Daten einfach auch weiter verarbeitet werden können (z. B. durch Nutzen von Formatvorlagen). Der Nutzwert der Information für den Empfänger steht im Vordergrund.

- *Skaliertes Integrationsmanagement:* Differenziert die Stakeholder nach bestimmten Kriterien, um so nicht allen alles, sondern für jeden das Richtige zu kommunizieren. Entsprechend gibt es auch verschiedene Formen und Intensitäten, wie die Stakeholder in das Projekt eingebunden werden.
- *Erst verstehen, dann reden:* Stakeholder-Relationship-Management bedeutet, den jeweiligen Hintergrund der Stakeholder zu erfassen, ihren Informationsbedarf richtig zu verstehen und so ein Verständnis für diesen Stakeholder zu erlangen. Ich muss erst verstehen, sprich muss zunächst den Stakeholdern zuhören, dann nochmals zuhören – um dann reden zu können!
- *Berücksichtigt verschiedene Prozesse beim Stakeholder:* z. B. Lernprozesse der Stakeholder, Kompetenz-/Machtverschiebungen etc.; d. h. Stakeholder-Relationship-Management selbst ist lernfähig und dynamisch, wird also regelmäßig in seinen Ergebnissen und in seiner Arbeitsweise auf den Prüfstand gestellt.
- *Soll-Vorstellungen der Stakeholder integrieren:* Versucht nicht nur die Ist-Situation des Stakeholders zu berücksichtigen, sondern auch, was dieser erreichen will (Blick auf Problemlösung).

Was lernen wir vom CRM im Blick auf unser Stakeholderthema? Nun, sicherlich ist der Ansatz des CRM größer und umfassender, als er hier dargestellt wurde – gerade im Hinblick auf die Systematik bei der technischen Umsetzung gibt es in der Praxis viele spezifische Aspekte. Mir geht es aber um das Grundsätzliche, das sich mit dem CRM-Ansatz verbindet, nämlich: den Kunden, seine Prozesse und seinen Bedarf als Ausgangs- und Endpunkt für das eigene Projekt-Handeln zu sehen. Im Projektgeschäft verlieren wir uns manchmal in eine Binnensicht der Dinge, d. h. wir sind operativ durch die Probleme und Anforderungen des Projektgegenstandes getrieben. Die CRM-Sichtweise könnte uns aus dieser Starre lösen, weil es die zentralen Fragen in den Vordergrund stellt: Für wen machen wir das Projekt und in welchen Gesamtzusammenhang bei unserem Kunden gehört unsere Teilleistung (=Projekt)?

Der CRM-Ansatz setzt den Kunden als zentralen Fokus in das Zentrum der Betrachtung. Wir müssen uns aber im Klaren sein, dass der Stakeholder-Begriff weit über den Kundenbegriff hinausgeht: Alle Interessenten und Betroffenen sind Stakeholder – nicht nur der Kunde. Sicherlich kann der Kundenbegriff auch weiter gefasst werden, d. h. im Sinne des Auftraggebers, des (End-)Anwenders, des Nutzers etc. Zu den Stakeholdern gehören auch Kritiker, Gegner und Konkurrenten des Projektes. Entsprechend müsste hier der CRM-Ansatz um die Frage erweitert werden, wie man mit diesen Personengruppen und ihren Soll-Vorstellungen umgehen möchte!

Auf jeden Fall ist im Stakeholder-Relationship-Management – im Gegensatz zum CRM – eine genaue Betrachtung der vielfältigen Beziehungsmöglichkeiten zu den Gegnern notwendig.

2.7.3 Projektmarketing als Lobbyarbeit für das Projekt

In einer Projektgruppe, die ich leitete, wurde das Thema „Projektmarketing" sehr intensiv diskutiert. Dort wurden folgende verschiedene Ansätze eines „Projektmarketing" herausgearbeitet und unterschieden:

- *Strategisch-aktive Lobbyarbeit/Marketing* – die gezielte, geplante und gesteuerte Positionierung gegenüber Entscheidungsträgern zu bestimmten Themen zugunsten des Projektes. Voraussetzung ist die Notwendigkeit der verstärkten Wahrnehmung der Projektinteressen bei den Stakeholdern, auch ohne dass eine aktuelle Problemlage besteht sowie die Sensibilisierung der Stakeholder für grundsätzliche Fragen des Projektes. Die Aufgabe des strategischen Marketings ist es, zu definieren, welchen Weg das Projekt zum Zweck seiner „Existenzsicherung" gehen soll. Früher bezeichnete man die strategische Planung auch als langfristige Planung. Das stimmt zwar dem Wesen nach, aber nur weil etwas langfristig ist, muss es noch lange nicht strategisch sein. Gemeint ist die längerfristige Wirkung von strategischen Entscheidungen.
- *Reagierende Lobbyarbeit* – anlassbezogene Maßnahmen als Reaktion auf neu aufkommende Themen. Anlass ist ein aktuelles Problem, das einer Multiplikation bzw. einer Bekanntmachung bei den Stakeholdern bedarf. Beispiel: Die Mitgliedsorganisation hat ein bestimmtes Anliegen und ruft an, um kurzfristig eine Antwort zu erhalten.
- *Permanente Lobbyarbeit* – Auftreten jedes Mitarbeiters qua Amt nach außen. Beispiel: gut gestaltete Präsentationen, formal und orthografisch korrekt geschriebene Briefe, Freundlichkeit am Telefon, korrekte, anlassbezogene Kleidung etc. Hierbei handelt es sich v. a. um Dienstleistungsqualitäten! Jeder Mitarbeiter ist mit seinem Auftreten eine Visitenkarte des Projektes; durch das Auftreten jedes Einzelnen wird die Wichtigkeit des Projektes unterstrichen.

Man sieht an dieser dreifachen Differenzierung, dass sich diese Gruppe – im Gegensatz zu den vielen anderen Projektgruppen – sehr intensiv Gedanken über ihr Selbstverständnis bzgl. Projektmarketings gemacht hat. Kernpunkt ihrer Betrachtung war der Begriff des Lobbyismus. Kurz gefasst wird unter diesem Begriff meistens eine Form der Interessensvertretung (häufig in der Politik) verstanden, welche durch persönliche Kontakte bestimmte Entscheidungsinstanz zu beeinflussen versucht. So bringen Verbände, Gewerkschaften und andere Organisationen gezielt ihre Interessen in bestimmte Prozesse (z. B. Gesetzgebungsverfahren) ein. Dieser Prozess der Beeinflussung ist durchaus wechselseitig: Neben der Beeinflussung der Entscheidungsinstanzen durch die Lobbyisten erhalten die Lobbyisten ihrerseits Informationen und versuchen so, die Arbeit ihrer beauftragenden Instanzen zu steuern.

2.7.4 Projektmarketing als gesteuerte Netzwerkarbeit

Für die erfolgreiche Projektarbeit sind manchmal auch die informellen Netze und Kanäle, sowie die „guten Kontakte" oft wesentlich nützlicher als die brave Erfüllung von Output-Vorgaben. Eine ergänzende Sicht zur Marketingarbeit als Lobbyarbeit bildet somit der Netzwerk-Gedanke.

Networking – das ist ein Begriff, der in den letzten Jahren in Mode gekommen ist und gerne als „Rezept" empfohlen wird, um selbst Karriere zu machen oder um sein Projektanliegen voranzutreiben. Gar nicht selten wird darunter eine Art Strategie und Taktik verstanden, um andere möglichst gut für die eigenen Ziele einzuspannen – oder auf Teufel komm raus an diejenigen heranzukommen, die das Sagen haben. Doch mit Aufdringlichkeit, Manipulation und Ausnutzen anderer hat Networking – wie wir es verstehen und wie es sich auf Dauer wohl auch nicht bezahlt macht – nichts zu tun. Vielmehr geht es um Geben und Nehmen. Und um Aufbau und Pflege der zwischenmenschlichen Beziehungen. Unter Netzwerk verstehe ich den Aufbau eines Beziehungsgeflechts, das personenbezogen ist und viele Akteure umfasst. Die Mitarbeit in einem Netzwerk basiert auf dem Prinzip der Freiwilligkeit und der Selbstverpflichtung, d. h. es sind letztlich auch keine Sanktionen möglich, wenn sich jemand dem Netzwerk entzieht. Netzwerke hängen häufig am Engagement von Einzelpersonen, die es am Leben halten und immer wieder Impulse liefern. Netzwerke sind also extrem flexibel! Ein wesentlicher Grund ist das informelle Netz innerhalb und außerhalb von Unternehmen.

„Wer mit wem Mittagessen geht, steht in keinem Organigramm"

Stakeholdermanagement im Sinne von Netzwerkarbeit bedeutet Austausch von Informationen auf Gegenseitigkeit. Dabei müssen Sie genauso bereit sein, zu geben wie zu nehmen. Networking kann viele Vorteile bringen, aber die Netzwerkpartner wollen genauso von ihrer Beziehung zu Ihnen profitieren wie umgekehrt. Wie könnte ein Projektmarketing aussehen, das Netzwerkarbeit berücksichtigt?

- *Prinzip der Gegenseitigkeit:* Als Projektleiter habe ich das Interesse, ein Projekt vorwärts zu bringen. Andere Personen/Stakeholder haben vielleicht andere Interessen, Sorgen und Nöte. Wie kann ich als Projektleiter eventuell helfen, Ihre Probleme zu lösen, damit sie bereit sind, meine Probleme zu lösen.

- *Netzwerke entwickeln sich eher beiläufig – aber mit Aufwand:* Netzwerkarbeit passiert eher beiläufig aber auch nicht ohne Aufwand. Viele denken bei Netzwerken an Small Talk bei Firmenveranstaltungen oder Messen. Für viele, eher zurückhaltende Menschen ist Networking echte Arbeit: Kommunikativ (verbal wie nonverbal) auf andere zuzugehen kann ganz schön anstrengend sein. Wenn Netzwerke auf persönlichen Beziehungen bestehen, dann braucht es im großen Stil persönliche Gespräche und Kontakte. Beziehungsnetzwerke sind persönliche Netzwerke, die auf dem Prinzip „Gespräch" beruhen. Und: Werden die Netzwerke nicht gepflegt, dann schwächen sich die Verbindungen ab. Netzwerkarbeit ist also eine kontinuierliche Pflege von Kontakten!
- *Netzwerke auch über bestehende Sympathiegrenzen hinweg entwickeln:* Bei informellen Kontakten zeigt sich, dass häufig die Personen bevorzugt Kontakt zu ihnen bekannten Personen aufnehmen. Im Umkehrschluss bedeutet dies, dass Netzwerke bewusst über bestehende Sympathie und Projektgrenzen hinaus zu erweitern sind.

2.7.5 Projektmarketing als Öffentlichkeitsarbeit

Öffentlichkeitsarbeit im Rahmen des Projektmarketings hat die Aufgabe, die Zustimmung einer breiten Mehrheit der Stakeholder für die Ziele des Projektes zu gewinnen. Es geht darum, die Meinungsführerschaft zu einem bestimmten Vorhaben zu gewinnen, gewissermaßen die Interpretationshoheit. Dabei gibt es eine Fülle an Möglichkeiten, um gezielt die „Projektöffentlichkeit" zu beeinflussen.

Wie lässt sich Öffentlichkeitsarbeit definieren? Öffentlichkeitsarbeit ist die geläufige Übersetzung des englischen Begriffes Public Relations. „Öffentlichkeitsarbeit ist also das Management von Kommunikationsprozessen für Organisationen mit deren Stakeholdern. Öffentlichkeitsarbeit will den politischen, wirtschaftlichen und sozialen Handlungsspielraum einer Organisation im Prozess öffentlicher Meinungsbildung schaffen und sichern. Dabei besteht die Aufgabe darin, Identität, Zielsetzungen und Interessen einer Organisation sowie deren Tätigkeiten und Verhaltensweisen nach innen und außen zu vermitteln. Public Relations (Öffentlichkeitsarbeit) als Kommunikationsinstrument bedeutet die Analyse, Planung, Durchführung und Kontrolle aller Aktivitäten eines Unternehmens, um bei ausgewählten Zielgruppen (intern und extern) primär um Verständnis sowie Vertrauen zu werben und damit gleichzeitig kommunikative Ziele des Unternehmens zu erreichen[1]". Anders ausgedrückt: Es geht darum, mit verschiedenen Mitteln nicht einzelne Personen, sondern die Öffentlichkeit zu einer positiven Grundausrichtung für das Projekt zu gewinnen.

Ist Öffentlichkeitsarbeit also Werbung? Nein! Werbung und Öffentlichkeitsarbeit haben zum Teil identische Absichten, benutzen bisweilen gemeinsame Methoden und beackern zumindest angrenzende Felder. Aber im Gegensatz zur Werbung zielt die Öffentlichkeitsarbeit nicht auf den Absatz eines Produktes, sondern auf das gesellschaftliche Umfeld einer Organisation ab. Öffentlichkeitsarbeit will Meinungen und Images beeinflussen, wohingegen die Werbung konkretes (Kauf-)Verhalten auslösen will. „Wenn ein Mann einem Mädchen vorschwärmt, was für ein toller Kerl er ist, dann ist das Werbung. Wenn er die Schwester der Angebeteten dazu bringt, gut über ihn zu sprechen, dann nennt man das Public Relations[1]."

Wie könnte man Öffentlichkeitsarbeit im Sinne des Projektmarketings methodisch umsetzen?

Die Ansätze der Öffentlichkeitsarbeit – die Modelle/Theorien und Methoden – lassen sich gut auf das Thema Stakeholdermanagement im Projekt übertragen – vielleicht sogar besser als das Thema Werbung. Entscheidend ist, dass – wie auch bei den anderen Ansätzen – klar ist, welches Ziel bzw. welchen Zweck man mit der Öffentlichkeitsarbeit verfolgt. Konkret: Geht es um „Erstinformationen, geht es um Bewusstmachung oder geht es darum, gegen möglicherweise bestehende (negative) Emotionen zu arbeiten?

Praxis:

Ein Firmenkunde hatte in der Vergangenheit mehrfach unterschiedliche Projektmanagement-Schulungen durchgeführt. Im Hintergrund standen dabei unterschiedliche Schulungskonzepte: Mal ging es darum, Standardwissen zu vermitteln, mal wollte man das eigene Projektmanagement-Handbuch besser an die Projektleiter vermitteln. Am Ende schien kein Ansatz so richtig zu funktionieren: Das Thema Projektmanagement war im Unternehmen bei den Mitarbeitern tendenziell negativ besetzt und die Projektarbeit war eher Frust als Lust. Eine grundsätzliche Kehrtwendung gelang erst, als man sich nach drei Jahren darauf besann, eine „PR-Tour" für das Thema Projektmanagement im Unternehmen zu organisieren. Zum Kon-

[1] Gaus, I. Entwicklung einer Konzeption der Öffentlichkeitsarbeit zur nachhaltigen Verankerung des Mehrgenerationenhauses in Titisee- Neustadt. Unveröffentlichte Diplomarbeit an der Hochschule Ravensburg-Weingarten, 2008.

[1] Krenz, A. Handbuch der Öffentlichkeitsarbeit. Freiburg/Breisgau: Herder 1997.

zept dieser Kampagne gehörte es, dass sich die Geschäftsführung im Intranet des Unternehmens klar für das Thema aussprach, dies wiederholt tat und sich dazu in unregelmäßigen Abständen bei verschiedenen Anlässen im Unternehmen positiv äußerte. Entscheidend war auch, dass sich diese Äußerungen positiv-kritisch mit dem Thema befassten. Es ging also nicht darum, „Werbung" zu machen, sondern sich wie bei einer Pressekonferenz der innerbetrieblichen Öffentlichkeitsarbeit zu präsentieren, und dem Thema durch Kritik/Selbstkritik aber auch Lob und Anerkennung eine hohe Glaubwürdigkeit zu geben.

Welche Methoden der Öffentlichkeitsarbeit passen zu welchen Kommunikationszielen?

- Geht es darum, Erstinformation an eine große Gruppe von Personen zu geben, wird man z. B. bei innerbetrieblichen Projekten eine Betriebsversammlung über die wichtigsten Hintergründe und nächsten Schritte abhalten bzw. in der Betriebs- bzw. Mitarbeiterzeitung einen entsprechenden Artikel platzieren. Im öffentlichen Raum würde man eher eine Pressekonferenz abhalten oder einen Vortrag halten.
- Geht es darum, immer wieder über einen aktuellen Sachstand zu informieren, wäre die Wiederholung solcher Veranstaltungen sinnvoll. Dies erreicht seine Wirkung beispielsweise durch den Einsatz eines elektronischen Newsletters, wenn dieser ansprechend und informativ gestaltet wird.
- Geht es darum, Bewusstsein bei der Zielgruppe zu schaffen, warum ein Projekt gemacht wird bzw. auch emotional für die Unterstützung des Projektes zu werben, wäre eher eine Mischung aus Sachinformationen und emotionaler Beteiligung der Zuhörer/Stakeholder sinnvoll. Das Spektrum reicht hier von einer reinen Diskussionsveranstaltung, die allerdings bewusst die Zuhörer mit einbezieht, bis zu eventähnlichen Veranstaltungen, bei denen auch die emotionale Seite der Betroffenen einbezogen wird: Was ist zu befürchten, wenn wir dieses Projekt nicht machen bzw. welche positiven Chancen und Zukunftsmöglichkeiten stecken darin?

Man könnte diese Aufzählung sicherlich noch weiter fortsetzen. Mir geht es aber hier weniger darum, ein Rezeptbuch zu verfassen, als vielmehr darauf aufmerksam zu machen, welche grundsätzlichen Möglichkeiten sich mit diesem Thema für das Projektmanagement ergeben. Betrachten Sie diese Auflistung als Anstoß für eine Selbstreflexion bzw. für die Diskussion zum Thema Projektmarketing in Ihrem Projektteam.

2.8 Fazit

Was mir in diesem Kapitel wichtig war, ist die Vermittlung der Erkenntnis, dass Projekterfolg nicht vom Projektleiter, sondern von den Stakeholdern definiert wird. Der Umgang mit den Stakeholdern ist die zentrale Aufgabe des Projektmanagements aus psychologischer Sicht. Vielleicht mag es entlasten, wenn klar wird, dass das Stakeholdermanagement nicht nur Aufgabe eines einzelnen Projektleiters ist. Zu wissen und zu verstehen, wer und warum diese Person wichtig ist, kann er auch zusammen mit seinem Projektteam und/oder seinem Projektmanagementteam erreichen.

Stakeholdermanagement ist damit sicherlich eines der wichtigsten Themen im Projektmanagement. In der Literatur verschwindet dieses Thema häufig unter dem Globalthema „Kommunikation". Kommunikation ist mir hier zu weit gefasst: Es geht darum, zu verstehen, welche Einstellungen und welchen Informationsbedarf die jeweiligen Betroffenen und Beteiligten haben. Oder anders ausgedrückt: Als Projektleiter genügt es eben nicht, einen Rhetorik-Kurs zu belegen! Stakeholdermanagement ist damit eines der schwierigsten Themen – zumindest für die „technokratischen" Projektleiter. Dieses Reden, Einbinden, Verbinden, Berücksichtigen, Kontakt halten ist manchmal so schwierig, weil es nicht jedem liegt, sich einzufühlen, einzudenken, und einen Perspektivenwechsel vorzunehmen – gerade weil es von Auftraggeber, Kollegen und Mitarbeitern nicht als „richtige" Arbeit angesehen wird.

Aber es sollte nicht abschrecken. Projektmanagement ist proaktives Stakeholdermanagement: Als Netzwerkarbeit oder Lobbyarbeit sollte sich der Projektleiter Strategien überlegen, wie er sein Projektumfeld beeinflusst. Projektmarketing für das Projekt reagiert nicht nur, es agiert vorausschauend. Manchmal merkt man die Erfolgswirkung dieses Faktors erst, wenn das Projekt abgeschlossen ist, man zurückschaut und sich fragt: Warum war dieses Projekt erfolgreich? Der Projektleiter ist also nicht machtlos. Wenn er begriffen hat, dass er den Projekterfolg durch gutes Projektmarketing beeinflussen kann, hat er einen ersten Schritt getan. Wenn er das Marketing auch nutzen will, ist dies der zweite. Und der dritte: wenn er es schließlich realisiert.

3 Projektstart – Projektende

3.1 Relevanz im Gesamtprojekt

Warum sind Start und Abschluss im Projekt so wichtig? Oder: Warum ist er aus psychologischer Sicht wichtig? Aus den Berichten meiner Seminarteilnehmer, aber auch aus meinen eigenen Projekten als externer Projektleiter weiß ich: der Projektstart wie auch der Projektabschluss sind in der Projektarbeit schwierige Situationen, weil sie für die Projektbeteiligten mit einem hohen Maß an persönlicher bzw. an Prozessunsicherheit gekennzeichnet sind.

Dass der *Projektstart* wohl eine der wichtigsten Phasen im Projekt darstellt, wird sicherlich von kaum einem Projektleiter bestritten. Der Projektstart ist der Zeitraum, in dem inhaltlich der Leistungsumfang des Projektes geklärt und definiert wird, in dem die wichtigsten Instanzen ihr grundsätzliches O.K. für das Projektvorhaben geben und in dem eine erste, genauere Aufwandsschätzung erfolgt. Mit all diesen und weiteren Aspekten bestimmt also der Projektstart die grundsätzliche Lösungsausrichtung des Projektes.

Allgemein wird gesagt: Was im Projektstart versäumt wurde, wird dem Projekt im weiteren Verlauf teuer zu stehen kommen. Oder anders herum – hier können sicherlich viele Projektleiter zustimmen, die in der Vergangenheit überstürzt ein Projekt realisieren mussten: Wird ein Projekt zur Lösung einer akuten schwierigen Situation aufgesetzt, hat dies manchmal zur Folge, dass viele wichtige Klärungen noch nicht erreicht sind. In der Tat spricht man davon, dass ein Projekt eine bestimmte Reife haben muss, um als Projekt erfolgreich abgearbeitet werden zu können. Statt „schnell, schnell" sollte eigentlich die Devise gelten: „Wenn Du es eilig hast, gehe langsam!"

Mit dem Projektstart verbindet sich aber nicht nur die inhaltliche Definition der Ziele, Kosten und Termine. Hier ist auch gleichzeitig der Moment gekommen, an dem über die grundsätzliche personelle Ausstattung des Projektes gesprochen wird. Die Fachabteilungen, die einen inhaltlichen Beitrag zu dem Projekt liefern, müssen entscheiden, wer aus ihren Reihen dem Projektteam angehören wird bzw. wer die notwendigen fachlichen Zuarbeiten erledigen soll. Schließlich gilt es auch zu entscheiden, wer die Projektleitung innehaben soll und natürlich, wie alle Beteiligten in ihrer Rolle ausgestattet sein sollen.

„Sag mir, wie Dein Projekt startet und ich sage Dir, wie es endet" Ich glaube, diesen Spruch hat bestimmt schon jeder einmal gehört oder gelesen, der in Projekten mitarbeitet – und ihn auch für sich als richtig erkannt. Ein guter Projektstart bedeutet als erstes, dass sich die Projektleitung ausreichend Zeit nimmt, um eine ungenaue Projektbeauftragung des Topmanagements zu klären oder die späteren Nutzer der Projektergebnisse frühzeitig in den Prozess der Zielfindung einzubinden oder auch, eine Strategie zu entwickeln, um eine Machbarkeitsanalyse zu bestimmten Fragen zu erreichen. Ein guter Projektstart beinhaltet auch, dass sich die unmittelbar Beteiligten kennenlernen und dass sich eine gemeinsame Denke zum Projekt entwickelt. Die Realität ist aber meistens eine andere: Der Projektstart wird oft unterschätzt. Das Topmanagement erwartet schnelle Resultate. Aufgrund von Zeit- und Leistungsdruck wird in dieser Phase gespart und Dinge, die jetzt noch unklar sind, werden auf später verschoben. Oder noch schlimmer: Es ist noch gar nicht klar, was unklar ist! „Hauptsache, wir bekommen das Projekt jetzt gestartet" scheint manchmal die Devise zu sein.

Und das Projektende? Dies scheint in vielen Fällen der vernachlässigte Teil der Projektarbeit zu sein. Und wen wundert es schon: Das Projekt ist gelaufen, es ist vorbei – mehr oder weniger erfolgreich. Vielleicht müssen noch einige Dokumentationen erstellt werden, aber der spannendste Teil des Projektes ist definitiv vorbei. Mental ist man allerdings oft schon im nächsten Projekt. In der Praxis jagt so häufig ein Projekt das andere und für einen ordentlichen Projektabschluss bleibt da keine Zeit – so zumindest die Aussage vieler Projektleiterkollegen. Dabei wäre ein guter Projektabschluss so wichtig für das nächste Projekt ...

3.2 Die Sicht der Fachverbände zum Thema Projektstart

In der Literatur findet man vielfach die Aussage, dass die Projektstartphase die wichtigste Phase der zukünftigen Projektarbeit sei. Zu Beginn eines Projektes ist Vieles noch offen, kann also definiert werden.

Für die *IPMA* ist der Projektstart die Grundlage für ein späteres erfolgreiches Projekt:

„Der Projektstart bildet die Grundlage eines erfolgreichen Projekts oder Programms. Häufig ist der Projektstart durch eine gewisse Unsicherheit gekennzeichnet, da Informationen noch nicht oder nur skizzenhaft vorhanden sind. Die Anforderungen der betroffenen interessierten Parteien können noch schlecht definiert, ihre Erwartungen unrealistisch und der zeitliche Rahmen nicht einhaltbar sein, während früher Optimismus und Enthusiasmus mit der Realität in Einklang gebracht werden müssen. Ein gut vorbereiteter und wirksam geleiteter Workshop zum Projektstart und die Einstellung des richtigen Projekt-/Programmpersonals verbessern die Aussichten auf den Projekt- bzw. Programmerfolg. Der Workshop zum Projektstart sollte sich auf die Ausarbeitung des Projekt- bzw. Programmauftrags und die Vorbereitung des Projekt-/Programmmanagementplans konzentrieren. Dabei sollten die Teamrollen und die grobe Ablaufplanung für das Projekt/Programm festgelegt werden[1]."

In der ICB 3.0 wird auch eine Konzeption aufgegriffen, die ich vor Jahren zum ersten Mal bei der PMI gelesen hatte: Der Projektstart ist ein Prozess, der nicht nur ein Mal (zu Beginn des Projektes) stattfindet, sondern sich auch mehrmals „wiederholen" kann, nämlich immer dann, wenn eine neue Projektphase gestartet wird. Auch bei Beginn einer Projektphase können also Start-Up-Workshops durchgeführt werden. „Nach der Entscheidung über die Fortführung eines Projektes oder eines Programms wird der Start der nächsten Phase unter folgenden Gesichtspunkten vorgenommen: spezifische Ziele für die nächste [...] Phase, erforderliche organisatorische Anpassungen, die Notwendigkeit, den [...] Auftrag bzw. [...] Pläne zu bestätigen oder zu ändern"[1]. Als möglicher Prozessschritt ist der Projektstart in der ICB/NCB 3.0 wie folgt beschrieben [gekürzt]:

- Initiierung des Projekt/Programmstarts
- Kommunikation der Ziele in ihrem Kontext
- Schaffung eines gemeinsamen Leitbildes oder einer gemeinsamen Vision
- Erstellen eines detaillierten [...]Managementplans und Erreichen der notwendigen Akzeptanz dieses Planes
- Förderung der Zusammenarbeit innerhalb des Projektteams und Konzentration auf die Ziele
- Sicherstellung der Ressourcen, Finanzierung, Ausrüstung und Einrichtungen
- Einholen der notwendigen Zustimmungen
- Dokumentation der Lessons learned für die Anwendung auf zukünftige Projekte/Programme

[1] ICB-IPMA Competence Baseline – in der Fassung als Deutsche NCB – National Competence Baseline Version 3.0 der PM-ZERT Zertifizierungsstelle der GPM e.V., S. 90

Der *PMBOK Guide der PMI* beschreibt den Projektstart innerhalb der Initiierungsprozessgruppe, die aus den (Teil-)Prozessen besteht, die die formelle Freigabe des Beginns eines neuen Projekts oder einer Projektphase erleichtern. Weiter heißt es, „dass eindeutige Beschreibungen der Projektziele entwickelt werden [...], weshalb ein spezifisches Projekt die beste Alternative zur Erfüllung der Anforderungen sei[1].“

Nach *PRINCE2* soll der Prozess des Startens eines Projektes sicherstellen, dass die Voraussetzungen zur Projektinitiierung vorhanden sind, sowie auf die Frage antworten, ob es sich um ein lohnendes Projekt handelt. „Nichts sollte unternommen werden bis bestimmte Grundinformationen vorhanden sind, Schlüsselrollen definiert, Verantwortlichkeiten zugeteilt und ein Fundament für die ausführliche Planung verfügbar ist. [...] Das Ziel ist es, das Minimum zu tun, welches notwendig ist, um zu entscheiden, ob es sich lohnt das Projekt zu beginnen[2].“

3.3 Der verkorkste Projektstart

Praxis:

Ein Teilnehmer berichtete:

Der Projektstart-Workshop war das einzige Treffen aller Beteiligten in der Startphase. Es war eigentlich nicht ausreichend! Es wurden z. B. an diesem Tag keine messbaren Projektziele definiert, sondern eher nur das sehr globale Ziel. Aufgrund des Zeitdrucks war es nicht möglich, Vereinbarungen zur Kommunikation/Berichtswesen zu treffen. Diese wurden erst viel später definiert, als Störungen und Ärger in der Zusammenarbeit auftraten. Auch viele Dinge, die das Projektteam erwartet hatte, dass diese bereits im Vorfeld geklärt worden wären, wurden erst sehr viel später in Angriff genommen, z. B. die Zusammenstellung der Mitglieder des Lenkungsausschusses. Alles in allem muss ich sagen: Hätten wir den Projektstart-Workshop mit allen Verantwortlichen mit mehr Zeit und Ruhe in der Planung und Umsetzung realisiert, hätten viele Probleme vermieden werden können.

Aus meiner eigenen Praxis kann ich hier ebenfalls einen Beitrag liefern:

Vor einigen Jahren wurde ich kurz vor Weihnachten angefragt, ob ich die Leitung eines Projektes übernehmen könnte. Das Projekt war in dem betreffenden Unternehmen bereits gestartet – allerdings war nach mehreren Mo-

[1] PMBOK Guide, 4. Auflage, Kapitel 3.3. Initiating Process Group

[2] Managing Successful Projects with PRINCE2, Kapitel 12, Starting up a Project

naten abgebrochen worden, da es als gescheitert galt. Binnen weniger Tage wurde ich mit dem Neustart des Projektes beauftragt. Ich erstellte eine Konzeption (Ziele, Meilensteintermine, Aufwand) und bereits Mitte Januar konnte ich das erste formelle Projektmeeting definieren. Ein grauenhafter Misserfolg! Die mir zugewiesenen Projektmitarbeiter waren völlig negativ gestimmt, die ganze Veranstaltung verlief in einem unterkühlten Ton und als ich nach ca. 1,5 Stunden die Besprechung formal beendete, hatte ich einiges gelernt.

Was hatte ich falsch gemacht?

1. Ich hatte die Besprechung meines Auftraggebers auf eine Randuhrzeit gelegt (16:00 Uhr – eine Zeit, in der die Mitarbeiter teilweise schon Feierabend hatten).
2. Die Mitarbeit im Projektteam war von oberster Stelle angeordnet worden – keiner der Mitarbeiter kam jedoch gerne – geschweige denn freiwillig.
3. Da das Projekt in der Vergangenheit bereits ein Mal gescheitert war, wollte keiner der Projektmitarbeiter sein Gesicht vor den Kollegen bei einem erneuten Misserfolg verlieren. Entsprechend gering war daher überhaupt die Bereitschaft, sich mit dem Projekt zu identifizieren.
4. Die Überlastung der Mitarbeiter war enorm – die Mitarbeit in einem neuen Projekt war daher für viele Mitarbeiter eine zusätzliche Belastung.

Ein anderer Projektleiter beschrieb den Start von Projekten bei sich im Unternehmen mit „Fahrstuhlbeauftragung". Er schilderte dies wie folgt:

Stellen Sie sich vor, Sie stehen vor der Fahrstuhltür bei uns im Verwaltungsgebäude und warten auf den Fahrstuhl. Als er endlich kommt, ist bereits einer unserer Vorstände im Fahrstuhl und als er Sie erblickt, sagt er: „Ah, Herr XY, gut dass ich Sie sehe, bitte kümmern Sie sich um folgendes Projekt ..."

Ein solche „Fahrstuhlbeauftragung" kann man nur gleichsetzen mit einem Himmelfahrtskommando oder – wie ich sie manchmal bezeichne – mit einem Kamikaze-Auftrag. Sicherlich ist diese Schilderung extrem – aber vielleicht auch nicht ganz unrealistisch, wenn man daran denkt, dass manchmal der Projektbegriff sehr unklar verwendet wird. Zu einer solchen Kamikaze-Projektdefinition gehören natürlich immer zwei Personen: Eine, die unklar beauftragt und eine, die sich nicht traut, nachzufragen. Neben einer unklaren Beauftragung können viele weitere Faktoren am Anfang dazu beitragen, dass das Projekt schlecht aufgesetzt wird und sich später entsprechende Probleme entwickeln. Sie können sich ja mal selbst die Frage stellen, was Sie tun müssten, um ein Projekt mit großer Wahrscheinlichkeit gleich von Anfang an scheitern zu lassen. Im Kern wird es immer wieder auf die gleichen Faktoren hinauslaufen: Bestimmte Akteure werden nicht richtig eingebunden, ihre Erwartungen und Ziele werden nicht richtig abgefragt bzw. abgegrenzt, auch objektive Randbedingungen sind nicht ausreichend geklärt, die Projektorganisation ist nicht stabil bzw. die Projektteammitglieder fühlen sich emotional nicht richtig angesprochen. Und als Sahnehäubchen: unnötiger Zeitdruck, der es verbietet, all diese notwendigen Klärungen voranzutreiben. Es kann aber auch anders gehen!

3.4 Der gelungene Projektstart

Der Projektstart ist sicherlich eine erfolgssensible Phase im Projekt. Erfolgssensibel meint: So wie sich im Leben von Mensch und Tier in ganz bestimmten Phasen bestimmte Verhaltensweisen optimal ausprägen können, so ist der Projektstart wichtig für den späteren Projekterfolg. Der Zeitraum bis zum offiziellen Projektbeginn wird manchmal als Projektvorphase bezeichnet, manchmal als die Initialisierungsphase oder einfach auch als Projektvorbereitung. Hier geht es darum, die notwendigen Voraussetzungen für ein erfolgreiches Projekt zu schaffen, d. h. Ideen und Materialen zu sammeln, die später wichtig sind, um grobe – noch provisorische – Projektziele zu formulieren. In der Praxis kann dies über einen längeren Zeitraum geschehen, an dessen Ende von der relevanten Instanz eine Go- oder No-Go-Entscheidung steht. Diese Go-/No-Go-Entscheidung kann auch für einen Projektdienstleister bedeuten, kein Angebot auf eine Kundenanfrage abzugeben, weil von verschiedenen Seiten nicht die Ressourcen oder Kompetenzen vorhanden sind. Manchmal kann es auch ein eingeschränktes Go geben, wenn der nächste Schritt in eine Phase der Voruntersuchung oder der Machbarkeitsanalyse oder in eine Phase der Auftragsklärung mündet.

Zu einem gelungenen Projektstart gehört mehr als die Definition einer komplexen, neuen Aufgabe. „Sichtbar“ wird der gelungene Projektstart anhand von drei wesentlichen Punkten:

1. gelungene Stakeholder- und Risikoanalyse
2. ausreichend ausgeführte Projektbeauftragung
3. Projekt-Kick-Off-Veranstaltung und Startworkshop, bei der die wichtigsten Sach- und Fachfragen geklärt sind

Diese Elemente dienen dazu,:

- die Organisation auf ein Projekt oder eine bestimmte Phase zu verpflichten (oder das Projekt erst gar nicht beginnen!)

- die allgemeine Ausrichtung für die Lösungssuche zu definieren
- die Top-Level Projektziele zu definieren
- sicherzustellen, dass die notwendigen Zustimmungen und Ressourcen vorhanden sind
- zu überprüfen, ob und wie das Projekt mit den strategischen Zielsetzungen des Unternehmens übereinstimmt.

Ziel ist es zum einen, sich eine klare Vorstellung der Problematik zu verschaffen: Dazu muss der IST-Zustand („wo sind wir heute?“), die genauen Projektziele, Wünsche und Erwartungen aufgelistet und dokumentiert werden. Es gehört auch dazu, eine grobe Abschätzung der benötigten Mittel und der Vorgangsweise zu beschreiben und mögliche Alternativen zu benennen. Auch Faktoren, die das Projekt negativ bzw. vielleicht auch positiv beeinflussen können, sind abzuschätzen. Zum anderen gehört dazu, die Projektverantwortlichen (Projektmanagement-Team, Steuerkreis etc.) zu benennen und sie mit den notwendigen Kompetenzen (Verantwortung und Befugnisse), die sie brauchen, auszustatten. Aber nicht nur die sachliche und menschliche Projekt-Binnenstruktur müssen hier im Vorfeld geklärt werden. Auch ist die Frage zu beantworten, wer (Kunde, beteiligte Fachabteilungen etc.) sich von außen wie mit welchen Zielstellungen einbringen möchte, – d. h. es geht darum, ein konstruktives soziales Umfeld für das Projekt zu schaffen.

All diese Überlegungen münden am Ende in die schriftliche Projektbeauftragung bzw. werden im Projekt-Kick-off freigegeben. Von einer gelungenen Synthese aus fachlichen und sachlichen Elementen zeugen folgende Beispiele und Erkenntnisse verschiedener Schulungsteilnehmer:

Praxis:

Für unser Projekt wurde ein Start-Brainstorming durchgeführt. Teilnehmer waren einzelne Prozessmanager aus den Fachbereichen sowie Vertreter aus den IT-Fachabteilungen. Hier galten die allgemeinen Regeln eines Brainstorming-Workshops. In der Rolle als Moderator wurde von mir im Vorfeld bereits erstes Material gesammelt. Dazu gehörten sowohl Informationen über unternehmensinternes Wissen durch Interviews mit Ansprechpartnern/ehemaligen Projektleitern anderer, ähnlicher Projekte, Erfahrungsberichte von externen Tagungen etc. Im Workshop wurden alle Punkte von mir vorgestellt und mit den Teilnehmern behandelt und bewertet.

Durch die ausführliche Auseinandersetzung mit dem Projekt konnte die Grundlage für ein gemeinsames Projektverständnis geschaffen werden. Dem Projekt wurde hier gewissermaßen eine „Identität“ gegeben und das Projektteam konnte bereits in dieser Phase erste Aufgabenpakete formen. Es wurde vereinbart, die Projektziele in einem weiteren Workshop weiter zu detaillieren, ebenso wie die Projektrisiken, die in diesem Start-Brainstorming nur grob formuliert worden waren. Wichtig war mir, von den Erfahrungen einer Projektleiterin zu profitieren, die ein ähnliches Projekt in der Vergangenheit geleitet hatte. Daraus konnten bereits erste Risiken abgeleitet werden, die später im Detail betrachtet werden sollten.

Als Vorgehen wurde im Start-Brainstorming definiert, zunächst ein Konzept zu erstellen, das Aussagen machen konnte, ob die bereits im Unternehmen im Einsatz befindliche Applikation für die Umsetzung der Anforderungen geeignet war. Nachdem diese Untersuchung zusammen mit den Lieferanten durchgeführt wurde, konnte die erste Grobplanung des Projekts erstellt werden. Dazu wurde der Phasenplan entsprechend der Programmvorgaben erstellt. Abschließend wurden die Ergebnisse in einer Präsentation dem Auftraggeber vorgestellt. Die Projektstartphase war hiermit beendet.

Und eine weiterführende Erkenntnisse aus der Praxis:

Der Start-Workshop sollte mindestens zwei Tage dauern. Eine Übernachtung sollte geplant werden. Die Teilnehmer sollten dieses Angebot möglichst nutzen, um sich besser kennen zu lernen. Solche Kommunikation trägt auch zum Projekterfolg bei.

Der Projektauftrag sollte zwischen dem Projektleiter und dem Auftraggeber vor dem Workshop genau geklärt werden, so dass die weitere Arbeit des Projektteams sich darauf beziehen konnte.

Die Besetzung des Lenkungsausschusses sollte vorher geklärt werden. Die Mitglieder sowie mindestens ein bis zwei der wichtigsten Stakeholder sollten am Workshop teilnehmen.

In unserem Projekt umfasste der Projektstart-Workshop 2 × 0,5 Tage – d. h. wir starteten am Nachmittag des ersten Tages, hatten einen gemeinsamen Abend und beendeten die Veranstaltung mit einem kleinen Mittagessen am darauffolgenden Tag. Die Tagesordnung beinhaltete folgende Punkte:

1. Begrüßung und Vorstellung der Teilnehmer
2. Vorstellung der Tagesordnung
3. Erwartungen der Teilnehmer
4. Vorstellung der Projekthistorie
5. Projektauftrag/Projektziele
6. Projektplanung
7. Projektumfeld/Stakeholderanalyse
8. Projektrisiken
9. Abschlussrunde

Zwischen Punkt 5 und 6 der Tagesordnung war eine Zäsur mit gemeinsamem Abendessen und gemütlichem Ausklang.

Die Form dieses Projektstartes kam bei allen Beteiligten gut an – sie sorgte für eine gute Mischung aus Arbeitsphase und persönlichem Kennenlernen.

3.5 Elemente des Projektstarts: Was gehört zu einem guten Projektstart?

Der Startworkshop steht meistens noch vor der letztlichen Projektbeauftragung. Hier kommen verschiedene Experten aus den jeweiligen Fachabteilungen zusammen, um das bis dahin gesammelte Material genauer zu bewerten und nach Möglichkeit eine unterschriftsreife Projektbeauftragung zusammenzustellen. Je nach bereits erreichtem Detaillierungsgrad kann es auch notwendig sein, weitere Gespräche mit anderen Stakeholdern zu führen. Auf diese Art kann es mehrere Etappen im Projektstart geben – am Ende sollte ein Dokument stehen, das die wichtigsten Aspekte zusammenfasst und von allen Beteiligten gutgeheißen wird. Ein Teil des späteren Projektauftrags wird also während des Workshops „geklärt".

In manchen Fällen wird der Projektstartworkshop aber erst nach dem offiziellen Start durchgeführt. Neben der fachlichen Klärung geht es auch hier um die Einbindung der verschiedenen Stakeholder mit ihren Erwartungen und Wünschen. Es empfiehlt sich auch, „Arbeits- und Kommunikationsregeln" zu vereinbaren, die zwar weniger das „Was", als vielmehr das „Wie" betreffen. Vielleicht sind diese Vereinbarungen am Anfang noch etwas allgemein (wir fangen unsere Besprechungen pünktlich an, wir kommen vorbereitet in die Besprechung, wir legen Dokumente auf dem gemeinsamen Server im Laufwerk X ab, wir buchen Zeiten wöchentlich etc.) und müssen in der Folge nochmals nachgeschärft werden. Aber besser ist es in jedem Fall, hier bereits diesen Aspekt präventiv zum Thema zu machen, bevor Frust und Unzufriedenheit drohen.

Während bei dem Startworkshop – wie es der Name bereits sagt, gearbeitet wird, wird bei der *Kick-off-Veranstaltung* das Projekt „losgetreten". Im Rahmen dieser Veranstaltung kommen die wichtigsten Verantwortlichen zusammen, um gemeinsam die getroffenen Vereinbarungen „abzusegnen". Eine Kick-off-Veranstaltung ist also keine Diskussionsveranstaltung, sondern im Regelfall eine Präsentation, welche die verschiedenen Facetten, die bis jetzt erarbeitet wurden, in einen Zusammenhang stellt und freigibt.

Die schriftliche Projektbeauftragung wird zunehmend wichtiger, je weniger dem gesagten Wort geglaubt wird. Was schriftlich niedergelegt ist, kann jederzeit nachgelesen werden und kann, wenn notwendig, auch unterschrieben werden. Dies hat nicht nur etwas mit Absicherung zu tun. Viele Verantwortliche sind heute auf mehreren „Baustellen" parallel unterwegs und nicht immer hat man alle Aspekte im Kopf. Da kann ein „externer Papierspeicher", wie eine solche schriftliche Zusammenfassung, sehr hilfreich sein. In seiner Grundform ist diese schriftliche Projektbeauftragung ein „Steckbrief“, eine übersichtliche Zusammenfassung der wichtigsten Punkte (Projektbegründung, Projektziele, Budget, Zeitrahmen, wichtige Inhalte, wichtige Risiken, verantwortliche Personen etc.). Es ist ein „One-Pager“, der seine Qualität in der komprimierten Darstellung all dieser Punkte hat.

Welche inhaltlichen Aspekte müssten am Ende eines gelungenen Projektstarts geklärt sein?

- Der Grund/Auslöser/Nutzen des Projektes ist allen Beteiligten klar.
- Die wichtigsten Ziele, die sich aus dem Projektauslöser ergeben sind definiert.
- Es ist klar, welche direkten und indirekten Stakeholder ein berechtigtes Interesse und damit auch Einfluss an diesem Projekt haben.
- Die wichtigsten Randbedingungen objektiver Natur (z. B. rechtliche, bauphysikalische etc.) sind benannt.
- Es steht fest, wer das Projekt leitet bzw. wie das Projektmanagement-Team aufgebaut ist und welche Befugnisse und Kompetenzen bestehen.
- Es besteht Konsens darüber, was mögliche Risiken sind.
- Die wirtschaftlichen Aspekte (Zeitraum, Kostenabschätzung) sind geklärt.
- Eine Abschätzung der notwendigen Beiträge an Aufwand der unterschiedlichen fachlichen Ressourcen (Lieferanten, Fachabteilungen) liegt vor.
- Entscheidungsprozesse und Informationsprozesse zwischen Projektleitung und Auftraggeber (Steuergremium) sind geklärt.

3.6 Die „Heilige Kuh“

Mir ist bei dieser Zusammenstellung eines am wichtigsten: Es muss zwischen allen Beteiligten Konsens bestehen, was die „heilige Kuh“ des Projektes ist. Was ist darunter zu verstehen? Nun, es ist der Aspekt des Projektes, der dem Auftraggeber am wichtigsten ist und der unter keinen Umständen geopfert werden darf. Viele meiner Seminarteilnehmer gehen bei Übungen für den Projektstart davon aus, dass die inhaltlichen Projektziele, die Kosten und der Zeitrahmen auf jeden Fall einzuhalten sind. Klar ist, dass Leistung, Kosten und Zeit in einem engen logischen Zusammenhang stehen. Dieser Bezug wird manchmal als eine Art Zwangsjacke verstanden, aus dem man sich nicht befreien kann. „Der Auftraggeber will doch ..." heißt es dann. Ja, stimmt, aber gerade bei innovativen Projekten entdeckt man erst während der Laufzeit, wo die genauen Probleme liegen. Durch Änderungen und Risiken entsteht die Notwendigkeit zu steuern. Dann ist es wichtig zu wissen, was dem Auftraggeber das wichtigste ist, um das Heiligtum – also seine höchste Priorität – nicht zu gefährden.

Beispiele für wichtige Projektaspekte:

- In einem Organisationsprojekt ist häufig die Termineinhaltung ein wichtiges Erfolgskriterium – hier werden dann schon einmal bestimmte inhaltliche Aspekte geopfert.
- Dem einfachen Häuslebauer sind bei aller Liebe zu gestalterischen Elementen und Qualitäten die Kosten häufig ein wichtiges Kriterium.
- Bei innovativen Projekten bzw. Entwicklungsprojekten ist immer die Frage nach der potenziellen technischen Fehlerfreiheit wichtig.

Man sieht also: Unterschiedliche Projektarten können unterschiedliche „heilige Kühe" haben, die man nicht aufs Spiel setzen darf, geschweige denn opfern.

Es geht aber nicht nur darum, die „heilige Kuh" zu finden, es sollte auch darum gehen, dass alle Beteiligten davon wissen, welche Prioritäten die anderen Beteiligten setzen und dass ein Konsens über die Prioritäten unter den Beteiligten hergestellt wird. Geschieht dies nicht, dann ziehen die Verantwortlichen das Seil in unterschiedliche Richtungen oder engagieren sich für bestimmte Ziele nur unzureichend. Das Abstimmen der Ziele und der Prioritäten, die diese Ziele für die Stakeholder haben, ist sicherlich eine der wichtigsten motivationalen Grundlagen für die Projektmitarbeiter und Projektverantwortlichen.

Praxis:

Ich habe bemerkt, dass sich etwas in meinem Projekt änderte, als plötzlich ein Mitglied des Steuerkreises begann, sich sehr intensiv für die Beibehaltung eines Zieles zu engagieren. Offensichtlich war ihm dieses Thema sehr wichtig und ein Grund, sich für dieses Projekt zu engagieren. Als zur Debatte stand, ob man dieses Anliegen nicht wegen des Zeitdrucks aufgeben sollte, war dieses Steuerkreismitglied wach geworden. Die Änderung wurde dann zwar nicht beschlossen, aber von da an war dieses Gremienmitglied wesentlich aktiver.

3.7 Und was sagen die Verbände zum Thema Projektabschluss?

Die *ICB/NCB* definiert als Projektabschluss „die Beendigung eines Projektes oder eines Programms oder einer Projektphase nach dem Abliefern der Ergebnisse (...). Falls ein formeller Vertrag unterzeichnet wurde, sollte bei Abschluss (...) berücksichtigt werden: Übergang der Verantwortung, Beginn der Gewährleistung, abschließende Zahlung (...) Die Projektergebnisse und die erworbene Erfahrung werden ausgewertet und die Lessons learned dokumentiert (...)“[1].

Der *PMBOK Guide der PMI* beschreibt im Kapitel 4.6 „Close Project or Phase“ den Prozess des Abschließens des Projektes bzw. der Phase als Teil der Durchführung des Projektmanagementplans, welcher das Beenden des Projekts behandelt. Beim Abschluss des Projekts wird der Projektleiter die komplette Projektinformation von den vorherigen Phasen nachprüfen, um sicherzustellen, dass die gesamte Projektarbeit abgeschlossen ist, und dass das Projekt seine Ziele getroffen hat. [...] Der Prozess des Abschlusses der Phase bzw. des Projekts beinhaltet auch die Verfahren, um die Gründe für genommene Handlungen zu untersuchen und zu dokumentieren, wenn ein Projekt frühzeitig beendet wurde.[2]

Nach *PRINCE2* ist der Zweck des Prozesses, die Projektbeendigung als einen Fixpunkt darzustellen, an dem die Annahme für das Projektprodukt bestätigt wird. Des Weiteren gilt es anzuerkennen, dass die in der ursprünglichen Projektinitiierungsdokumentation dargelegte Ziele erreicht worden sind (bzw. genehmigte Änderungen der Ziele erreicht worden sind) oder dass das Projekt nichts mehr beizutragen hat.[3]

Allgemein lassen sich also folgende Punkte über das Thema Projektabschluss zusammenfassen:

- *Produktabnahme:* Die Produktabnahme leitet den Projektabschluss ein und ist ein wichtiger Bestandteil des Projektabschlusses. Die Abnahme hat unmittelbare Rechtsfolgen sowohl für den Auftraggeber als auch für den Auftragnehmer. So sind mit der Abnahme z. B. der Beginn der Gewährleistung, die Zahlungsfälligkeit und der Gefahrenübergang auf den Kunden verbunden. Erst wenn der Kunde mit dem übergebenen Produkt, mit der Menge der durchge-

[1] ICB – IPMA Competence Baseline – in der Fassung als Deutsche NCB – National Competence Baseline Version 3.0 der PM-ZERT Zertifizierungsstelle der GPM e.V. S 92.
[2] PMBOK Guide, 4. Auflage, Kapitel 4.6 Close Project or Phase
[3] Managing Successful Projects with PRINCE2, 18 Closing a Project, S. 205

führten Trainings, den geschulten Mitarbeitern und der erreichten Qualität sowie allen damit zusammenhängenden Vertragsbestandteilen zufrieden ist, beginnt die eigentliche Abschlussphase.

- *Projektabschlussanalyse:* In der Projektabschlussanalyse wird eine abschließende Nachkalkulation des Projektes durchgeführt. Abweichungen bzgl. der Termine und Kosten sowie der Leistungs- und Qualitätsmerkmale sind hinsichtlich ihrer Ursachen und möglichen Abhilfen im Rahmen einer Abweichungsanalyse zu untersuchen.
- *Abschlusspräsentation:* Die Abschlusspräsentation dient in erster Linie der Information aller Stakeholder über grundsätzliche Aspekte des Projektergebnisses oder des Projektverlaufs. Das Projektteam kann mit einer gelungenen Präsentation die eigene Projektarbeit „gut verkaufen“ und somit die Grundlage für eine weitere Zusammenarbeit mit dem Kunden schaffen. Die Abschlusspräsentation ist Bestandteil des sogenannten Projektmarketings, welches bereits während des Projekts zum Einsatz kommen kann.
- *Abschlussbesprechung:* Die Abschlussbesprechung ist für die Projektleitung und alle Teammitglieder die letzte offizielle gemeinsame Veranstaltung des Projektes. Folgende Themen sollten hierbei behandelt werden:
  - die Berichterstattung zur Kundenzufriedenheit
  - Reflexion und Feedback des Projektteams zur gemeinsamen Arbeit
  - weiteres Vorgehen (ausstehende Arbeiten, neue Aufgabengebiete für die Mitarbeiter, Planung Abschlussfeier, Abschlussbericht).
- *Projektabschlussbericht:* Dieser Bericht des Projektleiters ist das letzte Dokument der Projektdokumentation. Er wird gemeinsam mit dem Projektordner archiviert und umfasst insgesamt folgende Aspekte:
  - den Projektauftrag
  - alle Planungsunterlagen
  - die Bestandsaufnahme Zielerreichung
  - ggf. eine Fehler-Ursachen-Analyse
  - die daraus abgeleitete Empfehlungen
  - weitere Empfehlungen für zukünftige Projekte
  - die detaillierten Abrechnungen mit allen Belegen
  - die Ansprechpartner für eventuelle Rückfragen
- *Auflösung des Projektteams:* Mit der Abgabe des Abschlussberichts erfolgen die offizielle Auflösung des Projektteams.

- *Erfahrungssicherung/Projektlernen:* Kritisches Reflektieren des Projektverlaufes und der Zielerreichung ist eine wichtige Voraussetzung für die kontinuierliche Verbesserung des Projektmanagements. Um eventuell vorgekommene Fehler in anderen Projekten nicht zu wiederholen, ist es wichtig, dass die im Projektverlauf gemachten Erfahrungen auf Folgeprojekte angewendet werden. Dazu sind die Fehler-Dokumentation und eine geeignete Bereitstellung notwendig. Die Erstellung einer Erfahrungsdatenbank ist dabei zu favorisieren, da hiermit ein schneller Zugriff auf alle Informationen für die verschiedenen Bereiche sichergestellt werden kann. Ohne eine konsequente Erfahrungssicherung ist ein wirkungsvolles Wissensmanagement nicht möglich.

3.8 Die Ambivalenz des Projektabschlusses

Unabhängig davon, ob ein Projekt durch die Fertigstellung der geplanten Arbeiten abgeschlossen wurde oder durch eine formale Abnahme, sollte am Ende eines Projektes folgendes vorliegen: eine vollständige, abgekaufte Dokumentation, nachvollziehbare, für alle zugängliche „Lessons learned" und ein Vergleich der ursprünglichen Planung mit dem Ist-Zustand, mindestens hinsichtlich der Termine und Kosten. Eine Zusammenfassung der unerwarteten Ereignisse und Schwierigkeiten ist ebenfalls hilfreich. Der Projektleiter ist gut beraten, wenn er sich von seinen Teammitgliedern in einem persönlichen Gespräch Feedback geben lässt, nicht nur über den Verlauf des Projekts aus fachlicher Perspektive, sondern auch hinsichtlich der sozialen Aspekte.

Diese kompakte Zusammenstellung der wichtigsten Ergebnisse zum Projektabschluss spiegelt wohl kaum die Realität des Projektabschlusses wider. In vielen Fällen ist der Projektabschluss nämlich von einer mehrfachen, merkwürdigen Ambivalenz gekennzeichnet:

- Analyse der Vergangenheit – ohne aber die Wahrheit beim Namen nennen zu wollen.
- Analyse der Vergangenheit – wir sind aber mental schon wieder in der Zukunft.
- Analyse der Vergangenheit – Rückschau der Form wegen, aber ohne echten Nutzen für die Beteiligten.

Praxis:

Mein Projektteam war auf drei Standorte verteilt, die zwar nicht weit auseinander lagen, aber trotzdem weit genug, dass die Mitarbeiter nur telefonisch oder per E-Mail miteinander in Verbindung standen. Unterschiedliche Mitarbeiter der verschiedenen Standorte waren auch in unterschiedlichen Phasen aktiv, so dass es keinen einheitlichen Zeitpunkt für das Projektende gab. Für die meisten Mitarbeiter vom Standort A endete das Projekt nach 2/3 der gesamten Projektlaufzeit. Ab diesem Zeitpunkt wurden diese Kollegen bereits in neue Projekte involviert. Die Mitarbeiter von B kamen kurzfristig nur für eine bestimmte Aktion hinzu und waren insgesamt vier Wochen beteiligt. Die Kollegen vom Standort C, die mit den strategischen Themen betraut waren, begleiteten das Projekt von Anfang bis Ende. Was blieb, war bei vielen der Eindruck, dass das Projekt nach hinten „irgendwie auslief". Es war schade, dass ich nicht den Ausstieg der beiden Standorte, die mit ihren Aufgaben früher fertig waren, dazu genutzt habe, auch einen inhaltlichen Review und gruppendynamischen Abschluss zu erreichen.

In der Tat gebe ich dieser Projektleiterin Recht: Das Projekt „plätscherte" hier gewissermaßen zu Ende – sicherlich auch bedingt durch die räumliche Trennung der verschiedenen Projektteile. Von der Theorie des Projektmanagements wäre es sicherlich möglich gewesen, einen Projektabschluss zu einer Zeit zu machen, an dem das Gesamtteam noch bestand. Phasenmeilensteine sind damit nicht nur wiederholte (Mini)-Projektstarts, sondern können auch gleichzeitig (Mini-/Zwischen-)Abschlüsse markieren, an denen die inhaltliche Arbeit und auch die Teamarbeit zu einem Ende kommen.

Bei anderen Projekten scheint genau die umgekehrte Schwierigkeit zu bestehen. So scheint sich bei manchen Projektteams eine so gute Zusammenarbeit eingestellt zu haben, dass es ihnen schwerfällt, die Zusammenarbeit zu beenden. Das mag manchmal daran liegen, dass die inhaltlichen Projektgrenzen und Ziele zu Beginn nicht ausreichend klar definiert wurden und es den Beteiligten dadurch schwer fiel, das genaue Projektende zu definieren. Es kann aber auch an einem übersteigerten Zusammenhalt der Personen liegen – der vor allem dann eintritt, wenn das Projektergebnis von Außenstehenden massiv in Frage gestellt wird. Dieses Zusammenschweißen von Personen kann sogar dann erfolgen, wenn es den Personen selbst in diesem Moment nicht gut geht (Abschlussstress am Projektende). Aus der Sozialpsychologie ist dies als das sogenannte „Stockholm-syndrom" bekannt. In der Tat kann man hier fragen, ob die Teilnehmer, solange sie noch unter diesem emotionalen Druck stehen, überhaupt zu einer differenzierten Betrachtung in der Lage sind?

Man sieht also: Häufig plätscherte das Projekt dem Ende zu – die Spannung war raus, die Projektmitarbeiter wandten sich bereits neuen Aufgaben zu. Bild 5 zeigt einzelne Schritte in der Phase des Projektabschlusses auf.

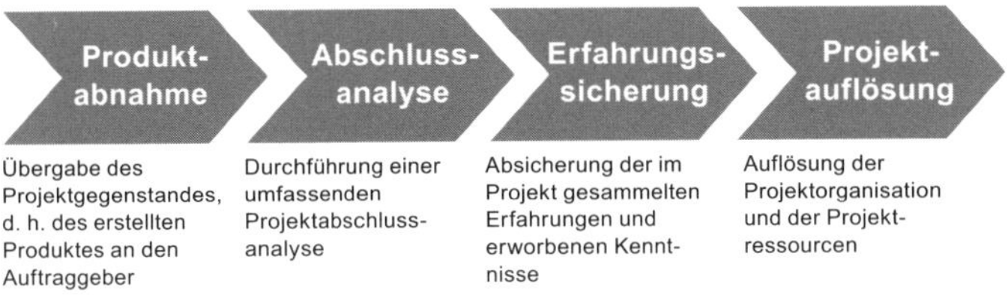

Bild 5 Schritte des Projektabschlusses

In anderen Fällen gleicht das Ende einem emotionalen Crescendo, das ebenfalls eine differenzierte Wertung verhindert. Die Frage ist also: Wie gelingt es, am Projektende sachlich und auch emotional – in Würde Abschied zu nehmen?

3.9 Best Practice Projektabschluss

Ebenso wie der Projektstart sollte das Projektende nicht einfach als singuläres Ereignis betrachtet werden. Nach außen kann das Projekt zwar als abgeschlossen erklärt werden, wenn der oder die Auftraggeber die Abnahmeerklärung unterzeichnet haben. Nach innen ist das Projekt jedoch erst abgeschlossen, wenn die Projektabschlussanalyse, sowie die offizielle Projektauflösung durchgeführt worden sind.

Projektabschlussphase – Prozessschritte

Praxis:
Die Projekte im Rahmen des Programms XY sollten nach der Abnahme durch die Fachbereiche noch in einen Zeitraum der Stabilisierung übergehen, in der das Projekt noch für den Betrieb der Anwendungen, Fehlerkorrektur und Optimierung zuständig war. In unserem Projekt wurden für die Projektabschlussphase daher die folgenden Prozessschritte festgelegt

1. Stabilisierung
   - Betrieb und Betreuung der erstellten Applikation
   - Plattform-Optimierung (Überwachung Performance, Optimierung für Produktivgegebenheiten)
   - Erweiterung der Betriebs- und Betreuungsdokumente um die in der Stabilisierung gemachten Erfahrungen
   - Beheben gemeldeter Fehler durch die Anwendung (Incident-Bearbeitung)

2. Abschlussanalyse und Erfahrungssicherung
   - Projektnachkalkulation
   - Abweichungsanalyse und Ursachenanalyse
   - Workshop mit Projektmitarbeitern „Lessons learned"
   - Kundenzufriedenheitsbefragung mit Fragebogen
3. Übergabe an Service
   - Abnahme von Betriebs- und Betreuungsdokumenten durch Service-Mitarbeiter
   - Abnahme Applikation durch Service-Mitarbeiter
   - Erstellung eines Übergabe-Protokolls
   - Workshop mit Service-Desk-Mitarbeitern zur Einführung der neuen Applikation

Das Beispiel dieses Projektleiters zeigt, dass der Projektabschluss eine längere Phase sein kann, die wiederum verschiedene Schritte beinhaltet.

Was sind die Elemente, die aus einer psychologischen Sicht im Rahmen des Projektabschlusses wichtig sind?

- *Erfahrungssicherung, Projekterfolg und Projektlernen:* Zum Projektabschluss gehört ein Projektabschlussworkshop, in dem die Teilnehmer das Projekt, dessen Erfolg und die eigene Arbeit reflektieren. Die Ergebnisse werden dokumentiert und können für das Projektlernen verwendet werden.
- Ein systematischer Projektabschluss misst, inwieweit der Projektauftraggeber die erreichten Ergebnisse akzeptiert oder inwieweit nachgebessert werden muss. Unterschieden wird hier nach Sach- und Beziehungsebene. Kann man einige Erfolgsfaktoren noch relativ einfach messen (Maße, funktionale Eigenschaften, Zeit etc.), so fällt dies bei subjektiven Dingen (z. B. Benutzerakzeptanz) schon um einiges schwerer. Aber auch hierfür gibt es Methoden, wie Fragebögen, Online-Umfragen oder persönliche Gespräche.
- Das Projektende ist auch gekennzeichnet durch das Projektlernen. Hier gilt es, die gemachten Erfahrungen (sachlicher und sozialer Art) zu dokumentieren und für zukünftige Projekte zugänglich zu machen. Wichtig ist hier ein offener Umgang, da neben den positiven Dingen auch Fehler und Probleme angesprochen werden müssen. Es gibt hier unterschiedliche Möglichkeiten, die Fakten zu erarbeiten und zu dokumentieren. Neben persönlichen Gesprächen, Fragebögen, Umfragen etc. gibt es in manchen Firmen sogar eigene Abteilungen, die ein Projekt zum Teil etliche Zeit später aus völlig unabhängiger Sicht bewerten. Andere prozesstechnische Vorgehensweisen, wie die Manöverkritik, werden sofort nach dem Projekt durchgeführt.

Aus der Praxis:

Die Mitarbeiter in einem Unternehmen der Automobilbranche kannten bisher den Projektabschluss nur dahingehend, dass ein Projekt nach der Umsetzungsphase und mit Abschluss der notwendigen Schulungen endete. Teilweise wurde in der Vergangenheit noch eine Abschlussveranstaltung vom verbleibenden Projektbudget durchgeführt – das war alles. Bei einem neuen Projekt wollte man das Projektende anders gestalten, da nicht bereits nach Umsetzungsphase und den Schulungen das Projekt endete, sondern erst ca. ein Jahr später. Als Neuerung kam hinzu, dass neben einer geplanten Projektabschlussveranstaltung auch ein „Lessons-learned-Workshop" durchgeführt werden sollte, der in erster Linie die Qualität der Zusammenarbeit und die gesammelten Erfahrungen mit den Projektmanagementmethoden zum Inhalt haben sollte. Dieser „Lessons-learned-Workshop" sollte durch einen unabhängigen Moderator vorbereitet und moderiert werden.

Vorbereitung des „Lessons-learned-Workshops"

In Vorbereitung auf diesen Workshop hatten die Teilnehmer eine Präsentation erhalten, in der zum einen das Vorgehen innerhalb dieses Workshops und die Inhalte erklärt wurden. Außerdem war ein Fragebogen integriert, der gegliedert nach den einzelnen Projektphasen Fragen enthielt, die von jedem in einer Skala von 1-5 beantwortet werden sollten (1 – trifft nie zu, 2 – trifft weniger zu, 3 – keine Aussage, 4 – trifft zu und 5 – trifft immer zu). Die Beantwortung dieses Fragebogens erfolgte anonym und wurde durch jeden einzelnen Projektmitarbeiter auf einem zentralen Laufwerk abgelegt. Durch diese Bewertung hatte der Moderator eine Basis, die Erfahrungen der einzelnen Mitarbeiter zu konsolidieren und Knackpunkte in der Zusammenarbeit herauszuarbeiten.

Durchführung des „Lessons-learned-Workshops"

Dieser Workshop wurde durch einen unabhängigen Moderator durchgeführt. An einem Nachmittag fanden sich alle Teilnehmer des Workshops im Schulungs- und Konferenzareal der Mercedes Benz Bank AG ein. In einer angenehmen und gemütlichen Atmosphäre bei Kaffee und Kuchen wurden den Beteiligten die Ergebnisse der Umfrage durch den Moderator wertungsfrei präsentiert. Anschließend wurden nochmals die Kommunikationsregeln für dieses Meeting gemeinsam festgelegt und verabschiedet:

- aktiv zuhören
- keine Handys oder sonstigen störenden elektronischen Geräte bei Meetings
- jeden Beteiligten zu Wort kommen lassen
- jeden Beteiligten aussprechen lassen
- die Meinung des anderen respektieren
- Unterschied zwischen Wahrnehmen, Vermuten und Reagieren beachten
- verdeckte Kommunikation („Spielchen") vermeiden

- konkrete, kurze und präzise Formulierung der Statements
- wertungsfreie Statements
- und zum Schluss: NIEMAND MUSS SICH RECHTFERTIGEN!

Gerade den letzten Punkt halte ich für wichtig: Denn gerade dann, wenn einiges im Projekt schiefgelaufen ist, ist die Gefahr groß, dass bestimmte Personen nochmals auf die Anklagebank gesetzt werden oder dass alte Rechnungen beglichen werden. Nein, die gesammelten Erfahrungen sollen kommenden Projekten helfen.

- *Leistungsbeurteilung und Rückführung der Mitarbeiter in die Linie:* Ein weiterer Punkt für den Projektabschluss ist die Leistungsbeurteilung der Mitarbeiter durch den Projektleiter und deren „Rückführung in die Linie". Für manchen meiner Seminarteilnehmer war dies immer ein merkwürdiges Thema: zum einen, weil kaum einer in der Rolle als Projektmitarbeiter diese Erfahrung schon einmal gemacht hatte, zum anderen, weil einzelne befürchteten, dass der Projektleiter diesen Moment ausnützen könnte, um einem ungeliebten Mitarbeiter noch mal „was reinzudrücken". Sehen Sie es aber mal von der anderen Seite: Der Linienvorgesetzte, der vielleicht seit längerer Zeit keinen oder nur wenig Kontakt mit dem Mitarbeiter hatte, und gar nicht so richtig über die Performance des Mitarbeiters in Bild war, braucht diese Information. Schließlich ist er für die Regelbeurteilung des Mitarbeiters verantwortlich, entscheidet eventuell über Gehaltserhöhungen etc. Mancher Mitarbeiter wächst ja in der Projektarbeit über sich hinaus – während er in der Linie vielleicht eher als durchschnittlich gilt – sollte dies denn nicht seine Führungskraft wissen?

3.10 Die Abschlussagenda – mal anders erzählt

Ich hatte bereits ausgeführt, dass es der Projektabschluss „schwer" hat. Die Mitarbeiter sind manchmal froh, dieses Thema hinter sich zu lassen, sind manchmal auch schon wieder auf neuen Baustellen im Unternehmen unterwegs. Diese Randbedingungen erfordern es daher vom Projektleiter, für den Projektabschlussworkshop zu werben. Sprich: Wird der Projektabschluss interessant, spannend, lustig, unterhaltsam und überraschend gestaltet, verspricht dies für alle, zu einem gelungenen Ende zu kommen.

Es gibt viele Möglichkeiten, den Projektabschluss für alle Beteiligten als „Nach"-Denken und zugleich als „Voraus"-Denken zu gestalten. Wichtig dabei ist, dass diese Abschlussveranstaltung die Teilnehmer nachdrücklich dazu bringt, über die vergangenen Höhen und Tiefen konstruktiv nachzudenken. Je besser sich dieses Ereignis einprägt, umso größere Gewissheit hat man, dass sich die Personen bei späteren Projekten an diese Zeit erinnern und ihre Erfahrungen dem neuen Projekt zur Verfügung stellen.

Welche – vielleicht ungewöhnlichen – Ideen gibt es, um den Projektabschluss zu gestalten?

- *Geschichte erzählen 1:* Teilnehmer werden eingeladen, die Geschichte des Projektes mit seinen Höhepunkten und Tiefpunkten zu erzählen. Die Geschichte kann dabei auch verfremdet werden in ein Märchen, einen Krimi etc.
- *Geschichte erzählen 2:* Teilnehmer sollen ausschließlich Highlights erzählen (Success-Stories).
- *Geschichte malen:* Auf einer großen Papierrolle, die an der Wand befestigt ist und auf der ein Zeitstrahl (Projektlaufzeit mit Meilensteinen) abgetragen ist, sollen die Teilnehmer ihre persönlichen Erfahrungen zu den jeweiligen Zeitpunkten „aufmalen". Diese Papierrolle kann kontinuierlich über das Projekt fortgeschrieben werden und am Ende als Review betrachtet werden.
- *Video drehen:* Eine Gruppe bekommt die Aufgabe, einen kleinen Videofilm zum Projektabschluss zu drehen. Das Video kann durchaus humorvoll die wichtigsten Etappen/Menschen/Ergebnisse beleuchten (z. B. als „Tagesschau").
- *Rätsel entwickeln:* Ein Teil der Gruppe bekommt die Aufgabe, ein Rätsel über die wichtigsten Highlights im Projekt zu entwickeln, der andere Teil der Gruppe versucht, das Rätsel zu lösen.

Sie sehen: Es gibt viele Möglichkeiten, mit wenigen kreativen Mitteln den Projektabschluss mal anders als gewohnt oder erwartet zu gestalten. Natürlich ist dies immer abhängig von den Teilnehmern, dem Teamfeeling oder der Kultur, in der das Projekt stattfindet.

3.11 Fazit

Projekte sind tricky, Projekte sind Risky Business – wer mit diesem Aspekt zu sorglos umgeht, kann schnell sein blaues Wunder erleben.

In Abwandlung des Spruches „Wenn Du es eilig hast, gehe langsam, können wir auch sagen: „Wenn du ein Projekt machst, plane langsam." Ein

Projekt unter Zeitdruck aufzusetzen erhöht die Gefahr, dass während des Projektes Kosten- und Terminabschätzungen revidiert werden müssen – sehr zum Leidwesen aller Beteiligten. Vielleicht ist es gerade eine Tugend in unserer schnelllebigen Zeit, ein Projekt in Ruhe und Sorgfalt aufzusetzen und sich nicht unter Druck setzen zu lassen. Die inhaltlichen Klärungen, der Beziehungsaufbau zu Stakeholdern, das Sammeln von vorhandenen Erfahrungen, die wichtig sein können, das Abschätzen von Risiken und Aufwänden, aber auch das Erfassen, was die „heilige Kuh" im Projekt ist, brauchen Zeit.

Menschen sind emotionale Wesen und die entscheidende Frage für den Projektstart wie auch für das Projektende ist, wie man diese Phasen emotional gestaltet. Dabei geht es nicht um kurzfristige Affekthascherei („We are the Champions") sondern darum, die Beteiligten dazu zu bekommen, das, was ihnen wichtig, lieb und teuer ist, auch einzubringen. Zu Beginn sind dies die Prioritäten, die gerne in dem Projekt verwirklicht werden sollen, am Ende sind es die Erfahrungen, die jeder aus dem Projekt mitnimmt – und die vielleicht für spätere Projekte als wichtige Erfahrungsbasis dienen können.

Zu Projektbeginn ist es die Aufgabe des Projektmanagements, eine arbeitsfähige Beziehung unter all den verschiedenen Partnern herzustellen, für Klarheit und Konsens über den Projektauftrag. Am Ende geht es darum, einen guten Abschluss der Zusammenarbeit zu erreichen, für Klarheit und Konsens über den Erreichungsgrad bei den Zielen.

Am Anfang geht es darum, den richtigen Schwung in das Projekt hineinzubekommen, am Ende geht es darum, diesen Schwung für eine gelungene Übergabe an die Linie zu kanalisieren.

Die Fähigkeit, ein Projekt richtig zu starten, ist nicht die gleiche Fähigkeit, ein Projekt auch richtig zu beenden. Manchmal wird von Personen gesprochen, die „Starter" sind, andere Personen sind eher „Finisher". Ob diese Typisierung immer so hilfreich ist, kann man sicherlich bezweifeln. Es spiegelt aber etwas wider, was man in der Realität durchaus antrifft: Manche Personen haben Schwierigkeiten, loszulegen – wenn jemand diese Initiative übernimmt, dann ziehen sie aber mit. Andere Personen können Dinge gut zu Ende bringen. Beide Fähigkeiten sind im Projekt gefragt!

4 Teamplay richtig gestalten

Kann der Projektleiter beeinflussen, ob sich Mitarbeiter in einem Team zusammengehörig fühlen oder ist es Zufall, wenn die Projektmitarbeiter auch zwischenmenschlich miteinander klar kommen? Wann und wie lege ich die Grundlagen dafür, dass später während der Erarbeitung der Projektergebnisse eine produktive und konstruktive Arbeitsbeziehung im Team herrscht?

4.1 Relevanz

Soll man als Projektleiter tatsächlich so viel Wert auf Zusammenarbeit und Kollegialität in einem Team legen oder ist nicht auch ein gewisser Konkurrenzkampf unter den Teammitgliedern hilfreich? Sind Teams tatsächlich immer besser als Einzelpersonen oder schaffen wir mit der Teamarbeit nicht einfach Gelegenheit, sich in einer Gruppe zu verstecken? Mit diesen und anderen Fragen muss sich ein Projektleiter von Anfang an beschäftigen, wenn er die Effektivität und die Effizienz seiner Projektarbeit richtig planen und steuern möchte. Die Fragen sind aber auch im Laufe des Projektprozesses von Wichtigkeit, da sich menschliche Beziehungen durch die Arbeit verändern. Im Folgenden werden deshalb einige grundlegende Aspekte der Teamentwicklung beschrieben, die es Ihnen als Projektleiter erleichtern sollen, die Gruppenarbeit zu lenken.

4.2 Vorsicht Teamarbeit!

Die Teilnehmer von Projektgruppen kommen häufig nicht unvorbelastet in die neue Projektarbeit. Sei es, dass sie bei früheren Gelegenheiten bereits an Projekten mitgewirkt haben und diese Erfahrung – positiv oder negativ – als Voreinstellung in das neue Projekt einbringen. In mehreren Fällen habe ich es erlebt, dass die Mitarbeit in einem festen Projektteam geradezu als „Strafarbeit“ von den Teammitgliedern angesehen wurde. In einem Fall bewahrheitete sich dies insofern, als dass Kollegen, die in der Linie verblieben waren, an Aufstieg und Karriereentwicklung teilnahmen, während das Projektteam in einer Laufbahnsackgasse feststeckte.

Manchmal ist es gar nicht so leicht zu definieren, wann genau ein Projekt beginnt – das Projekt selbst ist ja häufig nur eine Phase eines langen Produktlebens und entsprechend unklar ist es, wann genau die Projektteamarbeit beginnt. Projektleiter aber auch Projektmitarbeiter steigen so manchmal in einen Projektentwicklungsprozess ein, der schon ein bestimmtes Reifestadium erreicht hat – ein Reifestadium, das aber die Projektmitarbeiter bzw. die Teamprozesse noch nicht haben. Da ist es naturgemäß für viele Projektmitarbeiter erst einmal schwer, bestimmte Zielstellungen zu übernehmen, geschweige denn, sich mit dem Projekt zu identifizieren und von Anfang an mit hohem Engagement mitzuarbeiten.

Gruppenprozesse und die zwischenmenschlichen Beziehungen unter den Teammitgliedern laufen häufig im Verborgenen ab, d.h. entziehen sich der unmittelbaren Wahrnehmung des Projektleiters. Der Projektleiter kann ja nicht die ganze Zeit bei seinem Team sein. Infolgedessen ist es für den Projektleiter nicht einfach, die Entwicklung von Spannungen, Frust und anderen negativen Gefühlen frühzeitig genug mitzubekommen, um rechtzeitig einzugreifen. Teamarbeit kann so für den Projektleiter manchmal zur Frustarbeit werden.

Team-/Projektleiter haben häufig eine Zwischen- oder auch „Sandwich"-Position. Ihre Funktion ist es, zwischen den Erfordernissen und Interessen des Unternehmens und den Bedürfnissen und Erwartungen ihrer Mitarbeiter zu vermitteln. Auch die Teamarbeit selbst steckt in einer solch ähnlichen Situation: Teams haben eine gemeinsame Projektaufgabe, sind aber gleichzeitig auch Teil einer Organisation. Dies bedeutet, sie sind nicht „frei", sondern sind eingebettet in einen Gesamtrahmen mit formalen Strukturen und Abläufen. Somit ergibt sich ein Spannungsfeld: Auf der einen Seite die vorgegebenen Strukturen – auf der anderen Seite müssen viele Spielregeln der Zusammenarbeit, gerade auf gruppendynamischer Ebene, zu Beginn der Projektarbeit erst definiert werden. Teams haben in dieser Hinsicht also ein hohes Ausmaß an Selbstorganisation. Wird diese Spannung zwischen Vorgabe und Selbstorganisation nicht produktiv bewältigt, droht häufig die Konstellation: das „gute" Team" gegen die „schlechte" Organisation". „Teams sind also irgendwo in der Mitte zwischen Familie und Linien-Organisationen positioniert", drückte es einmal ein Kollege von mir aus. Und sind dann noch von Seiten der Organisation und den Mitarbeitern selbst die Erwartungen in die Möglichkeiten von Projektteams besonders groß, kann diese Überhöhung des Teambegriffs zu Verschleißerscheinungen von Teamarbeit als Arbeitsinstrument führen.

4.3 Was verstehen wir unter einem „Team"?

Team ist eine Form der Arbeitsorganisation, die sich in der Arbeitswelt zunehmender Beliebtheit erfreut. Wie definiert die IPMA in ihrer ICB/NCB 3.0 die Aspekte „Team" und „Teamarbeit"?

Projektteams sind Gruppen von Personen, die in der Regel speziell für ein Projekt zusammengestellt wurden und an der Umsetzung von spezifischen Zielsetzungen arbeiten. Zum Management der Teamarbeit gehören die Leitung der Gruppenbildungsprozesse, die Leitung des Handelns in der Gruppe und das Leiten der Gruppendynamik.

Projektteambildung erfolgt häufig im Rahmen von Projektstartbesprechungen, Workshops und Seminaren. Der Teamgeist, der sich z. B. darin ausdrückt, dass die Teammitglieder gut zusammen arbeiten, kann durch Motivation, Setzen von Teamzielen, Gemeinschaftsaktivitäten und durch unterstützende Strategien gefördert werden.

Die Entwicklung eines Teams sollte einem festgelegten Prozess mit allgemein gültigen Phasen folgen, wie z. B. Forming, Storming, Norming, Performing (Phasen der Teamentwicklung nach Tuckman). Der Projektmanager trägt die Verantwortung für die fortlaufende Entwicklung des Teams über sämtliche Phasen.

Probleme können aufgrund technischer, wirtschaftlicher Schwierigkeiten oder Stress-Situationen auftreten. Auch kulturelle und Bildungsunterschiede, unterschiedliche Interessen oder Arbeitsweisen können Probleme aufwerfen, ebenso wie eine große geografische Distanz der Mitarbeiter.[1]

Auch bei der PMI wird im Kapitel 9[2] von der Bedeutungen des Projektteams und des Projektmanagementteams gesprochen. Allerdings stellt der PMBOK Guide bereits in der Einleitung des betreffenden Kapitels die Tatsache heraus, dass das Projektteam keine feste Größe sein muss: Die Größe und die Zusammensetzung eines Projektteams kann sich während eines Projektes ändern, was sich positiv oder negativ im Blick auf Projektdauer, Aufwandsschätzung und Identifikation mit dem Projekt auswirken kann. Zudem kann der Projektleiter – je nach Größe des Projektes – bestimmte Verantwortlichkeiten in ein Projektmanagementteam geben bzw. einzelne Verantwortlichkeiten auf Teammitglieder übertragen. Somit ist auch der Umfang dessen, was man als Teamleitung verstehen kann, sehr variabel.

---

[1] ICB – IPMA Competence Baseline – in der Fassung als Deutsche NCB – National Competence Baseline Version 3.0 der PM-ZERT Zertifizierungsstelle der GPM e.V. S.65

[2] Project Human Resource Management

Am Anfang eines jeden Prozesses stellt die PMI immer einen Managementplan auf, d. h. einen Plan, den sich das Projektmanagement macht und der dazu dient, zu definieren, wie man überhaupt mit einem bestimmten Thema umgehen möchte. Beim Thema Mitarbeitermanagement im Projekt beinhaltet ein solcher Managementplan Aspekte wie:

- Welche Rollen und welche Verantwortlichkeiten gibt es im Projekt?
- Wie sieht die Aufbauorganisation aus, wie wollen wir die richtigen Mitarbeiter finden, wann brauchen wir sie?
- Welche Anforderungen werden an die Mitarbeiter hinsichtlich Ausbildung, rechtlicher Rahmenbedingungen oder auch im Hinblick auf Sicherheitsauflagen gestellt?
- Wie sollen sie geführt/motiviert werden etc.?

In der PRINCE2 Theorie gibt es hierzu keine Definition.

4.4 Chronologie der Teamentwicklung

4.4.1 Teamstart

Was gehört zu einem gelungenen Teamstart? Im vorigen Kapitel hatte ich bereits darauf hingewiesen, was zu einem gelungenen Projektstart gehört: die Startworkshops, der Kick-off und der vollständige Projektauftrag. Hier geht es mir in erste Linie um den Start der Teamarbeit. Was kann der Projektleiter tun, um eine konstruktive, kollegiale, positive, offene, vertrauensvolle, engagierte (oder wie auch immer) Atmosphäre unter den Teammitgliedern zu schaffen? Es geht um die psychologische Weichenstellung, die mit dem Start der Teamarbeit verbunden ist und die in vielen Fällen richtungweisend für das weitere Miteinander ist.

Der Teamstart ist in der Regel dadurch gekennzeichnet, dass sich die Mitarbeiter untereinander fremd sind, dass man erst mal vorsichtig im Umgang miteinander ist und beobachtet, wie denn so die anderen sind etc. Eigentlich ist dieser Einstieg sehr von Emotionen geprägt: Unsicherheit, Hoffnung, Ärger – je nachdem, wie die Abordnung der Mitarbeiter in das Projekt erfolgte.

Praxis-Beispiele

Aus einer Unternehmensfusion:

Das erste Vierteljahr gestaltete sich die Projektarbeit sehr zäh, was im Nachhinein betrachtet nicht zuletzt daran lag, dass die beiden Projektmitarbeitergruppen aus den verschiedenen Standorten erst zusammenwachsen mussten. Vor allem die unterschiedliche Arbeitsweise in den bis vor kurzem noch eigenständigen Unternehmen erforderte eine längere gegenseitige Eingewöhnungsphase. Aber auch das persönliche Kennenlernen zum Projektstart kam leider zu kurz. Aus heutiger Sicht würde ich wenigstens den Kick-off-Workshop um eine Abendveranstaltung (geselliges Beisammensein) erweitern, um die fachlichen Themen durch eine soziale Komponente zu bereichern und ein schnelleres Zusammenfinden zu ermöglichen.

Eine Projektleiterin berichtete:

Ein Teammitglied eines kleinen Projekts, das ich leitete, erfuhr erst durch eine E-Mail, in der ich ihn auf „CC" gesetzt hatte, dass er von der Abteilungsleiterin dem Projekt zugeteilt worden war. Ich selbst war jedoch davon ausgegangen, dass die Abteilungsleiterin nicht nur mich, sondern auch den Mitarbeiter vorab davon in Kenntnis gesetzt hatte, lag aber falsch in dieser Annahme. „Der Mitarbeiter war sehr verärgert. Ich hatte in der Folge den Eindruck, dass dieser Mitarbeiter – vielleicht aus Rache – im nächsten halben Jahr durch gezieltes Zurückhalten von Informationen und massives Blocken den Ablauf des Projektes sabotierte. Hinzu kam: Am Anfang hatte kein Kick-off Meeting stattgefunden, in dem sich Teamleiter und Mitglieder kennengelernt hätten und der gesamte Kontext des Projekts vorgestellt worden wäre. Viele der später aufgetretenen unterschwelligen Spannungen hätten sich hier bereits entladen können".

Dagegen zwei andere Praxis-Beispiele:

Der dänische Kollege

Bei unserem Projekt kannten sich die Projektmitarbeiter am Standort bereits. Sie hatten in ähnlichen Projekten miteinander gearbeitet. Jedoch war ein dänischer Kollege neu in seiner Position und den anderen Projektmitgliedern unbekannt. Im Rahmen des Startworkshops wurde deswegen von der Projektleitung besonders Wert auf die Teambildung gelegt. Neben formeller, gegenseitiger Vorstellung wurde die Arbeit an der Risikoanalyse bewusst zur Teambildung genutzt und dieser Arbeit auch ausreichend Zeit eingeräumt.

Im Anschluss an den Workshop wurde der direkte Kontakt mit dem dänischen Kollegen auch weiterhin gefördert. Wert wurde auf regelmäßige Teambesprechungen gelegt. Die Zusammenarbeit zwischen den beiden an verschiedenen Standorten angesiedelten „Control Teams" wurde bewusst durch Dienstreisetätigkeit gefördert. Im Rahmen dessen war auch Kontakt nach Feierabend, z. B. abends im Restaurant möglich. Bereits nach wenigen Wochen war eine sehr konstruktive und selbständige Arbeitsweise kennzeichnend für das Projekt. Viele Schnittstellen wurden direkt und außerhalb der formellen Teambesprechungen gepflegt, so dass diese vorrangig zur effektiven Statuserfassung und konstruktiven Entscheidungsfindung genutzt werden konnten.

Gemeinsamer Auftaktevent

Ich kann mich noch sehr gut an den Beginn unseres letzten Projektes erinnern: Die Projektleitung hatte für alle Projektmitarbeiter, die später auch in den einzelnen Teilprojekten mitarbeiten sollten, zu einem kleinen Event eingeladen. Wir waren gut 60 Personen. In einem Hotel war ein großer Veranstaltungsraum angemietet worden. Der Projektleiter forderte uns auf, dass wir uns nach ganz unterschiedlichen Kriterien zu Kleingruppen zusammenfinden sollten. Mal wurden die Kleingruppen nach den unterschiedlichen Landesteilen zusammengestellt („wer aus dem Norden kommt, geht nach links hinten, wer aus dem Süden kommt, geht nach rechts"), mal nach Anzahl der Kinder, der Fachbereichszugehörigkeit, der Autofarbe etc. Dies war sehr lustig, man kam gut immer wieder mit neuen Leuten ins Gespräch, weil man ja immer eine Gemeinsamkeit entdeckt hatte. Auch später, als man v. a. per E-Mail und Telefon miteinander Kontakt hatte, konnte hier immer wieder an dieses gemeinsame Erlebnis angeknüpft werden.

Man sieht: Je nachdem, wie gut oder schlecht es die Projektleitung verstand, mit diesen Anfangsemotionen umzugehen, desto positiver oder negativer waren auch die spätere An- oder Entspannung zwischen den einzelnen Mitarbeitern. Zumindest in der berichteten Erinnerung der Personen haben sich diese Erlebnisse entsprechend eingeprägt. Hier zeigt sich, wie sehr es dem Projektleiter gelingt, dass das Team positive zwischenmenschliche Beziehungen aufbaut und eine grundlegende positive Arbeitshaltung geschaffen wird. Kennzeichen eines gelungenen Projektstarts ist es, dass alle Teammitglieder „mit im Boot sind", dass realistische Erfolgskriterien aufgestellt werden, Kompetenzen klar geregelt und die Erwartungen an die verschiedenen Projektmitarbeiter deutlich ausgesprochen werden.

Was kann der Projektleiter dazu beitragen, dass der Teamstart gelingt?

- *Erster Eindruck:* Häufig entscheidet der erste Eindruck, die erste Begegnung mit Personen darüber, durch welche „Brille" diese Person später immer wieder wahrgenommen wird. Man mag es ein Vorurteil nennen, das sich hier unreflektiert über den anderen bildet und manchmal sehr stabil hält.
- *Aktiv auf den anderen zugehen:* Ich denke, es ist wichtig, dass der Projektleiter aktiv und von sich aus auf die Projektmitarbeiter zugeht. Die Wirkung, die hier entstehen sollte, ist: „Du bist mir wichtig, ich freue mich auf die Zusammenarbeit mit dir."
- *Sich der eigenen Modellwirkung als Projektleiter bewusst sein*: Der Projektleiter ist Vorbild und Modell. Vorbild zu sein bedeutet, von anderen nichts zu erwarten, was man nicht auch selbst praktiziert (z. B. im Sinne von Verlässlichkeit und Verbindlichkeit). Modell zu sein bedeutet, sich der Beobachtung anderer preiszugeben, damit diese erkennen können, welche Konsequenzen ein bestimmtes Handeln hat. Beispiel: Kann der Mitarbeiter erkennen, dass Ehrlichkeit und Offenheit im Projektteam nicht schädlich sind – im Gegenteil, viel-

leicht sogar nützlich – kann ihn dies dazu animieren, selbst das entsprechende Verhalten zu zeigen.

4.4.2 Die fortgesetzte Zusammenarbeit: das Tagesgeschäft

Kommunikation ist das zentrale Element im Tagesgeschäft der Projektdurchführung. Das trifft nicht nur auf die Kommunikation im Projekt selbst zu, sondern auch auf die Kommunikation nach außen, die Kommunikation mit den Stakeholdern, dem Auftraggeber, den Endanwendern. Kommunikation sollte vor allem den Anspruch auf Transparenz erfüllen. Dabei sind zwei Sichten relevant.

Zum einen ist es die interne Sicht. Jedes Teammitglied sollte Zugriff auf die Informationen haben, die für die Leistungserbringung notwendig sind. „Information Hiding" (das Zurückhalten von Informationen) kann schnell zu Diskussionen und Gerüchten führen, die für den Projekterfolg keinen positiven Beitrag leisten und die Motivation der Mitarbeiter negativ beeinflussen können. Zum anderen ist es die externe Sicht: Jeder, der mit dem Projekt in Berührung kommt, sollte die Möglichkeit für einen Einblick in die Geschehnisse haben, um ein Verständnis für das Projekt zu gewinnen.

Hinter beiden Sichten steht die zentrale Aussage, dass eine offene Kommunikation und Information die Akzeptanz der Projektarbeit nach außen wie nach innen erhöht.

Als Grundregel für die Kommunikation gilt immer, dass ein Dialog entstehen sollte. Das bedeutet, dass Sender und Empfänger interagieren und keine Monologe führen sollen. Dass dieser Dialog mehrschichtig ist (verbal – nonverbal; sachliche Ebene – emotionale Ebene; gemeinte Information – gesendete Information – empfangene Information) sind Grundaxiome der Kommunikationspsychologie. In Trainings wird hier gerne auf die Klassiker von Watzlawick oder in Deutschland von Schulz v. Thun Bezug genommen. Gerne werden aus diesen Axiomen allgemeine Kommunikationsspielregeln vereinbart, die zu Beginn der Projektarbeit erarbeitet und dann in der Folge eingehalten werden sollten, beispielsweise:

- In der Projektbesprechung: aktiv zuhören!
- Keine Handys oder sonstige störenden elektronischen Geräte bei Meetings.
- Jeden Beteiligten zu Wort kommen lassen.
- Jeden Beteiligten aussprechen lassen.
- Nachfragen ist erlaubt und erwünscht.
- Die Meinung des anderen respektieren.

- Unterschied zwischen Wahrnehmen, Vermuten und Reagieren beachten.
- Verdeckte Kommunikation („Spielchen“) vermeiden.
- Konkrete, kurze und präzise Formulierung der Statements.
- Konzentration auf das Thema (nicht abschweifen).
- Eigenen Standpunkt klar äußern.

Aus der Erfahrung sollte jedem Projektleiter bekannt sein, wie wichtig das Thema Kommunikation ist. Was manchmal so belanglos erscheint („wir sind doch alle zivilisierte Menschen, wir wissen doch, wie man miteinander redet und umgeht, da braucht es doch solche Regeln nicht“) lässt sich dahin gehend erweitern, dass es für manche Projekte ein Arbeitspaket „Kommunikationskonzept erstellen“ gibt. Der Arbeitspaketverantwortliche lässt zur Erstellung dieses Konzeptes nicht nur die allgemein gültigen Kommunikationsregeln mit einfließen, sondern auch die für das jeweilige Projekt gültigen Kommunikationsvereinbarungen. Beispiele für diese Regeln der Zusammenarbeit können sein:

- Festlegung von Regelmeetings (siehe folgende Kommunikationsmatrix)
- Protokollerstellung eines jeden Meetings bis einen Tag nach Meeting
- Zentrale Ablage des Protokolls im dafür vorgesehenen Laufwerk
- Pünktliches Erscheinen in Abstimmungsmeetings (Jour Fixes)
- Wöchentlicher projektinterner Newsletter z. B. als „Freitagsmail“ an das Projektteam (Inhalt: Neuigkeiten, wichtige Ergebnisse, Quizfrage mit kleinem Gewinn)
- Anonymes Stimmungsbarometer: Jeder Projektmitarbeiter trägt morgens seine persönliche Stimmung ein (sonnig → bewölkt → Gewitter)
- Regelmäßiges Feedback nehmen und geben (siehe folgende Regeln)

Diese und sicherlich noch andere Regeln für die Zusammenarbeit müssen nicht nur vom Projekteiter erstellt werden. In vielen Fällen mag er der Initiator sein, aber auch jeder andere Mitarbeiter kann das „Wie“ der Zusammenarbeit zum Thema machen. Ob die Teamarbeit gelingt, ist nicht nur eine Frage der Leitung, sondern letztlich eine Frage aller Beteiligten. In der Regel hat der Projektleiter keine Sanktionsmöglichkeiten für Regelverstöße, so dass diese Regeln eher freiwilligen Vereinbarungen gleichen, die die Mitarbeiter eingehen, weil sie es für vernünftig oder zweckmäßig halten. Deshalb kann es durchaus passend sein, wenn der Projektleiter Regeln der Zusammenarbeit auch an einzelne Mitarbeiter oder an eine Gruppe von Mitarbeitern delegiert. So kann dann aus der Leitung des Teams zunehmend eine Leitung mit dem Team werden.

4.4.3 Der richtige Abschluss

Das Ende der Projektarbeit ist – ebenso wie der Start des Projektes – in vielen Fällen ein kritischer Moment. Ähnlich wie die Startphase kann sich das Projektende über einen längeren Zeitraum hinweg ziehen: Auf der Arbeitsebene werden fehlende Dokumentationen erstellt, die Leistung wird durch den Kunden abgenommen bzw. geht in einen Regelbetrieb über. Es werden die letzten Reviews gemacht, eine Rückschau auf das, was in der Vergangenheit geleistet und erreicht wurde (Erfahrungssicherung), der Projektverlauf wird noch einmal nachgezeichnet und in einen Projektabschlussbericht gegossen, eine letzte Präsentation bzw. ein Abschlussmeeting wird durchgeführt. Auf Teamebene gilt es ebenfalls, die Zusammenarbeit zu beenden. Es geht darum, von den Kollegen Abschied zu nehmen, aber auch die Leistung und die Zusammenarbeit zu würdigen. Ein guter Projektabschluss kann in manchen Fällen auch wieder zu einem guten Projektstart in einem Folgeprojekt beitragen. Daher ist es gut, wenn es nach heftigen Projektphasen die Gelegenheit zu einem versöhnlichen Projektende gibt.

Die Praxis hinkt allerdings diesem Anspruch häufig hinterher: Viele Projektmitarbeiter sind mit dem nahenden Projektende bereits in neue Projekte verplant, die sich häufig bereits in der Startphase befinden, so dass ein klarer Trennungsstrich nicht erfolgt. Mit einem Bein noch im alten Projekt, mit dem anderen Bein bereits im neuen oder anders ausgedrückt: Mit dem Kopf soll man sich schon mit dem neuen Projekt beschäftigen, gefühlsmäßig hat man das alte aber noch gar nicht so richtig abgeschlossen.

Wie könnte man dieses Dilemma als Projektleiter vermeiden bzw. zumindest reduzieren? Aus den Sozialwissenschaften ist bekannt, dass das Leben von uns häufig durch Rituale gekennzeichnet wird. Rituale sind wiederholbare, formalisierte Handlungen, die von den Akteuren mehr oder weniger automatisch ausgeführt werden. Rituale entlasten durch ihre vorgeprägte Handlungsform den Einzelnen dadurch, dass er nicht selbst ein bestimmtes Verhalten etablieren muss – er führt vielmehr ein etabliertes Verhalten durch. Im Projektalltag gibt es viele Gelegenheiten zu solchen Ritualen, gerade in der Regelkommunikation (z. B. das wöchentliche Projektmeeting, das Status-Berichtswesen). Auch Abschied nehmen kann „ritualisiert" werden. In manchen Projekten kann dies durchaus auch öfter erfolgen: wenn Teammitglieder aus dem Projekt ausscheiden, wenn bestimmte Projektphasen abgeschlossen sind und natürlich ganz am Ende!

4.5 Allgemeine Faktoren für den Gruppenerfolg

Die vorherigen Abschnitte sollten zeigen: Die gute Teamarbeit beginnt häufig schon lange Zeit vor dem Projekt in der Frage der richtigen Personalauswahl und Teamzusammenstellung – und sie reicht weit über das Projekt hinaus, wenn Teammitglieder sich wieder in neuen Projekten treffen und gemeinsame positive Erfahrungen der Zusammenarbeit aus der Vergangenheit teilen konnten.

Dabei spielt die die Frage der Kommunikation – wie, wann und worüber kommunizieren wir im Projekt miteinander – eine wichtige Rolle. Kommunikation ist der psychologische Schmierstoff der Teamarbeit, mit ihm verbindet sich eine Reihe weiterer Erfolgsfaktoren.

Bert Voigt[1] konstatiert unter „Was braucht ein Team?“ folgende allgemeine Rahmenbedingungen:

- *Ein Team braucht Autonomie und Rahmensetzung:* Innerhalb eines klar definierten Rahmens (Ressourcen, quantitative und qualitative Beschreibung der Ziele und Erfolgskriterien – Qualitätsstandards, Spielregeln und Vorgaben) benötigt ein Team einen Freiraum für kreative und selbstbestimmte Arbeit.
- *Ein Team braucht eine Aufgaben- und Rollenverteilung:* Diese muss nicht dauerhaft über die gesamte Projektlaufzeit festgeschrieben sein, sondern soll arbeitsbezogen flexibel gehandhabt werden. Es geht eher darum, „Nahtstellen“ und Anlässe für Zusammenarbeit, Lern- und Austauschprozesse zu schaffen, als scharfe Abgrenzungen einzuziehen.
- *Ein Team braucht ein Ziel:* Wesentlich ist, dass die Zielsetzungen anerkannt und als wichtig erachtet werden. Dies ist eher zu erwarten, wenn das Team Gelegenheit hatte, an der Zielformulierung/ Aufgabenstellung mitzuarbeiten.
- *Ein Team braucht eine schnelle Kommunikation:* Sie muss offen sein und darf möglichst wenig durch starre, formale Abläufe verzögert, durch hierarchische Stufen unterbrochen oder durch außerhalb des Teams liegende politische Prozesse gestört und manipuliert sein.
- *Ein Team braucht Führung:* Führung im Team ist nicht Selbstzweck, sondern hat eine Dienstleistungsfunktion für Leistungserstellung, Problembewältigung, Teamerhalt und Teamentwicklung. Ein gutes Team führt sich in mehr oder weniger großen Teilbereichen selbst,

[1] Bert Vogt: Team und Teamentwicklung. Zeitschrift für Organisationsentwicklung 3/1993: 35 ff.

d. h., es entwickelt und akzeptiert ein prozesshaftes Vorgehen auf den verschiedenen Ebenen der Aufgabenerfüllung und Zusammenarbeit:

- Zielfindung, Strategie, Methodenentwicklung
- Arbeitsteilung, Gestaltung, Spielregeln
- Kontrolle, Reflexion, Situationsanalyse, Konfliktregelung.

Führung im Team kann als gärtnerische Pflege der spontanen Ordnung verstanden werden. Entsteht jedoch ein Führungsvakuum, reagieren Teams häufig mit Passivität und Lähmung.

- *Ein Team braucht Unterstützung:* Die Regel- bzw. Gesamtorganisation muss funktionale Unterstützungsaufgaben erfüllen.
- *Ein Team braucht ein Leistungserlebnis:* Ein Team, das keine Herausforderung hat und zu wenig Resultate erzielt, verliert Motivation und damit die Fähigkeit, die eigene Situation selbstkritisch zu reflektieren und Lösungen zu entwickeln. Bleibt der Erfolg länger aus, entstehen Selbstzweifel, die leicht zu einer negativen Abwärtsspirale führen können.

Eine ganz ähnliche Liste von Erfolgsfaktoren für Team/Gruppenarbeit haben Francis und Young[1] zusammengestellt. Erfolgreiche Gruppen zeichnen sich dadurch aus, dass folgende Aspekte vorhanden sind:

- Gemeinsame Vision
- Gegenseitiges Commitment
- Formelle und informelle Kommunikation
- Koordination und Kooperation unter den Teammitgliedern
- Entscheidungsfreiheit des Einzelnen
- Kreativität
- Klare Gruppenprozesse
- Interaktion
- Geklärtes Rollenverhalten
- Definierte Gruppennormen
- Konfliktfähigkeit der Beteiligten

Diese Liste allgemeiner Rahmenbedingungen bzw. Erfolgsfaktoren für Gruppenarbeit bezieht sich nicht ausschließlich auf Projektteams – sie steht für alle Formen von Teams, Arbeits- und Freizeitgruppen. Aber schauen Sie genauer hin! Gibt es aus diesen Aussagen irgendetwas Überra-

[1] Francis, D.; Young,D.: Mehr Erfolg im Team. Hamburg: Windmühle 1998.

schendes, irgendeine neue Erkenntnis, irgendetwas, von dem Sie sagen würden: Das habe ich zuvor noch nicht gewusst?

Diese Listen spiegeln das Alltagswissen über den guten Umgang miteinander wider. Sie sind Variationen der „goldenen Regel“ (gehe mit dem anderen so um, wie Du möchtest, dass er auch mit Dir umgeht). Wenn es darauf ankommt, einen echten Teamgeist zu entwickeln, dann sind die Regeln der Gruppendynamik wichtig, dann spielt für die Beteiligten die psychologisch gefühlte Wirklichkeit die entscheidende Rolle.

Dennoch können Sie diese Liste als Gesprächsgrundlage für Ihr Projektteam heranziehen, um gemeinsam zu besprechen, in welchen Feldern vielleicht ein konkreter Verbesserungsbedarf besteht.

4.5.1 Typische Phasen der Gruppenentwicklung: Gruppen entwickeln sich

Bild 6 illustriert, dass Teams nicht von Anfang an produktiv sind. Wenn Menschen neu zusammenkommen, verhalten sie sich zunächst distanziert.

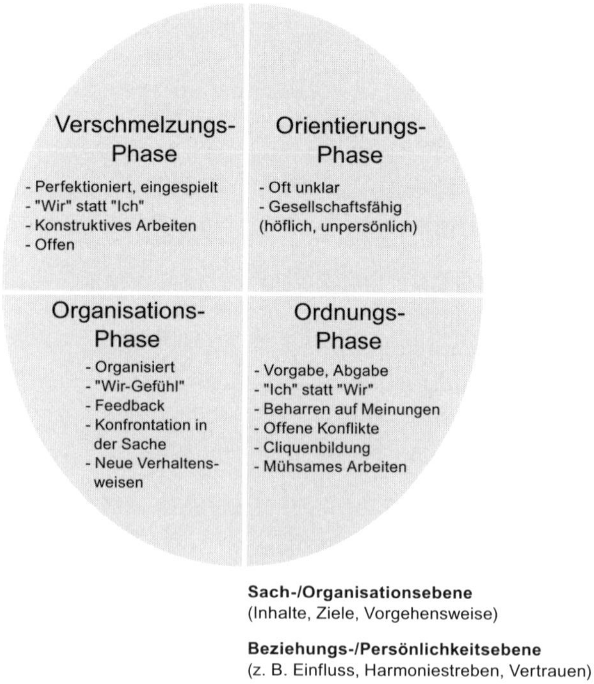

Bild 6 Teamentwicklungsuhr nach Francis und Young

Mit der Zeit werden die Personen miteinander vertraut und lernen, dass die Teammitglieder andere Werte oder Ziele verfolgen, als man vielleicht zunächst geglaubt hat. Je nachdem, wie stark die Unterschiede sind, treten jetzt mehr oder weniger offene Konflikte zutage. Werden diese Konflikte produktiv ausgetragen, entwickeln sich neue Umgangsformen und Spielregeln im Team, die letztlich eine Voraussetzung für produktives und konstruktives Arbeiten sind.

Praxis-Beispiel aus der Sicht eines Projektmitarbeiters:

Ein Teammitglied hatte sich bereits in einer frühen Phase innerlich aus dem Projekt verabschiedet. Der Mitarbeiter zog sich immer mehr zurück und trug inhaltlich zum Projekt nichts mehr bei. Vorangegangen war, dass er mit seinen Vorstellungen und Ideen von den anderen Teammitgliedern des Öfteren angegriffen und kritisiert wurde – offensichtlich nahm er dies persönlich!

Meiner Meinung nach wurde in der Konfrontationsphase (Storming) vom Projektleiter versäumt, das Team entsprechend zu führen. Die Beachtung und Lösung der Spannung bzw. des unterschwelligen Konfliktes innerhalb des Teams erfolgte nicht. Teammeetings bzw. Workshops wurden nicht konsequent dazu genutzt, damit sich die Teammitglieder entsprechend positionieren konnten.

Meiner Meinung nach sollte ein Projektleiter die einzelnen Phasen „erkennen" und lernen, sie aktiv für die Weiterentwicklung des Teams einzusetzen. Dabei geht er bewusst in jeder Phase unterschiedlich vor und spielt jeweils eine unterschiedliche Rolle. Auch sein Verhalten und die genutzten Instrumente sind unterschiedlich. Den größten Nutzen kann ein Projektleiter entfalten, wenn er zum richtigen Zeitpunkt die richtigen Maßnahmen einleitet und nutzt!

Hier ein Beispiel aus der Sicht einer Projektleiterin:

Die Idee für das Projekt „Regionales Soziales Netzwerk" entstand im Rahmen einer Regionalkonferenz, bei der erstmals Vertreter des Betreuungsdienstes dreier verschiedener Landkreise in einer Arbeitsgruppe gemeinsam Projektideen für die Vernetzung ihrer Angebote in der Region erarbeiten sollten. In einer losen Arbeitsgruppe fand sich hiermit erstmals das spätere Projektteam zusammen, wobei alle drei Partner bislang wenig Erfahrung mit regionalen Projekten gesammelt hatten bzw. regionalen Projekten sogar mit großen Vorurteilen gegenüberstanden („zu aufwändig", „endlose Gesprächsrunden und Entscheidungsprozesse", „der Landkreis XY arbeitet doch sowieso lieber im Alleingang"). Aus dem erstmaligen (skeptischen) Zusammentreffen etablierte sich eine Arbeitsgruppe, die unter meiner Moderation gemeinsam die Projektidee konkretisierte und erste Schritte in Richtung Umsetzung unternahm (Erarbeitung des ersten Projektsteckbriefs, Suche nach möglichen Dienstleistern für die Konzepterstellung, erste Kontakte zum Fördermittelgeber). Bei diesem ersten Projektteam handelte es sich damit um drei Vertreter aus Fachabteilungen drei verschiedener Ämter, die teilweise keine eigene Entscheidungskompetenz innerhalb ihrer Häuser aufwiesen und sich in einem Fall bislang auch nicht mit dem Thema befasst hatten.

Die ersten Arbeitsgruppentreffen liefen geradezu idealtypisch nach dem Teamentwicklungsmodell ab: Nach den ersten Treffen in überaus harmonischer, freundlicher Runde traten die ersten Spannungen auf, wobei insbesondere die oben genannten Vorurteile durchbrachen. Die Teammitglieder hatten teilweise Schwierigkeiten, für das Projekt in ihren Ämtern die notwendige Unterstützung zu gewinnen. Innerhalb des Projektteams wurde daher wechselseitig Kritik am Agieren der jeweils anderen Ämter und insbesondere auch am unzureichenden Kommunikationsverhalten der Teammitglieder laut. Neben diesen subjektiven Schuldzuweisungen gab es aber auch „objektive Schwierigkeiten, die jetzt auftraten: Entscheidungen in den Ämtern wurden in der Tat ungenügend vorbereitet, dem Projektteam spät oder unzureichend mitgeteilt, die Kommunikation verlief unstrukturiert, was zu Verzögerungen und Verunsicherungen führte. Die Identifikation mit dem Projekt war dadurch teilweise gering und störungsanfällig, die Teammitglieder befanden sich zeitweise eher in einer „Abwartehaltung" („mal sehen, ob das noch was wird"). Insbesondere waren die Teammitglieder teilweise gegenüber den Interessen der übrigen Projektpartner recht skeptisch („der macht zwar mit, aber will das Projekt doch gar nicht wirklich"). Die sich abzeichnenden Konflikte umfassten vor allem Ziel- und Interessenskonflikte (unterschiedliche Erwartungshaltungen der drei Ämter an das Projekt) sowie teilweise Entscheidungskonflikte. Die Teammitglieder zeigten in ihrem Konfliktverhalten zwar sehr unterschiedliche Temperamente, aber der Projektleiter sorgte dafür, dass das Gesprächsverhalten stets fair und sachlich blieb.

Was zeigen diese Beispiele? Im ersten Beispiel wurde ersichtlich, dass der Projektmitarbeiter offensichtlich die verschiedenen Entwicklungsstadien der Teamentwicklung kannte – aber auf ein regulierendes Handeln des Projektleiters wartete. Es bleibt unklar, aus welchen Gründen dies nicht erfolgte. Unklar bleibt auch, was sich der Mitarbeiter genau unter den Instrumenten, die der Projektleiter hat, vorstellt.

Auch im zweiten Beispiel ist das Entwicklungsmodell bekannt: In der Vorbereitungsphase des Projekts zeigten sich die Phasen Forming und Storming sehr deutlich. Die Rolle der Projektleiterin beschränkte sich zunächst darauf, die Meinungsverschiedenheiten zuzulassen, aber gleichzeitig dafür zu sorgen, dass zwischen den Projektpartnern Kommunikationskanäle und -regeln etabliert wurden. So konnten Unklarheiten zunehmend auf dem „kurzen Dienstweg" geklärt werden. Mit zunehmendem Stand der Vorbereitungen wurden auch Rückschläge innerhalb der eigenen Linienorganisationen weniger hingenommen und aktiv Wege gesucht, um dem Projekt Akzeptanz zu verschaffen, wobei sich die Projektpartner nun auch gegenseitig aktiv unterstützten. Eine Identifikation mit dem Projekt entwickelte sich, die insbesondere auch durch die Hindernisse und Widerstände von außen und den Linienorganisationen gestärkt wurde. Dieser Prozess verlief nicht völlig linear, sondern auch mit Rückschlägen und gegenseitigen Vorwürfen, spätestens mit der Durchführung eines Auftaktworkshops hat sich jedoch eine äußerst positive Teamkultur durchgesetzt, die von gegenseitigem Vertrauen geprägt ist. Bestehende Vorurteile haben sich zwar nicht völlig aufgelöst, aber von den Teammitgliedern auf die Linienorganisationen übertragen („die Stadt" ist im Konfliktfall nun nicht mehr der Vertreter der Stadt im Team, sondern die Gesamtorganisation).

Da Konflikte überwiegend aus unterschiedlichen Zielen und Interessen resultierten, hatte sich als Maßnahme des „Konfliktmanagements" der Auftaktworkshop bewährt. Der von der Projektleitung absolut neutral moderierte Workshop hatte das Ziel, alle Interessen der drei Gebietskörperschaften aufzunehmen, in einer Zielübersicht transparent darzustellen und danach die Prioritäten mittels eines standardisierten Verfahrens zu beziffern. Es zeigte sich, dass durch dieses äußerst transparente Verfahren alle Beteiligten ihre Interessen gleichermaßen ernst genommen fühlten und somit auch zu Kompromissen bereit wurden. Mit dem sehr produktiven Auftaktworkshop hat das Projektteam die „Performing-Phase" erreicht.

Ein Projektteam kann sich auch – je nach Anforderung in den einzelnen Projektphasen – aus unterschiedlichen Personen zusammensetzen. Dies bedeutet für die praktische Projektarbeit, dass der oben geschilderte Entwicklungsprozess zu Beginn jeder veränderten Teamkonstellation erneut durchlaufen wird: Teammitglieder aus früheren Phasen des Projektes müssen in der Lage sein, frühere Regeln aufzugeben und sich auf neue Situationen mit den neuen Kollegen einzustellen.

Damit wird auch ein deutlicher Unterschied zu Teams in der Linie bzw. Arbeits- und Abteilungsgruppen erkennbar: Der „Lebenszyklus" fester Abteilungsgruppen ist wesentlich länger als der „Lebenszyklus" eines Projektteams. Das Team muss sich in viel kürzerer Zeit zu seiner Leistungsfähigkeit zusammenfinden. Dies bedeutet Risiko und Chance zugleich.

4.5.2 Teammitglieder nach ihrem „Reifegrad" führen

Bild 7 zeigt, dass Mitarbeiter am Anfang mit hoher Aufgabenorientierung und geringer Beziehungsorientierung geführt werden sollten; später wechselt der Führungsstil.

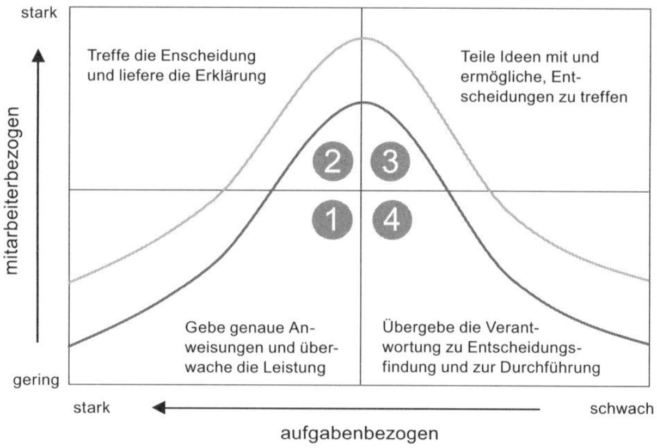

Bild 7 Reifegrad"-Modell der Mitarbeiterführung

Wenn sich Teams im Laufe der Zeit entwickeln, dann bedeutet dies auch, dass sich das Verhalten der Teammitglieder ändert. Entsprechend muss auch der Projektleiter sein Verhalten diesem gesteigerten „Reifegrad" der Mitarbeiter anpassen.

Woran erkennt man den Reifegrad von Teams? In den letzten Jahren sind immer wieder verschiedene Beschreibungen über Entwicklungsstufen von Organisationen aufgetaucht. Da gibt es Modelle zu den aufsteigenden Reifestufen eines Unternehmens oder von Management-Systemen – u. a. auch für Projektmanagement: Auf der untersten Stufe wird dort das Projektmanagement von Einzelpersonen durchgeführt, die sich nach bestem Wissen und Gewissen des Projektthemas annehmen. Diese Form der Projektselbstorganisation findet häufig in Unternehmen statt, in denen Projektarbeit die Ausnahme ist. Es besteht keine oder nur geringe Erfahrung zu dem Thema. Damit hängt das Projektmanagement stark von der „Kunstfertigkeit" des Projektleiters ab. Ein weiterer Entwicklungsschritt besteht darin, dass es in dem Unternehmen mehrere Personen gibt, die zum Teil auch wiederholt Projekte machen. Diese zunehmende Übung einzelner Personen bewirkt, dass sich allmählich einzelne Experten im Unternehmen herausbilden. Noch haben diese Einzelexperten aber keine gemeinsame „Denke". Erst in einem späteren Stadium werden Prozesse, Vorgehensweisen und Methoden definiert, die einheitlich sind und die wiederum einem kontinuierlichen Verbesserungsprozess unterworfen sind.

Könnte man ein solches „Reifegrad"-Modell nicht auch für die Entwicklung von Projektteams propagieren? Wie könnte es aussehen?

Tabelle 15 Reifegrad-Modell für Projektteams

Stufe 4 – Team als Kultur	Andere Erfahrungen sowie das Wissen der anderen werden als eigene Lernchancen angesehen. Überlegung: Was kann aus der Projektarbeit auch für die anderen Mitglieder im Fachbereich wichtig sein? Anerkennung, Lob und Kritik von außen werden als Anerkennung, Lob und Kritik an alle gleichermaßen verstanden. Wir-Sprache ist selbstverständlich.
Stufe 3 – Team als Teil der Selbstidentität	Teammitglieder bringen Verbesserungsideen ein – für den eigenen Arbeitsbereich, aber auch für Arbeitsbereiche der Kollegen. Selbstkontrolle statt Fremdkontrolle. Lösungsmöglichkeiten für Probleme werden gemeinsam erörtert.
Stufe 2 – Team als Arbeitsgemeinschaft	Meinungen, Interessen, Bedürfnisse der anderen Gruppenmitglieder werden mit der eigenen Position abgeglichen; möglichst große Übereinstimmung mit der eigenen Position wird angestrebt. Zwischen den Teammitgliedern wird auf gleichmäßige Arbeitsbelastung geachtet. Kontrolle der Aufgaben des Einzelnen durch die Gemeinschaft (Fremdkontrolle).
Stufe 1 – Team als Addition von Einzelpersonen	Team besteht aus dem Zusammentreffen von Einzelpersonen; jeder ist distanziert, aber freundlich. Jeder sieht sich als Repräsentant seiner Fachabteilung (Ich-Betonung). Planungen (z. B. Terminplanung) des Projektes müssen sich den Planungen der Fachabteilung anpassen. Arbeitsaufträge aus dem Projektteam werden tendenziell als zusätzlicher Ballast zur eigenen Arbeit gesehen. Lösungen werden nur aus der Sichtweise der eigenen Fachlichkeit gesehen und bewertet.

4.6 Ein allgemeines Modell der Teameffektivität

Was macht Teamarbeit wirkungsvoll? Worauf sollte ein Projektleiter achten, wenn die Projektarbeit auch zwischenmenschlich „rund" laufen soll? Und welchen Part spielt der Projektleiter selbst wiederum dabei? Die Meinungen hierzu reichen weit auseinander. Die einen sagen, der Projektleiter sollte darauf achten, ein gutes Arbeitsklima herbeizuführen: Kollegialität, gegenseitige Achtung, Hilfsbereitschaft aller etc. tragen zu einem guten Klima bei, während Neid, Konkurrenzkampf etc. eher blockieren. Die anderen sagen, der Projektleiter sollte darauf achten, dass im Team eine entsprechende Leistungsfähigkeit vorhanden ist. Dazu können durchaus ein produktiver Streit, Konkurrenzkampf u. a. dazugehören. Durch das Vermeiden von zu viel Harmonie kann der Projektleiter erreichen, dass jeder als Einzelner wahrgenommen wird und so die Chance hat, seine Eigenleistung im Team deutlich herauszustellen.

In meinen Seminaren verwende ich gerne Bild 8[1], das die Frage vom Verhältnis von Harmonie (Homogenität) versus Konkurrenz (Heterogenität) in eine einfache Prozessdarstellung bringt. Das Bild soll verdeutlichen, dass neben den individuellen Voraussetzungen des Einzelnen auch Aspekte wie eine klare Rollenverteilung, die sinnvolle Gliederung der Aufgaben und die Verfügbarkeit von Ressourcen wichtig für die Leistungsfähigkeit eines Teams sind. Dabei wirken die Faktoren immer zusammen und üben über die Gruppendynamik ihre Wirkung auf die Leistungsfähigkeit der Gruppe aus.

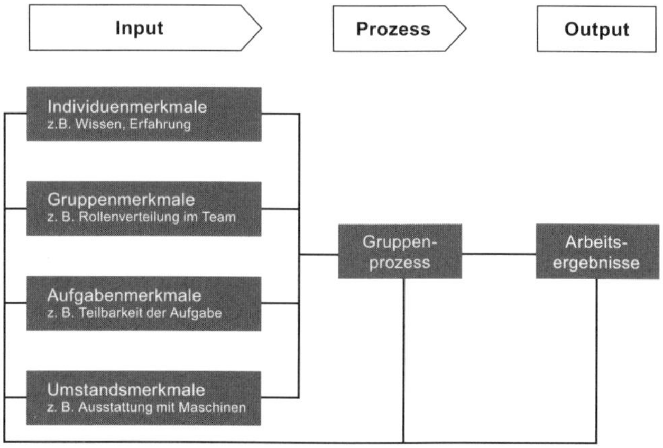

Bild 8 Harmonie und Konkurrenz als Treiber für Teameffizienz

Das Besondere dieser Darstellung ist aber, dass die Gruppenprozesse und die erzielten Arbeitsergebnisse wiederum zu Eingangsgrößen des genannten Prozesses werden. Die These ist also: Projektteammitglieder sind nicht einfach „Opfer" der Gruppendynamik, sondern können selbst aktiv die Eingangsgrößen einer effektiven Zusammenarbeit gestalten. Dazu braucht es die Fähi+gkeiten zur Wahrnehmung und zur Reflexion der Beteiligten. Diese Reflexivität der Gruppe meint die Fähigkeit der Gruppenmitglieder, offen und gemeinsam über gruppeninterne und -externe Merkmale nachzudenken und diese den Anforderungen anzupassen. Dieses Nachdenken

[1] Stumpf, S. (2000): Effektivität internationaler Arbeitsgruppen. In: Wierlacher, A. (Hrsg.): Kulturthema Kommunikation. Konzept – Inhalte – Funktionen. Möhnesee, 159–174.

hat nicht nur Auswirkungen auf die Gruppenleistung, sondern auch auf nichtaufgabenbezogene soziale Prozesse, die wiederum auf die Zufriedenheit der Gruppenmitglieder wirken.

Was ist besser: homogene Gruppen oder heterogene Gruppen?

Tabelle 16 Heterogene Charakteristika und integrationsfördernde Mechanismen

	Ausgangssituation bzgl. Heterogenität	**Integrationsfördernde Mechanismen, die der Projektmanager einsetzen kann**
Individuenmerkmale	Heterogene Charakteristika	Kommunikative Kompetenzen
Gruppenmerkmale		Rollenstruktur Integration als Führungsaufgabe
Aufgabenmerkmale	Heterogene Anforderungen (komplex, teilbar)	
Umfeldmerkmale		Training und Beratung Feedback zu Prozessen und Leistungen Unterstützung von Reflexionsprozessen

Aus Tabelle 16 geht hervor, dass bei heterogenen Gruppen (= Gruppen, deren Mitglieder sehr unterschiedlich sind) die verschiedenen Charakteristika der einzelnen Individuen leistungsfördernd wirken, wenn diese heterogenen Personencharakteristika zu den heterogenen Aufgabencharakteristika passen. Das heißt, wo Einzelarbeit sinnvoll ist, ist ein Einzelkämpfer gut eingesetzt. Dieses Prinzip kann im Projekt in vielfältiger Art und Weise angewendet werden. So kann es in einem Projekt z. B. einen „Starter" und einen „Finisher" geben; dies wirkt sich nicht negativ aus, solange im Projekt ein gegenseitiges Vertrauen besteht.

Diese Heterogenität wirkt auf das gesamte Team leistungsfördernd, wenn zusätzlich im Projektteam integrationsfördernde Mechanismen gelebt werden können. Wäre dies nicht der Fall, könnte dies in extremen Situationen bedeuten, dass alle Arbeiten von Einzelpersonen ausgeführt werden und kein interner Teamzusammenhalt da wäre. Also sorgt der Projektmanager z. B. durch ein integrierendes Führungsverhalten für den notwendigen Teamcharakter. Gleichzeitig kann er durch Feedback zu den Arbeitsprozessen und Arbeitsergebnissen für ein Umfeld sorgen, in dem aus einer Gruppe ein echtes Team wird.

Integration kann z. B. durch folgende Mechanismen gefördert werden:

- Adäquate Rollenstruktur
- Kommunikationsfähigkeit der Gruppenmitglieder
- Klarheit und Akzeptanz der Teamziele
- Plan für zukünftige Aufgaben (Termin/Ablaufplan)
- Gegenseitig unterstützendes und wohlwollendes Verhalten im Team
- Klare Regeln für Entscheidungsfindung
- Gleiche Beteiligung aller Teilnehmer an einem Meeting
- Gemeinsame Gruppennormen
- Bewusstsein für den Gruppenprozess

Beispiel eines Projektleiters:

In meinem Projekt kam neben technischen Problemen als zusätzliche Schwierigkeit hinzu, dass die verschiedenen Mitglieder des Teams über drei verschiedene Unternehmen, drei Länder und insgesamt fünf verschiedene Standorte verteilt waren. In der ersten Phase musste allen Teammitgliedern zunächst die Notwendigkeit des Projektes vermittelt werden. Da die verschiedenen Teammitglieder räumlich so weit voneinander getrennt waren, kam es kaum zu persönlichen Konflikten. Ein größeres Problem waren jedoch kulturelle Unterschiede zwischen den Unternehmen. Während das eine Unternehmen seine Repräsentanten mit weitgehenden Befugnissen ausgestattet hatte, damit sie während der Projektarbeit allein entscheiden können, verlangte das andere Unternehmen, dass alle Entscheidungen im Projekt von den Vorgesetzten bestätigt werden. Dies verzögerte teilweise die Entscheidungsfindung und führte zu Frustration auf allen Seiten.

Um diese Konflikte zu lösen, haben wir unsere Kommunikationsmethode angepasst: Es wurden regelmäßige, wöchentliche Konferenztelefonate unter den Projektbeteiligten eingerichtet. Standen nun wichtige Entscheidungen an, so wurden die verschiedenen Optionen schon während der Telefonate diskutiert und anschließend gleich mit den Vorgesetzten besprochen. Wenn dann das entscheidende Projektteamtreffen kam, hatten die betroffenen Mitglieder alle Optionen mit ihren Vorgesetzten besprochen und konnten so ebenfalls eine Entscheidung treffen.

Als Fazit lässt sich zusammenfassen, dass bei kulturübergreifenden Teams eine möglichst genaue und präzise Kommunikation wichtig ist, da es sonst leicht zu Missverständnissen kommt.

Bei *homogenen* Gruppen sind die integrationsfördernden Mechanismen, wie in Tabelle 16 beschrieben, nicht so wichtig. Hier muss eher darauf geachtet werden, keine Homogenitätsideologie zu praktizieren, bei der sich alle individuellen Unterschiede dem Gruppendruck und Gruppenzwang unterzuordnen haben. Bei *heterogenen* Teams – wie im Beispiel – ist es entscheidend, die Integration zu fördern.

4.6.1 Einzelkämpfer

Projektarbeit ist die koordinierte Zusammenarbeit von Fachexperten, die es teilweise nicht gewohnt sind, als Team zu fungieren. „Einzelkämpfertum“ kann auf mangelnder Einübung in Teamprozesse beruhen oder aber auch auf individuellen Charakteristika der Person wie z. B. Schüchternheit, soziale Angst etc.

Einzelarbeit hat sicherlich seine Vorteile. Für Aufgaben, bei denen die Bearbeitung z. B. in Form eines isolierten Arbeitspaketes an einen Bearbeiter weitergegeben werden, kann der einzelne Fachexperte einem Gremium von Personen überlegen sein! In vielen anderen Situationen, v. a. wenn es um die Integration von verschiedenen Fachwissen geht, ist Teamarbeit und damit die Fähigkeit und Bereitschaft gefragt, über den eigenen Tellerrand zu blicken, den anderen zuzuhören, die Dinge einmal aus einem anderen Blickwinkel zu betrachten.

Der Projektleiter ist also gut beraten, eine sinnvolle Balance zwischen Einzelarbeit und Teamarbeit zu finden. Nicht jeder ist der geborene Teamplayer und nicht jeder kann und will „ständig“ mit anderen zusammenarbeiten. Deswegen sollte es einen Konsens unter den Beteiligten geben, was in Form der Gruppenarbeit relevant ist und was auch jeder Einzelne für sich entscheiden kann. Regeln und Vereinbarungen spielen in der Zusammenarbeit der Projektgruppe daher eine wichtige Rolle. Regeln – explizit ausgesprochene wie auch implizit angenommene – bestimmen unser tägliches Leben und Arbeiten. Regeln liegen dem Familienleben zugrunde, bestimmen das Verhalten in Freizeitgruppen und auch die Art, wie Menschen im Berufsleben zusammenarbeiten.

In meinen Seminaren kommt es an dieser Stelle regelmäßig zu der Frage, was man als Projektleiter tun soll, wenn ein Teammitglied sich partout nicht auf die Gruppenspielregeln bezüglich gegenseitiger Information, Zusammenarbeit, Abstimmung etc. einlassen will.

4.6.2 Gruppendruck als falsches Teamplay

Nicht jeder Mitarbeiter ist bereit – aus welchen Gründen zunächst auch immer – sich auf die Spielregeln einer Teamarbeit einzulassen. In diesen Situationen ist es also die Frage: Was kann der Projektleiter tun, um den Einzelkämpfer in ein Team zu integrieren? Folgende Ideen werden in meinen Seminaren immer wieder diskutiert:

- Im Einzelgespräch oder auch in der Gruppe den Nutzen der Teamarbeit herausstellen und mit dem Einzelkämpfer zusammen Entwicklungsschritte zu mehr Zusammenarbeit definieren.

- Wertschätzung aussprechen: den Einzelnen als Person und nicht nur als Fachexperten ansprechen.
- Zeit lassen, Raum lassen: Integration von Einzelkämpfern funktioniert nicht unter Druck, manch einer braucht mehr Zeit, um die nützlichen und angenehmen Seiten von Teamarbeit zu entdecken.
- Gelegenheiten zur Begegnung mit Kollegen schaffen (formeller und informeller Art).
- Eigenes Ideal überprüfen: Uniformität ist nicht gleich Teamkultur.
- Klare Regeln im Team für Teamarbeit schaffen: Was wird von jedem als Beitrag erwartet?

Letztlich ist Commitment des Einzelnen zum Team eine Summe verschiedener Aspekte. Der Projektleiter sollte psychologisch betrachtet, den Grund und Rahmen für ein gutes Miteinander schaffen und dabei nicht Uniformität und Konformität im Kopf haben.

4.7 Themen, die im Zusammenspiel wichtig sind

Haben Sie schon mal beobachtet, welche nicht-fachspezifischen Themen in der Zusammenarbeit von Gruppen eine große Rolle spielen? Ich glaube, es sind immer wieder die gleichen Aspekte, nämlich:

- Wie halten wir es mit der Kollegialität?
- Wie zuverlässig sind wir einander gegenüber?
- Was ist für uns gerecht?

Dabei werden häufig die Aspekte Kollegialität und Zuverlässigkeit eng mit dem Thema Gerechtigkeit verknüpft. Kollegialität ist vorhanden, wenn ein gerechtes Geben und Nehmen praktiziert wird bzw. Zuverlässigkeit ist dann gegeben, wenn alle zuverlässig sind. Man ist selbst eher bereit, zuverlässig zu sein, wenn dies auch von den anderen praktiziert wird. In vielen Arbeits- und Projektgruppen spielt das Thema Gerechtigkeit eine verdeckte Rolle: Der Kollege arbeitet viel weniger, bekommt aber das gleiche Gehalt – wieso soll ich mich dann mehr anstrengen als er?

Das Thema Gerechtigkeit hat also häufig für viele etwas mit Gleichbehandlung zu tun. Gerecht ist für mich, wenn ich den Eindruck habe, dass alle gleich behandelt werden. Ungerecht wäre es, wenn Unterschiede gemacht werden, wenn aus meiner Sicht Geben und Nehmen nicht in einem gleichen Verhältnis zueinander stehen. Stimmt das?

Fest steht: Mit den Themen Gerechtigkeit, Kollegialität, Zuverlässigkeit werden Bereiche berührt, die über die reinen arbeitsbezogenen Aspekte hinausgehen. Sind das Themen, mit denen sich der Projektleiter beschäftigen sollte? Ich denke ja! Denn nur dann, wenn diese Themen miteinander geklärt sind, können wir von einem echten Teamplay bzw. einer Teamkultur sprechen.

4.8 Projektleiter als Vermittler für Zusammenarbeit des Projektteams

Klar ist, dass die Person des Projektleiters ein wichtiger Faktor für eine gelungene Zusammenarbeit im Team darstellt. Insbesondere sein praktiziertes Verhalten den Teammitgliedern gegenüber bestimmt viel von der Art und Weise, wie im Projekt miteinander umgegangen wird.

Viele Faktoren, die zu einem gelungenen Teamwork beitragen, können von Projektmitarbeitern nicht erzwungen werden. Bestimmte Werte wie Kollegialität, Offenheit, Zuverlässigkeit, Respekt können nicht durch Druck erzeugt werden. Druck erzeugt in den meisten Fällen Gegendruck – im besten Falle Konformität. Zugleich wird bei der Druck-Hypothese davon ausgegangen, dass der Projektleiter – oder wer auch immer – Offenheit und Kollegialität erst schaffen muss. Gehen wir aber mal von der umgekehrten Hypothese aus, nämlich, dass jeder Mensch bereits in sich die Bereitschaft zur Zusammenarbeit mit anderen verankert hat – dass diese Bereitschaft aber aus Vorsicht manchmal zurückgehalten wird. Dann wäre es Aufgabe des Projektleiters, durch sein Verhalten dazu beizutragen, dass der Projektmitarbeiter sich traut, dieses Verhalten zu zeigen. In der Regel geschieht dies auch automatisch – wenn sich die Teammitglieder aneinander gewöhnt haben im Rahmen des Teambildungsprozesses. Der Projektleiter kann aber diesen Prozess zusätzlich beschleunigen oder im schlimmsten Fall bremsen oder sogar behindern. Beschleunigen kann er, indem er sich selbst „modellhaft" verhält:

- Eine gute Einstiegsübung ist hier die Kennenlernübung „Ask the project leader": Der Projektleiter setzt sich entweder symbolisch oder „echt" in die Mitte der Projektgruppe. Die Teammitglieder können ihn jetzt alles fragen, was sie interessiert – zur Person des Projektleiters, zum Projektauftrag, zu den Projekthintergründen. Der Projektleiter beantwortet alle Fragen und zeigt dadurch, dass er keine Informationen zurückhält. Diese Offenheit schafft Vertrauen und erzeugt in der Regel auch eine positive Atmosphäre im Team.

- Eine andere Möglichkeit, für eine Atmosphäre der Offenheit, Lernbereitschaft oder Kollegialität zu sorgen, ist die Methode des Storytellings. Der Projektleiter erzählt eine Lerngeschichte, die ihn geprägt hat und die heute sein Handeln bestimmt. Dabei kann es sich um positive, aber auch mal um negative Lerngeschichten handeln.

Andere Dinge muss der Projektleiter viel eher mit seinem Team zusammen im Dialog und in gemeinsamer Reflexion klären. Aber auch hier ist es wichtig, dass der Projektleiter den ersten Schritt macht. Er muss die folgenden Themen benennen und klar zum Ausdruck bringen, dass ihm diese Themen persönlich wichtig sind. Er tut dies nicht zum Selbstzweck oder weil es eventuell eine Regel dazu im Unternehmen gibt, sondern weil er der festen Überzeugung ist, dass die Klärung solcher Fragen zu einer entsprechend guten Zusammenarbeit im Projektteam gehören.

- *Blick zurück:* Wie waren die bisherigen Erfahrungen der Gruppenmitglieder mit der Entwicklung des Teams? Was waren in der Vergangenheit die guten/konstruktiven Momente, was waren die schwierigen Momente? Welche Phasen haben wir bisher durchschritten?
- *Entwicklungsphase:* Welcher nächste Entwicklungsschritt in der Teamarbeit steht bevor? Was ist die nächste Aufgabe, die wir klären müssen, um den nächsten Entwicklungsschritt zu erreichen?
- *Formelle und informelle Spielregeln:* Welche Regeln der Zusammenarbeit bestanden/bestehen in unserer Arbeitsgruppe? Was ist offiziell erlaubt, was ist nicht erlaubt? Welche weiteren, inoffiziellen Regeln und Rituale gibt es? Wie sollen/wollen wir diese Regeln anpassen?
- *Rollenklärung:* In welcher Rolle sehen mich meine Mitarbeiter, Kollegen und Vorgesetzte? Was sind die dazugehörigen Verantwortlichkeiten? In welcher Rolle sehe ich mich selbst? Welche Verantwortlichkeiten will ich übernehmen oder nicht übernehmen?
- *Prozesse:* Welche Lehren ziehen wir aus der Vergangenheit für die Gegenwart und für die Zukunft? Wo und wie können Prozesse verbessert werden?
- *Feedback:* Was kann jeder Einzelne noch zu einer guten Zusammenarbeit beitragen?

4.9 Auf dem Weg zu einer reflektierten Teamkultur

Ich plädiere dafür, dass wir für eine gelungene Teamarbeit in erster Linie den Faktor einer gelungenen Teamkultur sehen. Was heißt das? Kultur lässt sich abstrakt definieren als ein System gemeinsamer Werte und Normen, die im Rahmen der Gruppenentwicklung von den Mitgliedern einer Gruppe bewusst oder unbewusst gelernt und gelebt werden. Werte sind dabei die individuellen Auffassungen vom Wünschenswerten, die unser Denken und Handeln beeinflussen. Normen dagegen sind auf Werten beruhende verallgemeinerte Verhaltensmuster für spezifische Situationen. Normen haben für das einzelne Teammitglied den Vorteil, dass sie als Orientierungsrahmen dienen, um z. B. das Verhalten der anderen Gruppenmitglieder vorhersehen zu können. Sie schaffen Identität, weil man sich durch Normen auch von anderen abgrenzen kann. Gleichzeitig ist Kultur wertfrei: Es gibt keine „gute" oder „schlechte" Kultur. Entscheidend ist die Frage, ob die kulturellen Grundannahmen für die Bewältigung bestimmter Aufgaben förderlich oder hemmend sind. Was könnte das Projektteam – natürlich zusammen mit dem Projektleiter – tun, wenn es zu diesem Reifestadium vordringen möchte?

- *Die angestrebte Kultur konkret beschreiben:* Wenn die Teammitglieder verstehen sollen, was Sie mit Teamkultur meinen, muss dieser abstrakte Begriff durch nachvollziehbare Konkretisierungen ergänzt werden. Es sind die konkreten Verhaltensweisen, die Kultur ausmachen.
- *Die Notwendigkeit der Veränderung sorgfältig begründen:* Begründen Sie, warum etwas anders gemacht werden soll. Es geht nicht darum, die bisherige Art und Weise der Zusammenarbeit aus der Linie oder aus der bisherigen Projektarbeit und damit die gemeinsame Vergangenheit schlecht zu machen. Aber es geht vielleicht anders – besser – und dies muss allen Beteiligten unmissverständlich klargemacht werden.
- *Normen setzen durch Vorbildfunktion:* Der wirksamste Weg, die Einstellungen und das Verhalten von Menschen in ihrem Projektteam zu beeinflussen besteht darin, bestimmte Werte und Normen als Projektleiter glaubwürdig zu vertreten und modellhaft vorzuleben.
- *Gemeinsame Veränderung der Teamkultur:* Führungsaufgaben sind: eine gemeinsame, kritische Bestandsaufnahme der Ist-Situation, die Beschreibung des erwünschten Soll-Zustandes, Ideen, die dahin führen, konkrete Schritte einzuleiten.
- *Umsteuerung durch die personelle Besetzung von Schlüsselpositionen:* Der Projektleiter hat eine zunehmende Bedeutung für die Gesamtent-

wicklung des Teams. Wenn etwas bewegt werden soll, ist manchmal auch die Trennung von einzelnen Teammitgliedern angezeigt.

- *Belohnung und Sanktion im Führungsprozess:* Die beiden wichtigsten Steuerungsinstrumente sind: Zielvereinbarung und Mitarbeiterbeurteilung.

4.10 Fazit

Projektarbeit ist Teamarbeit. Dass Teams im Grunde mehr leisten können als Einzelpersonen ist in vielen Fällen sicher. Trotzdem kann Teamarbeit manchmal auch schwierig und schleppend verlaufen. Teamarbeit ist also kein Selbstläufer. Das Teambuilding ist keine kurzfristige Sache, ist nicht der Startworkshop oder das kollegiale Du im Projektteam. Gute Teamarbeit basiert auf einer gemeinsamen, geteilten Ausrichtung in der Arbeit/Leistung und auf einem gemeinsam geteilten Wertekonsens.

Der Projektleiter ist dabei ein wichtiger Lenker für diese beiden Aspekte. Im Sinne der Teamkultur ist es an ihm, die impliziten Wertvorstellungen zu thematisieren und zur Diskussion zu stellen. Dabei müssen er und die Teammitglieder immer wieder die gefundenen Werte hinterfragen dürfen und sie nicht absolut setzen. Nur so lässt sich vermeiden, letztlich einer (Team)ideologie zu verfallen.

5 Führen und Leiten von Projekten

Über keine andere Frage werde ich in meinen Seminaren mehr befragt als über diese: „Wie gehe ich als Projektleiter mit folgender Situation um?“ Oder die gleich Frage nur leicht abgewandelte lautet: „Wie soll ich mit einem Projektleiter umgehen, der folgendes tut – oder nicht tut?“

5.1 Relevanz

Die Frage der richtigen Mitarbeiterführung ist DAS Dauerbrennerthema schlechthin und auch für die Ratgeber-Literatur bietet diese Frage eine unerschöpfliche Quelle an Regeln und Rezepten. Manchmal werde ich mit diesen Fragen nicht im Seminar konfrontiert, sondern erst dann, wenn alle oder die meisten Teilnehmer bereits den Seminarraum verlassen haben. Dann kommt der Teilnehmer mit der „Detektiv-Columbo-Technik“ und fragt „äh, eine Frage habe ich noch ...“ Egal von welcher Seite und mit welcher Intention – ob Projektleiter oder Projektmitarbeiter – der Frust (oder sollen wir sagen die mangelnde Kommunikationsfähigkeit) scheint im manchen Fällen auf beiden Seiten hoch zu sein.

Heißt das, dass sich keine Prinzipien vermitteln lassen, die ein angehender Projektleiter lernen kann? Sicherlich nicht! Führen kann man lernen – ob aber Führung gelingt, entscheidet sich nicht nur an den Fähigkeiten der Führungskraft, ihrer Persönlichkeit und ihrem Verhalten. Sicherlich: Führungskonzepte zu kennen hilft dem Projektleiter bei seiner schwierigen Führungsaufgabe. Noch wichtiger sind aber die Kenntnisse über den anderen – z. B. sein Selbstvertrauen, aber auch andere Persönlichkeitsdispositionen sind wichtig. Und schließlich auch: die Rahmenbedingungen der Aufgabenkomplexität, der Situation und der Organisation, in der die Zusammenarbeit zwischen Führenden und Geführten stattfindet. All dies kommt zusammen, wenn der Projektleiter andere Projektmitarbeiter dazu bewegen soll, im Sinne des Projektzieles zu arbeiten.

In diesem Kapitel soll die Führungssituation von beiden Seiten beleuchtet werden: vom Führenden und vom Geführten. In einem ersten Schritt geht es um die Frage nach den Führungsstilen – welche Führungsstile gibt es und in welchen Situationen passen diese am besten? Im zweiten, weiteren Schritt will ich aber über die scheinbare Kluft zwischen Führendem vs Geführten hinaus gehen: Was verbindet die beiden Rollen letztlich?

5.2 Das Klagelied frustrierter Projektmitarbeiter: mangelnde Leadership-Kompetenz der Projektleiter

Vielleicht sind Ihnen folgende zwei Beispiele nicht unbekannt: In einem jungen Unternehmen, das eine Projektstruktur neu einführte, wurde von vielen Projektmitarbeitern ca. sechs Monate nach der Einführung eine mangelnde Führungskompetenz bei den verschiedenen Führungskräften beklagt.

Die Projektmitarbeiter waren frustriert, weil sich ihre *Arbeitsbelastung in dieser Zeit stark erhöht* hatte. Sie fühlten sich zwischen den Mühlsteinen der verschiedenen Abteilungen und der zusätzlichen Projektarbeit regelrecht ausgequetscht. Ursache war ihrer Ansicht nach eine unkoordinierte bzw. nicht konsequente Ressourcenplanung durch die Projektleiter. Sowohl Projektleiter als auch Linienvorgesetzte verteilten die Arbeit so, als gebe es die jeweils andere Struktur nicht. Die Abteilungsleiter verplanten ihre Arbeiten so wie bisher und die Projektleiter verplanten ebenfalls ihre Aufgabenpakete nach den Erfordernissen ihrer Projektplanung. Auf der vorhandene Arbeit wurden die Projekte einfach „draufgesattelt". Entsprechend war der Frust hoch und die Bereitschaft gering, sich an der Projektarbeit zu beteiligen.

Die Projektmitarbeiter erwarteten von den Abteilungsleitern, dass diese nicht nur verbal ein Commitment zu den Projekten abgeben, sondern tatsächlich bereit sein sollten, sich mit den Projektleitern zu koordinieren. Von den Projektleitern erwarteten die Projektmitarbeiter, dass diese Verantwortung übernehmen, indem sie den Projektmitarbeitern entsprechenden Rückhalt bieten sollten. Die Aussage mancher Projektleiter, dass „sich das Miteinander erst einspielen müsse", dass es sich um „Anpassungsschwierigkeiten" zu Beginn der Projektarbeit handelt, die sich aber mit der Zeit lösen würde, wurden von den Projektmitarbeitern als *Ausreden* abgetan, weil für die Projektmitarbeiter nicht erkennbar war, dass die Projektleiter an der Beseitigung der Probleme arbeiteten. Die Projektleiter wurden entsprechend als schwach und wenig durchsetzungsfähig eingestuft, die letztlich über keine echte Führungsstärke verfügten.

Das andere Beispiel: In einer sozialen Einrichtung wurde von der Geschäftsleitung eine Organisationsentwicklungsprozess angestoßen mit dem Ziel, die Effizienz der Einrichtung zu verbessern. Durch ein verbessertes Miteinander der Mitarbeiter sollten unnötige Koordinationsverluste reduziert und so gewonnene Zeit für neue strategische Aufgaben verwendet werden. Von außen wurde ein Berater als Projektleiter engagiert, der gewissermaßen in einer Stabsfunktion der Geschäftsleitung unterstand und die diversen Projektgruppen moderierte. Nach 1,5 Jahren wechselte jedoch der Geschäftsführer in eine neue Institution – in der Folge weigerten sich Mitarbeiter, noch länger an den Projektgruppen teilzunehmen – drei Monate später war das Projekt „beendet“.

5.3 Das Klagelied des Projektleiters: zu wenig Einfluss auf Mitarbeiter und den Vorgesetzten

Der deutsche Ausdruck „Führung“ weist ein erhebliches Spektrum an Deutungen auf. In unserem Zusammenhang von Psychologie im Projektmanagement interessiert uns Führung vor allem im Sinne von „Menschenführung“. Egal wie man es bezeichnet: Mitarbeiterführung im Projekt ist der zielgerichtete Prozess der Führungskraft, die Leistungen der Mitarbeiter effektiv und effizient zugunsten der Zielerreichung einzusetzen. Ein gutes Projektmanagement – so sagt man häufig – verfügt dabei neben allgemeinen organisatorischen Aspekten (Management-by-Techniken) über ein breites Repertoire an Führungstechniken, *Methoden und Tools*. Aber ist gutes Projektmanagement wirklich eine Frage von Methodik? Von Tools?

Methoden und Techniken erleichtern die erfolgreiche und systematische Planung und Überwachung von Aufgaben, führen aber nicht automatisch zu erfolgreicher Führung von Menschen. Genauso wichtig wie die aufgabenrelevanten Aspekte sind doch die soziale Kompetenzen der Führungskraft, ihre Persönlichkeit und andere Aspekte wie z. B. Zielklarheit, Selbstreflexionsfähigkeit, Stressresistenz, Ausdauer und Geduld. Menschenführung ist immer auch eine persönliche Frage. In diese Frage fließen hintergründig immer auch Fragen nach persönlichen Werten ein, nach dem, was man als Führungskraft für richtig und wichtig erachtet. Da wir Deutsche ein sprachliches Problem mit dem Wort „Führung“ haben, scheint es ein Ausweg zu sein, von Leadership oder Leadershipkompetenz zu sprechen.

In der psychologischen Führungsstil-Forschung stand lange Zeit die Frage im Vordergrund, wie das Verhalten einer Führungskraft sein muss, damit diese Person als eine Führungspersönlichkeit anzusehen ist. Im Mittelpunkt dieser Forschungsrichtung standen dementsprechend die Charaktere herausragender Personen der Vergangenheit und der Zeitgeschichte, die durch besondere Leistungen bekannt wurden. Gerne wurden und werden dazu militärische Führer, erfolgreiche Existenzgründer oder Manager bekannter Unternehmen herangezogen: Was zeichnet eine solche Führungspersönlichkeit aus? Aus welchem „Holz ist sie geschnitzt“? Ist es seine Fähigkeit, sich in andere Personen einzufühlen oder ist es seine Fähigkeit, sich über das Empfinden von Einzelpersonen hinwegzusetzen und einen Weitblick für die eigentlichen Aufgaben und Anforderungen zu besitzen? Welche Dimension ist wichtiger – die Aufgaben- oder die Personenorientierung? In den letzten Jahren wird zunehmend Bezug genommen auf die mehrdimensionale Betrachtung[1]. Auch wenn immer wieder einzelne Führungspersönlichkeiten im Rampenlicht der Öffentlichkeit stehen, so ist heute allgemein anerkannt, dass eine Führungskraft in der Lage sein muss, in der konkreten Konfrontation mit den Erfordernissen der Situation zu entscheiden. Aufgabenorientierung und Personenorientierung werden nicht mehr als Entweder-oder-Gegensätze verstanden, sondern als sich zwei ergänzende, aber unabhängige Dimensionen.

Neben den persönlichen Voraussetzungen, die die Person des Projektleiters mitbringen muss und dem handwerklichen Können, bestimmte Führungsmethoden zielsicher anwenden zu können, kommt für uns eine dritte Größe mit ins Spiel, die dafür sorgt, ob der Projektleiter letztlich erfolgreich ist: die *Organisation*. Gemeint ist: Welche Spielregeln – offizielle und inoffizielle – gelten in der Organisation im Umgang mit Projekten? Wie stark sanktioniert die Unternehmensleitung das Einhalten definierter Prozesse, die die Linie im Blick auf Projekte einhalten muss? Wie sehr können sich regionale Fürstentümer von Abteilungsleitern ausbreiten, die nicht befürchten müssen, zur Rechenschaft gezogen zu werden, wenn sie die Projekte nicht entsprechend unterstützen? Wie sehr ist die Unternehmensleitung bereit, eine Wertigkeit von Projekten und Linienaufgaben vorzugeben und damit eine Priorisierung auf höchster Ebene vorzunehmen? Es mag manchem Projektverantwortlichen paradox anmuten, aber manchmal muss der Projektleiter erst bei seinen Projektauftraggebern die Bedingungen schaffen, die notwendig sind für einen Projekterfolg. Dazu zählen z. B. das Abspecken einer Zielstellung auf das Machbare, die Ausgestaltung der Rolle des Projektleiters mit den notwendigen Befugnissen, die Klärung, wie die Projektorganisation und die Unternehmensorganisation miteinander zusammenhängen sowie die Einrichtung eines Steuerkreises für grundsätzliche Entscheidungen. Lässt sich die Unternehmensleitung in die Pflicht nehmen, dann trägt dies in jedem Fall dazu bei, die Führungsarbeit des Projektleiters zu erleichtern.

Natürlich regelt nicht alles die übergeordnete Organisation. Vieles ist Tagesgeschäft und muss ad hoc vom Projektleiter vorangetrieben werden. Der Projektleiter als Führungskraft findet sich hier gegenüber einem Abteilungsleiter in einer psychologisch-schwierigen Situation. Formell hat

[1] Johnson, Spencer (2000) Die Mäuse-Strategie für Manager. Veränderungen erfolgreich begegnen, Heinrich Hugendubel Verlag, Kreuzlingen/München.

der Projektleiter zwar eine Fachautorität, aber häufig keine oder nur wenig formale Führungsautorität. Dies bedeutet: Personelle Entscheidungen wie Urlaub, Eingruppierung und Vergütung werden durch den Linienvorgesetzten und nicht durch den Projektleiter entschieden.

Begleitet wird dieses *formelle Machtvakuum* des Projektleiters durch mangelnde Kooperationsbereitschaft mancher Linienvorgesetzter. Aus der Sicht der Projektleiter entstehen Effizienz- und Effektivitätsverluste dadurch, dass Vorgesetzte der verschiedenen Mitarbeiter das Projekt und seinen Projektleiter nicht genügend personell und ideell unterstützen. Abteilungsleiter stellen nicht die notwendigen Personalressourcen zur Verfügung, weil sie diese gar nicht haben oder weil sie diese für andere – ihnen wichtigere Aufgaben – verplant haben. Abteilungsleiter stecken durch Unterstützung oder durch ihre Verweigerung ihre Einflussbereiche gegeneinander ab. Dies bedeutet, dass mancher Vorgesetzte Entscheidungen blockiert bzw. aus der Sicht des Projektleiters versucht, rückgängig zu machen, weil diese von jemandem gefällt wurden, dem man die Kompetenz bzw. die Zuständigkeit dazu absprach. Dieses Gerangel um Macht und Einfluss verhindert nach Ansicht der Projektleiter jedoch eine erfolgreiche Projektarbeit. Wird ein Projektleiter mit einer konkreten Problemlösung beauftragt, dann sollte diese Beauftragung mit den Linienvorgesetzten geklärt sein. Linienvorgesetzte sollten nach der Wunschvorstellung der Projektleiter ihr Commitment abgeben, dem Projektleiter entsprechende quantitative und qualitative Mitarbeiterressourcen zur Verfügung zu stellen. Es scheint aber immer wieder so zu sein, dass Linienvorgesetzte entweder die Informationen über den Ressourcenbedarf des Projektes nicht haben oder sie haben dieses Commitment nicht gegeben. Dies bedeutet im Klartext: Die formelle Autorität bzw. Macht des Projektleiters ist in vielen Fällen sehr bescheiden. Er ist in vielen Fällen ein Bittsteller. Er reagiert, statt zu agieren. Diese Machtlosigkeit wird in manchen Fällen noch erschwert, wenn der Projektleiter „auf Zeit“ in das Unternehmen kommt bzw. diese Position nur vorübergehend begleitet.

Mancher Projektleiter trägt aber auch unbewusst dazu bei, seine Machtlosigkeit zu zementieren. Wie? Nun, für manchen Projektleiter beschränkt sich „Führung“ auf die Definition von Aufgabenpaketen und auf Definition eines Zeitplans und der anschließenden Steuerung dieser Aspekte. Richtig ist – gerade in der Matrixorganisation – dass die Arbeit in der Linie bzw. Fachabteilung erledigt werden muss. Die Verantwortung für die korrekte Arbeitsleistung und den besten Arbeitsprozess liegt bei den Linienvorgesetzten – also außerhalb der unmittelbaren Einflussmöglichkeit des Projektleiters. Aber ist es neben der Klärung der inhaltlichen Anforderungen nicht zugleich mindestens ebenso wichtig, dass der Mitarbeiter bzw. die dafür zuständige Person über Umfang, Arbeitstiefe, zeitliche Priorität und Qualitätsanforderungen der Arbeitsaufgabe informiert ist? In entscheidendem Maße gehört dazu, dass der Mitarbeiter weiß, was die Zielstellung des Projektes ist, was das Ergebnis des nächsten Meilensteins sein soll! Das Wissen um diese Aspekte vermittelt dem Projektmitarbeiter die Bedeutung, mit der er sich der Aufgabe widmen soll. Er kann die Bedeutung dieser Projektaufgabe in Relation setzen zu der Bedeutung von anderen Aufgaben. Führung ist also keine reine Aufgabendelegation! Letztlich generiert diese Einsicht etwas von dem, was der Projektleiter erwartet: Commitment. Natürlich, wer denkt, dass *Menschen wie mechanische Systeme arbeiten* (Input erbringt Output), wird hier seine Schwierigkeit haben!

Aber woran kann der Projektleiter erkennen, dass seine Führung auf andere mechanistisch wirkt? In meinen Seminaren erzählen frustrierte Projektleiter, dass sich scheinbar für manche (Fach-)Mitarbeiter aus den Fachabteilungen die Mitarbeit in einem Projekt auf die Anwesenheit im Projektmeeting beschränkt, d. h. es werden Aufgaben (Tasks), die im Meeting verabredet wurden und die bis zum nächsten Meeting erledigt werden müssten, nicht bearbeitet. So erledigt der Projektleiter dann die Aufgabe selbst oder das Projekt kommt nur schleppend voran. Die häufigste Begründung der Projektmitarbeiter, warum Aufgaben nicht erledigt werden, ist die Aufgabenüberlastung durch die Linie. Die anderen Aufgaben haben für den Mitarbeiter eine höhere Priorität, deswegen rutscht die Projektaufgabe auf einen hinteren Startplatz. Zugleich fühlen sich die Projektmitarbeiter aber auch nicht verantwortlich für die Arbeit, die im Projekt gemacht werden soll. Dies zeigt sich darin, wenn sich die Mitarbeiter im Meeting nicht im Stande bzw. nicht berechtigt fühlen, Entscheidungen zu treffen. Was fehlt, ist das Commitment, mit dem sich z. B. der Projektleiter dem Projekt verpflichtet fühlt. Was der Projektleiter hier nicht geschafft hat, ist Einsicht in die Bedeutung des Einzelnen für das Vorhaben zu schaffen, eine *Teamdenke zu generieren*, der den Beteiligten das Gefühl gibt, hier in diesem Projekt einen entscheidenden Beitrag zu leisten, der nur von diesem Mitarbeiter erbracht werden kann.

Menschen sind sinngesteuerte Wesen. Sie wollen wissen, wie, warum, weshalb, für was, bis wann etwas gemacht werden soll. Kann der Projektleiter dies nicht vermitteln, hat er ein großes Maß an Einflusspotenzial verspielt. Umgekehrt: Wenn der Projektleiter verinnerlicht hat, dass er sich Zeit nehmen muss, den zugewiesenen Mitarbeitern Hintergründe, inhaltliche Relevanz, strategische Bedeutung zu erklären und ihn zu überzeugen, dann hat er in Zukunft gute Karten, sein Projekt erfolgreicher durch die Unternehmung zu bringen, weil er weiß, dass gerade manchmal die Hintergrundinformationen letztlich den entscheidenden Anstoß geben können, die Arbeit richtig zu erledigen!

Ein letztes Problem ergibt sich aus der Perspektive, aus der die Führung im Projekt beurteilt wird. Wann wird die Projektleitung als erfolgreich betrachtet? Schnell ist man dabei, betriebswirtschaftliche Erfolgsfaktoren wie „erzielter Gewinn“ oder „erwirtschaftete Rendite“ anzusetzen. Oder es werden Kriterien herangezogen, wie beispielsweise Claims erfolgreich abgesetzt oder Forderungen erfolgreich abgewehrt werden konnten, wenn das Projekt als erfolgreich vom Kunden abgenommen worden ist. Ich plädiere dafür, das Thema Projektleitung und damit auch das Thema Führung im Projekt *nicht der betriebswirtschaftlichen Denke oder den Juristen* zu überlassen. Führung im Projekt ist im Wesentlichen durch die besondere psychologische Situation zu verstehen, wenn Personen für eine bestimmte Zeit ihr ganzes Denken und Handeln für das Erreichen eines Zieles einsetzen sollen. Betriebswirtschaft und Recht sind dabei manchmal hilfreiche, manchmal störende Rahmenbedingungen. Denn worum geht es am Ende? Es soll am Ende ein Projekterfolg erreicht werden und Erfolg bedeutet immer noch Zufriedenheit aller beteiligten Stakeholder – und da gehören die Mitarbeiter dazu!

Ich wage die Hypothese, dass es keinen Grund für das Klagelied des Projektleiters gibt, wenn er verstanden hat, dass er durch Psychologie die genannten Probleme am besten in den Griff bekommt. Zur Psychologie gehören dabei die intra-individuellen Aspekte genauso wie die interpersonellen Aspekte: Wie gehe ich mit mir selbst um, wie gehe ich mit meinen Projekt-Mitarbeitern und mit deren bzw. auch meinen eigenen Vorgesetzten um? Wie beeinflusse ich diese Personengruppe im Blick auf deren Handeln und Verhalten, deren Einstellungen. Wenn es der Projektleiter verstanden hat, dass er mehr Psychologie anwenden muss, um seinen Projektführung zu ermöglichen, gäbe es für das genannte Klagelied keinen Grund.

5.4 Die klassischen Führungsinstrumente der Mitarbeiterführung

Gute Führungskräfte verfügen über ein breites Repertoire von Führungstechniken und Methoden. Diese erleichtern die systematische Planung und Überwachung von Aufgaben.

5.4.1 Führungstechniken und Führungsstile

Häufig teilt man die Führungsinstrumente in die zwei Rubriken „aufgabenorientierte Methoden“ und „personenorientierte Methoden“ ein:

- Zu den aufgabenorientierten Methoden zählen: Ideen finden und analysieren, Anforderungen, Ziele formulieren, Entscheidungen treffen, Aufgabenpakete schnüren und diese Aufgaben richtig organisieren/delegieren, eine Zeitplanung machen. Außerdem: die Aufgabenerledigung/Zeiteinhaltung kontrollieren, für den regelmäßigen Abgleich zwischen aktuellem Leistungsstand und ursprünglicher Zielsetzung sowie für einen passenden Informationsaustausch sorgen.
- Zu den personenbezogenen Methoden zählt man: Loben, Kritisieren, Motivieren, Konflikte lösen, ein Team zusammenstellen.

Ein Projektmitarbeiter berichtete:
„In unserem Projekt wurden bewusst verschiedene Instrumente der Führung angewandt. So wurden klare Arbeitspaketbeschreibungen erstellt und Hauptziele daraus in Form von Zielvereinbarungen dargestellt. Diese Zielvereinbarungen wurden mit dem Linienvorgesetzten zusammen erstellt. Besonderes Augenmerk wurde auf die klare Übertragung von Verantwortung in die Arbeitspakete gelegt. Ein weiteres Werkzeug, das zur Verfügung stand und direkt die Autorität des Projektleiters stärkte, war die klar kommunizierte Mitsprache des Projektleiters bei der jährlichen Beurteilungsrunde durch die Linienvorgesetzten. Grundsätzlich hat der Projektleiter aber versucht, über natürliche Autorität, also ohne besondere Hervorhebung der Leitungsfunktion, das Team zu leiten".

Merken Sie etwas? Der Teilnehmer konnte sehr gut die fachlichen Methoden beschreiben, beim Aspekt der personenbezogenen Führung spricht er aber von „natürlicher Autorität", wobei offen bleibt, was er damit meint. Viele Projektleiter haben kein Problem mit den Aspekten der aufgabenbezogenen Führung. Schwierig wird es dagegen bei den personenbezogenen Elementen ihres praktizierten Führungsstils. Bevor ich die besonderen Anforderungen an das Führungsverhalten des Projektleiters in seiner besonderen Situation beleuchte, sollte klar sein, was man unter den verschiedenen Führungsstilen versteht.

Mitarbeiterführung ist kein originär projektbezogenes Thema. Auch Linienvorgesetzte müssen sich mit diesem Aspekt auseinandersetzen. Entsprechend breit und bunt sind Literatur und Forschung zu diesem Thema:

Die ICB 3.0 definiert unter Führung „die Anleitung und Motivation anderer bei der Erfüllung ihrer Funktionen oder Aufgaben im Dienst der Projektziele". Und: „Es handelt sich um eine für Projektmanager ausschlaggebende Kompetenz", da sie während der gesamten Projektdauer erforderlich und gegenüber einer Vielzahl von Personen – nicht nur dem Projektteam, sondern auch gegenüber der Geschäftsführung und anderen Stakeholdern unter Beweis gestellt werden muss. Der Projektmanager sollte die verschiedenen Führungsstile kennen und für sich entscheiden, welcher Stil in welcher Situation angemessen ist. Ein Führungsstil umfasst dabei immer bestimmte Verhaltens- und Kommunikationsmuster, aber auch Arbeits- und Entscheidungsprozesse."

Der PMBOK Guide der PMI beschreibt im Kapitel 9.4 Manage Project Team: „Zum Leiten des Projektteams gehört die Beurteilung der Leistung der Teammitglieder, das Geben von Feedback, das Lösen von Problemen und die Koordination von Änderungen, welche die Projektleistung erhöhen. Das Projektmanagementteam beobachtet das Teamverhalten, bewältigt Konflikte, löst Probleme und beurteilt die Leistung der einzelnen Teammitglieder. Als Ergebnis des Managements des Projektteams wird der Personalmanagementplan aktualisiert, werden Änderungsanträge eingereicht und Probleme gelöst, wird die Leistungsfähigkeit der Organisation bewertet und gesammelte Erfahrungen der Datenbank der Organisation hinzugefügt."[1]

In der PRINCE2 Theorie gibt es hierzu keine Definition.

In den allermeisten Projektmanagementschulungen wird das Thema „Führen" in den Aspekt „Führen im Projekt" umbenannt. Auch ich beginne manchmal in meinen Seminaren mit der allgemeinen Frage „Welche Führungsstile kennen Sie?" und werde dann geradezu von einer wahren Flut an „Stilen" überschüttet. Die Kenntnis von bestimmten Führungskonzepten kann hilfreich sein, wenn der Projektleiter sein Verhalten zielgerichtet reflektieren möchte. Fragen wir also zuerst: Welche Führungsstile werden häufig in der Literatur benannt (und werden in den Zertifizierungsprüfungen abgefragt)?

- **Autokratischer, autoritärer und/oder patriarchalischer Führungsstil:** Der Projektleiter entscheidet, was und wie etwas zu tun ist. Die Mitarbeiter werden an den Entscheidungen nicht beteiligt. Der Projektleiter muss auch keine Begründung gegenüber seinen Mitarbeitern geben. Der Projektleiter kann so schnell eine Entscheidung fällen, die Mitarbeiter können diese Entscheidung des Vorgesetzten aufnehmen und diese ohne Verzögerung umsetzen. Dies funktioniert vor allem dann gut, wenn die Mitarbeiter die Komplexität der Überlegungen, die zu der Entscheidungen geführt haben, nicht durchdringen können.

[1] Vgl. PMBOK Guide, 4. Auflage, Kapitel 9.4. Manage Project Team

Vorteile:

- klare, für alle verbindliche Zielvorgaben und Durchführungsrichtlinien
- hohe Entscheidungsgeschwindigkeit
- überdurchschnittliche Leistungserfolge möglich, jedoch nur kurzfristig

Nachteile:

- Leistungen kommen weitgehend unter Druck von oben zustande, dem Druck versucht man sich durch „Arbeit nach Vorschrift" zu entziehen
- mangelnde Selbständigkeit und Entwicklungsmöglichkeit
- geringes Interesse der Mitarbeiter
- zwischen den Mitarbeitern kommt es häufiger zu informellen Absprachen über die zu erbringende Leistungsmenge und -qualität, die von keinem Kollegen überschritten werden darf
- schwache Identifizierung mit Vorgesetzten und Firma

• **Aufgabenorientierter Führungsstil:** Hier konzentriert sich die Führungskraft v. a. darauf, Aufgaben entsprechend deren Schwierigkeit an die Mitarbeiter zu verteilen. Er achtet darauf, dass die Aufgabe, die der Mitarbeiter zu erledigen hat, möglichst klar und umfassend beschrieben und verstanden wird. Die Zusammenarbeit im Projektteam ist eine „Arbeitsgemeinschaft", d. h. die Teamführung ist darauf ausgerichtet, dass alle Beteiligten möglichst gut ihren Teil der Gesamtaufgabe erledigen können. Soziale oder emotionale Aspekte stehen hier im Hintergrund. Das heißt aber nicht, dass unfreundlich oder unpersönlich miteinander umgegangen wird. Die Atmosphäre ist sachlich.

Vorteile:

- bei vorliegender Kompetenz und Klarheit können Aufgaben gezielt abgearbeitet werden

Nachteile:

- sind die Grenzen des Arbeitspaktes nicht klar, kann nicht klar erkannt werden, wann die Aufgabe erledigt ist
- verführt manche Mitarbeiter, nicht über den Tellerrand der Arbeit hinauszuschauen

• **Bürokratischer Führungsstil:** Die Funktion der Mitarbeiterführung (und andere Funktionen) sind nicht an eine Person gebunden, sondern werden auf Zeit verliehen. Der Führungsanspruch leitet sich aus Richtlinien, Stellenbeschreibungen, Dienstanweisungen etc. ab. So ist der Projektleiter formal in seine Rolle eingesetzt worden, die Mitarbeiter setzen entsprechende Entscheidungen per Dienstweg um.

Vorteile:
- Mitarbeiter kennt seinen Aufgabenkreis und die damit verbundenen Handlungs- und Verantwortungsgrenzen
- sind Prozesse, deren Verantwortlichkeiten und Befugnisse eindeutig beschreiben, führt dies zu einem reibungslosen Bearbeiten
- ist der Mitarbeiter eingelernt und mit seinem Aufgabenbereich gut vertraut, ist eine selbständige Arbeitsweise zu erwarten

Nachteile:
- Führt zu einem Denken in Kategorien von Zuständigkeiten
- Blick über den Tellerrand, für das große Ganze fehlt meistens (dafür bin ich nicht zuständig)
- Ungeregeltes, Abweichendes vom beschriebenen Prozess droht verloren zu gehen

• **Charismatischer Führungsstil:** Die Persönlichkeit der Führungskraft steht hier an erster Stelle. Ausstrahlung und das Charisma zählen und sind Grundlage für Entscheidungen. Diese „Bewunderung" ruft Loyalität der Mitarbeiter hervor, Diskussionen und Befehle sind nebensächlich.

Vorteile:
- Wirkung der persönlichen Ausstrahlung schafft den grundsätzlichen Anreiz zur Mitarbeit

Nachteile:
- Fachfragen können von dieser Führungskraft oft nicht beantwortet werden
- Führungskraft wird als „über den Wolken schwebend" erlebt

• **Kooperativer Führungsstil:** Gespräche und Abstimmungen zwischen Führungskraft und Mitarbeiter stehen im Vordergrund. Die Führungskraft bezieht die fachliche Meinung der Mitarbeiter in seine Entscheidungsfindung mit ein, vertraut so auf das Kreativitäts- und Problemlösepotenzial der Mitarbeiter. Als Voraussetzungen werden genannt: ein ähnliches Bildungsniveau von Mitarbeiter und Vorgesetztem sowie eine immaterielle Motivationsstruktur der Mitarbeiter.

Vorteile:
- Kompetenzen und Befugnisse sind klar abgegrenzt, es gibt aber genügend Freiraum für Eigeninitiative in überlappenden Grenzfällen; man ist flexibel

- Informationen werden klar und eindeutig gegeben, es wird nichts verschleiert; ebenso fließen sie zurück
- Identifikation der Mitarbeiter mit den Unternehmenszielen
- Motivation der Mitarbeiter
- Entlastung der Vorgesetzten
- gute Zusammenarbeit von Vorgesetzten, Kollegen und Mitarbeitern
- gegenseitige Achtung als Mensch und Fachkraft

Nachteile:

- Entscheidungen werden langsamer getroffen
- Kooperation kann mit nicht sachlich begründeten „Mehrheitsbeschlüssen" verwechselt werden und so am eigentlichen Ziel vorbeiführen
- Mitarbeitern benötigen entsprechende Qualifikation
- in „unreifen" Teams kann es zu folgenschweren Fehlentscheidungen kommen

• **Laissez-faire-Führungsstil:** Die Mitarbeiter haben volle Freiheit. Ihre Meinung und Expertise zählt – ja dominiert sogar. Entscheidungen werden mit kollegialer Akzeptanz getroffen; Arbeitsanweisungen spielen keine Rolle. Die *persönliche Entfaltung und Freiheit* der Mitarbeiter ist das wichtigste Handlungsmotiv. Die Zusammenarbeit und Kommunikation ist überwiegend informell und damit auch häufig eher zufällig. Das Laissez faire ist daher kein Führungsstil im eigentlichen Sinn. Das Führungsverhalten ist weitgehend passiv. Die Motivation der Mitarbeiter soll hier durch Freiheit erreicht werden.

Vorteile:

- relativ großer Entscheidungsspielraum wird für Arbeit gewährt
- Ziele und Leistungsanforderungen sind nicht sehr hoch
- Kontakte unter den Mitarbeitern werden gefördert
- Gefühl der Freiheit ist ausgeprägt
- Mitarbeiter fühlt sich als Mensch anerkannt
- die Stimmung untereinander ist gut

Nachteile:

- Kompetenz- und Verantwortungsbereiche werden nicht klar definiert, deshalb gibt es Übergriffe in andere Aufgabengebiete
- allgemeine betriebliche Ordnung wird durch mangelnde Arbeitsdisziplin gefährdet
- Aufgaben, die einzelne ungern erfüllen, bleiben liegen oder werden anderen „zugeschoben"

  - Gefahr, dass einige Mitarbeiter oder kleinere Gruppen Kompetenzbereiche an sich reißen, die ihnen nicht zustehen („graue Eminenzen“)
  - Machtkämpfe untereinander, die weitere Gruppenbildung fördern; sei es, um noch mehr Einfluss und Vorteile zu erlangen oder um sich zu verteidigen

- **Führung durch die Gruppe selbst:** Jedes Gruppenmitglied übernimmt in dem Bereich Verantwortung, in dem es kompetent ist. Übergeordnet steht das Gruppenziel als vorrangig. Voraussetzungen für diesen Führungsstil sind hoher Reifegrad der einzelnen Mitglieder, Fachkompetenz, Eigenverantwortung, lösungsorientierte Verhaltensweise und dass Fähigkeit zur Konfliktlösung bei den Teammitgliedern bereits vorhanden ist.

  Vorteile:
  - fachlich kompetentester Mitarbeiter trifft die Entscheidungen im Aufgabengebiet
  - Koordination mit anderen nur bei wirklich übergreifenden Fragestellungen

  Nachteile:
  - Einzelentscheidungen, die übergreifend sind, aber nicht als solche erkannt werden, werden nicht koordiniert
  - Projektarbeit als Teamarbeit ist in weiten Teilen nicht mehr erlebbar

- **Emotionaler Führungsstil:** Kombination verschiedener Führungsstile. Der Führungsstil ist vor allem abhängig von der Führungskraft selbst, ihrer Einstellung und den inneren Werten. Will die Führungskraft das Beste aus ihren Mitarbeitern herausholen, dann ist deren emotionale Intelligenz entscheidend.

  Vorteile:
  - Persönlichkeit und Wertvorstellungen des Projektleiters und der Beteiligten sind bei bestimmten Entscheidungen wichtig

  Nachteile:
  - Handlungsleitende Wertvorstellungen sind häufig von den Beteiligten nicht reflektiert

  Der emotionale Führungsstil ist wesentlich geprägt von Golemanns[1] „Konzept der Resonanz“.

---

[1] Daniel Goleman, Richard Boyatzis und Annie McKee: Emotionale Führung. Berlin: Ullstein, 2003

Tabelle 17 Führungsstile nach Goleman

	Visionäre Führung	**Coaching-Stil**	**Verbindende Führung**	**Demokratische Führung**	**Geschwindigkeits-vorgebende Führung**	**Dominierende Führung**
Eigenschaft der Führungskraft	Spornt an, glaubt an eigene Visionen, einfühlsam, erklärt, wie und warum Bemühungen der Leute zum „Traum" beitragen.	Hört zu, hilft Leuten, ihre eigenen Stärken und Schwächen zu identifizieren, Ratgeber, regt an, delegiert.	Fördert Harmonie, ist freundlich, einfühlsam, er erhöht Moral, löst Konflikte.	Großartiger Zuhörer, Teamarbeiter, Mitarbeiter, Beeinflusser.	Starker Drang, etwas zu leisten, hat hohe eigene Standards, Initiative, geringes Einfühlungsvermögen und wenig Zusammenarbeit, Ungeduld, ist durch Zahlen getrieben.	Befehlend: „Tun Sie es, weil ich es so sage", bedrohend, enge Kontrolle, überwacht ununterbrochen, schafft Dissonanz, verdirbt jedem die Stimmung, treibt Talente weg.
Wie Resonanz durch Stil hervorgerufen wird	Treibt Leute in Richtung zu geteilten Träumen.	Verbindet das, was eine Person will, mit den Zielen der Organisation.	Schafft Harmonie, indem Leute miteinander verbunden werden.	Schätzt den Einsatz der Leute und erhält Engagement durch Teilnahme.	Verwirklicht schwierige und aufregende Ziele.	Verringert Furcht, indem er im Notfall eine klare Richtung vorgibt.
Auswirkung des Stils auf Geschäfts-Klima	+ + +	+ +	+	+	– (wenn ausschließlich oder schlecht verwendet)	–
Wann ist der Stil angebracht?	Wenn Änderungen eine neue Vision erfordern oder wenn eine klare Richtung erforderlich ist. Radikale Änderung.	Um kompetenten, motivierten Angestellten zu helfen. Leistung durch das Schaffen von langfristigen Fähigkeiten zu verbessern.	Um Risse in einem Team zu beheben oder um in stressigen Zeiten zu motivieren oder um Verbindungen zu stärken.	Um Unterstützung oder Übereinstimmung zu erreichen oder wertvollen Einsatz von Angestellten zu erhalten.	Um hochwertige Resultate von einem motivierten und kompetenten Team zu erhalten. Im Verkauf.	In einer ernsthaften Krise oder mit problematischen Angestellten, um eine dringende organisatorische Kehrtwende zu beginnen, traditionell militärisch.

- Führungserfolg stellt sich ein, wenn zwischen Führungskraft und den Mitarbeitern Resonanz entsteht, d. h. die Annahme des Führungsimpulses durch den Mitarbeiter. Dazu kommt es vor allem dann, wenn die Führungskraft emotional richtig agiert: Wirkungsvolle Leiter stellen sich auf die Gefühle ihrer Mitarbeiter ein und verschieben sie in eine positive emotionale Richtung. Sie sprechen authentisch über ihre eigenen Werte, Richtung und Prioritäten und „schwingen" mit den Gefühlen der umgebenden Leute mit. Das Schaffen von Resonanz kann auf sechs Arten erfolgen und zu sechs unterschiedlichen Führungsstilen führen (Tabelle 17). Gewöhnlich können die wirkungsvollsten Leiter entsprechend agieren und können auch zwischen den verschiedenen Stilen in Abhängigkeit der Situation wechseln.
- **Situativer Führungsstil:** Ausgehend von dem Entwicklungsstand des Mitarbeiters bestimmt die Führungskraft ihren Führungsstil. Der Entwicklungsstand des Mitarbeiters ist zum einen dessen Fähigkeit bezüglich der zu realisierenden Aufgabe, d. h. das Maß an Fachwissen, Fertigkeiten und Erfahrung, sowie zum anderen die Bereitschaft bzw. Motivation zur Aufgabenrealisierung.
  - Wenn der Mitarbeiter hinsichtlich der anstehenden Aufgabe über eine geringe Fähigkeit verfügt und seine Motivation gering ist, wird empfohlen einen direktiven Führungsstil anzuwenden.
  - Wenn jedoch der Mitarbeiter eine hohe Kompetenz und Motivation aufweist, wird ein delegierender Führungsstil als effizient empfohlen.

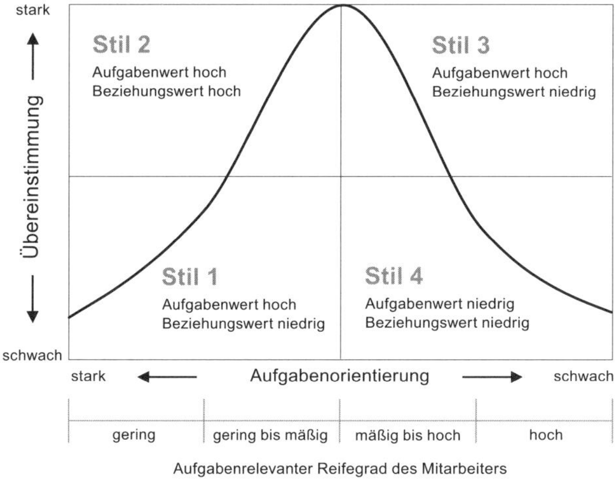

Bild 9 Die situative Reifegrad-Theorie nach Hersey und Blanchard

Die Erfolgswirksamkeit des gewählten Führungsstils ist genau zu beobachten: Wird die Aufgabe sehr gut bewältigt, so soll bei einer ähnlichen Aufgabe künftig ein Stil gewählt werden, der den Mitarbeitern mehr Partizipation und Freiräume ermöglicht; bei Misserfolgen oder unzureichenden Ergebnissen wird eine Rücknahme der Partizipation und eine stärkere Kontrolle und Unterweisung für sinnvoll erachtet (Bild 9).

Beispiel eines Seminarteilnehmers:

Der Projektmitarbeiter Hugo Wachs ist nicht in der Lage, ein komplettes Arbeitspaket zu delegieren, da es ihm hinsichtlich Methoden und Planung an Erfahrung fehlt und er hierbei Unterstützung benötigt. Daher müssen zusammen mit Hugo Wachs kooperativ die einzelnen Schritte und dazugehörige Methoden geplant und erarbeitet und regelmäßig der Fortschritt „kontrolliert" werden. Hierfür zuständig ist der TP-Leiter. Dies sorgt bei Hugo Wachs für Sicherheit, Motivation und er lernt aus den Erfahrungen. In einer späteren Projektphase kann ihm, je nach Sicherheitsempfinden und Erfahrung, mehr delegiert werden.

Die Mitarbeiterin Sabine Zug dagegen würde sich eher kontrolliert fühlen, wenn jeder Schritt gemeinsam geplant würde. Sie liebt ihren Freiraum und meldet sich eigentlich erst, wenn sie bemerkt, dass für sie nicht lösbare Probleme auftauchen. Da dies in der Vergangenheit stets gut geklappt hat und der Informationsfluss gut war, ist hier Delegation in der Reinform angebracht (nicht zu verwechseln mit Laissez faire).

Ein junger Projektmitarbeiter, Bingo Tenn, ist recht neu bei uns und steckt noch voller Tatendrang. Sein Fachwissen ist noch ausbaufähig. Hier ist es wichtig, dass Bingo sicher durch seinen „Lebenszyklus" gebracht wird, d. h. erst Fachwissen aufbauen (etwas autoritärer Stil, Dirigieren und Trainieren). Bingo wird nach und nach merken, dass ihm noch einiges an Fachwissen fehlt und dadurch von seinem anfänglichen (Über-)Mut verlieren („ich weiß, dass ich nichts weiß"). Daher muss in dieser Phase viel mit Bingo gesprochen und Hilfestellung geleistet werden (Trainieren und Sekundieren). Wenn sich zu dem Fachwissen wieder seine Sicherheit und Motivation gesellt, kann Bingo in einer späteren Projektphase oder in einem Folgeprojekt ebenfalls Arbeitspakete selbstständig verantwortlich bearbeiten.

5.5 Mein authentischer Führungsstil? Führungsstile – Führungskategorien – was bleibt?

Spätestens nach der Aufzählung der verschiedenen Führungsstile passiert bei vielen Teilnehmern ein Kurzschluss im Gehirn, der da lautet: Und welchen Führungsstil praktiziere ich? Oder anders: Und welchen Führungsstil praktiziert mein Vorgesetzter an mir? Mit dieser Herangehensweise befinden wir uns mal wieder im Kastendenken „Welche Denkschablonen lassen sich theoretisch benennen, was davon finde ich in meinen Alltag wieder und was nicht? Wäre es nicht hilfreicher, zu fragen: Wie lässt sich eine Führungssituation von der Aufgabenkomplexität, den psychologischen Variablen und den organisatorischen Rahmenbedingungen am besten beschreiben und welches Führungsverhalten von mir als Projektleiter passt hier am besten dazu?

Wie wenig hilfreich ein solches Kastendenken sein kann, kann man folgenden Äußerungen eines Seminarteilnehmers entnehmen:

Während meiner über 7-jährigen Berufserfahrung war ich in verschiedenen Bereichen eines Konzerns eingesetzt. In einem so großen Unternehmen wie [...] ist die Führungssituation von Gesellschaft zu Gesellschaft und von Abteilung zu Abteilung und von Vorgesetzten zu Vorgesetzten unterschiedlich.

Wen wundert das? Führungssituationen sind meist zu unterschiedlich und zu komplex, als dass sie sich auf einen Nenner bringen lassen. Selbst innerhalb eines Konzerns, ja eines Unternehmens mag die Verordnung eines Führungsstils unpassend, ja unpraktisch sein.

Letztendlich gibt es keinen idealen Führungsstil. Die Mischung aus den verschiedenen Führungsstilen, passend zur Situation und zu den Projektmitarbeitern, scheint dem Schlüssel zum Erfolg am besten näher zu kommen. Während gut strukturierter Phasen, in denen es keine Konflikte und keine Verzögerungen gibt, ist ein kooperativer Führungsstil angebracht, vor allem, wenn die Projektmitarbeiter erfahren und eigenverantwortlich sind und es inhaltlich stark um die gemeinsame Erarbeitung und Festlegung von Zielen und Vorgehensweisen geht, bei denen eine Beteiligung und eine Zustimmung aller Projektmitglieder wichtig ist. In schwierigen Phasen, in denen Zeit oder Terminverzug besteht, Konflikte oder externe Einflüsse den Projektablauf negativ beeinflussen, ist ein mehr autoritärer Führungsstil angeraten.

Ein Projektmitarbeiter berichtete:

Im Ablauf unseres Projekts gab es gegen Ende der Fachkonzeption eine schwierige Phase. Während der Startphase und der Fachkonzeptionsphase praktizierte der Projektleiter eher einen kooperativen Führungsstil, bei dem innerhalb einzelner Aufgabengebiete die Projektmitglieder eigenverantwortliche Abstimmungen durchgeführt haben und sich sehr gut selbst organisierten. Der Projektleiter hatte hier eher die Coach-Rolle inne. Dies hat auch dazu geführt, dass es innerhalb der Gruppe ein hohes Maß an Identifikation mit dem Projekt und eine sehr gute Zusammenarbeit gegeben hat. Gegen Ende dieser Phase gab es jedoch noch sehr viele offene

Punkte, die das Projektteam nicht entscheiden konnte und daher immer weiter vor sich her schob. In dieser Phase musste sich als Konsequenz der Projektleiter stärker einmischen und einen stärker autoritären Führungsstil annehmen, indem er Termine zur Besprechung der offenen Punkte angesetzt hat, Verantwortlichkeiten für die offenen Punkte vorgegeben hat, Termine gesetzt hat, bis wann Lösungsvorschläge hierfür zu erarbeiten bzw. zu beschreiben sind und diese dann entweder dem Projektteam zur Entscheidung vorgelegt hat, selbst entschieden hat oder die Punkte zur Entscheidung dem Steuerkreis vorgelegt hat.

Projektleitung als Führungstechnik bedeutet, dass ein Projektmanager in der Lage sein sollte, sein eigenes Verhalten so zu planen und zu steuern, dass er den Mitarbeitern ihrerseits ermöglicht, das gewünschte Verhalten zu zeigen. In der Praxis bedeutet dies, dass die Führungskraft die Situation, in der sie sich mit dem Mitarbeiter aktuell befindet, abgleichen muss mit dem Zielzustand, den sie erreichen will. Die Führungskraft muss sich fragen: „Was will ich inhaltlich erreichen und wie muss ich mich verhalten, dass dies meinen Mitarbeitern gelingt?" Führungsverhalten ist also stark abhängig von der Situation sowie von der Bereitschaft und Fähigkeit des Projektleiters, sein eigenes Verhalten als Führungsinstrument einzusetzen. Oder anders ausgedrückt: Ist die Führungskraft in der Lage, ihr eigenes Führungsverhalten immer wieder neu auf die Erfordernisse der Situation einzustellen, d.h. sie ist flexibel, dann ist sie auch in der Lage, sich durch die Vielzahl der Situationen zielsicher zu steuern.

Im Hintergrund zu dieser Betrachtung steht letztlich der Gedanke, dass das Verhalten des Projektleiters eine Stellgröße ist, der sich das Führungsverhalten des Projektmitarbeiters anpasst. Stimmt das?

5.6 Die besondere Führungssituation eines Projektleiters : nicht-triviale Systeme, Coaching und transformationale Führung

Die besondere Führungssituation des Projektleiters ergibt sich aus der Tatsache, dass er in den seltensten Fällen der disziplinarische Vorgesetzte seines Teams ist. Das bedeutet, er verfügt über die fachliche Autorität, kann bestimmte Arbeitsaufträge in die Linie geben, kann eine Zeit- und Terminplanung machen. Aber er besitzt nicht die disziplinarische Autorität, kann also letztlich nicht anweisen oder verbieten – hier ist er immer auf den Linienvorgesetzten angewiesen. Damit gleicht die Situation des Projektleiters mehr dem eines Vereinsvorsitzenden, der mit ehrenamtlichen

Kräften die anstehenden Aufgaben lösen will. Der Projektleiter muss damit sein Führungshandeln im Grunde ganz anders anlegen als eine „normale“ Führungskraft.

In der Systemtheorie werden Menschen und Organisationen, als sogenannte nicht-triviale Einheiten definiert im Unterschied zu Trivialmaschinen. Diese, wie z. B. elektronische Geräte oder Autos, produzieren aus einen bestimmten Input einen bestimmten vorhersehbaren Output, es sei denn, sie sind reparaturbedürftig. Nicht-triviale Maschinen dagegen sind eigensinnig und eigenwillig. Auf ein und denselben kommunizierten Reiz können ein Mensch oder eine Organisation je nach ihrer Verfassung gänzlich verschieden reagieren. Andere wieder reagieren, egal wie man ihnen kommt, immer gleich. Steuerbar, wie es der Kapitän von der Brücke seines Schiffes her vermag, sind lebende Systeme also offensichtlich nicht.

Seit der 2000er-Wende wurde zunehmend häufig davon gesprochen, dass sich auch der Führungsstil des Projektleiters den vorzufindenden Rahmenbedingungen anpassen muss. Coaching als Führungsstil ist das Stichwort. Der Begriff Coaching stammt ursprünglich aus der Sportpsychologie und will ein bestimmtes Führungs- und Kommunikationsverhalten beschreiben: Der Mannschafts-Coach bereitet sein Team im Training auf das nächste Spiel vor, indem er taktische Anweisungen gibt. Er ist auch während des Spiels am Spielfeldrand präsent, kann aber nicht aktiv in das Geschehen eingreifen.

Interessanterweise gibt es für das Wort Coach im Englischen noch eine zweite Bedeutung: „Coach“ kann auch als Überlandbus übersetzt werden. Auch diese Bedeutung könnte man nutzen: Der Coach nimmt den Gesprächspartner mit, d. h. der Coach sollte über psychologisches Einfühlungsvermögen bei Erfolg und Misserfolg verfügen, sollte auf die Persönlichkeit des Gegenübers eingehen können. Die Ziele von Coaching unterscheiden sich je nachdem, ob man einen einzelnen Mitarbeiter coacht, das Team oder ob man eine bestimmte Problemstellung reflektiert. Ein zentrales Ziel ist dabei, dass der Gecoachte am Ende in der Lage ist, die weiteren Arbeitsschritte selbst weiter auszuführen bzw. zukünftige ähnliche Probleme und Krisen rechtzeitig zu erkennen und nach einem für ihn entwickelten individuellen Lösungsmuster zu lösen. Allgemeine Ziele des Coachings sind daher:

- Hilfe zur Selbsthilfe und zur Selbstverantwortung
- Reflexion der Leistungserbringung, der Arbeitsbeziehung, der Entwicklungen in den relevanten Umwelten
- Wirksame und nachhaltige Veränderung und Weiterentwicklung von Einstellungen und Verhalten

- Gemeinsame Vereinbarung der Rahmenbedingungen, der Spielregeln, des Ressourceneinsatzes, der zu erbringenden Leistungen und ihrer Qualität, von Terminen und Zeiten, von Formen der Überprüfung der Vereinbarung
- Optimierung des Einsatzes der eigenen Kompetenzen

Parallel zur Erkenntnis „nicht-trivialer Maschinen" hat sich der Akzent der psychologischen Führungslehre in den letzten Jahren wieder mehr in Richtung Führungskraft verschoben: So ist die Person der Führungskraft wieder in den Mittelpunkt der Aufmerksamkeit gerückt. Konkret geht es um die Frage der transformationalen bzw. charismatischen Führung. Was das heißt? Kompliziert ausgedrückt, aber einfach gemeint, geht es um die Frage, wie es einer Führungskraft gelingt, durch ihre Vorgabe von Idealen und Visionen, die Ziele einer Organisation bzw. des Projektes so zu kommunizieren, dass diese Ziele beim Mitarbeiter als dessen eigene Ziele wahrgenommen werden. Transformationale Führung macht natürlich im Kontext von trivialen Systemen keinen Sinn. Triviale Systeme reagieren nicht auf die Input-Output-Regel. Erst nicht-triviale Systeme reagieren auf die Sinn-Dimension. Während es mit der transformationalen Führung im Kontext einer 1:1-Führung (1 Führungskraft zu 1 Mitarbeiter) eine einigermaßen überschaubare Anzahl von Einflussgrößen gibt, ist dies bei dieser Frage in teambasierten Arbeitsformen schon weitaus komplizierter.

Die Steuerung von nicht trivialen Systemen ist im Projektkontext durch regelmäßige, von der Alltagskommunikation abgehobene Team- oder Statusbesprechungen am besten zu realisieren. Ziel solcher Gespräche sollte es sein, eine Verbindlichkeit aufzubauen, die von allen Seiten getragen wird, also zwischen Projektleiter – Mitarbeiter, oder: Projektleiter – Team, oder Auftraggeber – Projektleiter. Inhaltlich kann es darum gehen: Was hat sich bewährt in der letzten Projektphase, was kann bleiben? Welche Veränderungen in den Aufgaben, Kompetenzverteilungen sind notwendig? Wie werden notwendige Veränderungen realisiert (Handlungsplan)? Worauf werden wir in der nächsten Projektphase besonders zu achten haben? Welches persönliche Feedback könnte den anderen unterstützen bei der bevorstehenden Arbeit?

Transformationale Führungskräfte verstehen es, Begeisterung und Zuversicht zu erzeugen, sie können andere mitreißen; sie werden als Vorbilder wahrgenommen und vermitteln bei ihren Mitarbeitern ein Gefühl des Stolzes und der Wertschätzung. Sicher, es gibt diese charismatischen Führer, sicher ist aber auch: Es gibt zu wenige davon! Statt also über Visionen die Mitarbeiter zu führen, geht es in anderen Ansätzen darum, die *Mitarbeiter gerecht zu behandeln*. Mit dem subjektiven Gefühl gerecht/fair behandelt zu werden, sinken angeblich Krankenstände, Fluktuation und die

Diebstahlquote. Dabei geht es bei dem Thema Fairness weniger um die Frage, welche Ergebnisse im Management getroffen wurden als vielmehr um die Frage des „Wie". Für dieses „Wie" scheinen drei Aspekte entscheidend zu sein: Das Engagement, mit dem die Mitarbeiter in die Entscheidungsfindung einbezogen werden, die Gründe, wie jemand in das Zustandekommen einer Entscheidung klar gemacht werden und die Klarheit der Spielregeln, nach denen er sich verhalten soll.

Die Übertragung auf die Führungssituation ist nicht schwierig: Im Projekt gibt es eine Vielzahl von Entscheidungen, die aus Sicht der Mitarbeiter eher schwierig als leicht sind. In meinen Seminaren stoße ich regelmäßig auf solche „Bermuda-Dreiecke", in denen das Was, Warum und Wie bestimmter Entscheidungen den Projektmitarbeitern verborgen bleiben – und wie gesagt: Was der Mitarbeiter nicht erklären kann, füllt er mit seinen eigenen Erklärungen. Fazit: Vielleicht ist also weniger Charisma und mehr Fairness gefragt ...

5.7 Werteorientierte Führung in der Projektarbeit

Ich habe bereits beschrieben, wie psychologisch schwierig die Situation eines Projektleiters ist. Er handelt manchmal zu mechanistisch und vergisst, seinen Mitarbeitern bzw. deren Verantwortlichen die Sinndimension der Arbeit zu vermitteln. Damit steht er sich selbst im Weg. Manchmal fehlt ihm auch die persönliche Flexibilität. Er insistiert zu wenig, ist zu ungeschickt in der Aufgabenerledigung und produziert damit unnötigen Widerstand. Und ein anderes Mal steht die Organisation nicht genügend hinter ihm – zumindest nicht so, wie er es als Projektleiter erwartet. In der langen Kette der Führungsstile hatte ich zuletzt den Gedanken des transformationalen Führungsstils aufgegriffen, der genau das betont, was manchmal an Emotionalem, Visionärem etc. vermisst wird – aber vielleicht wiederum zu stark in diese Richtung geht.

Was könnte für einen Projektleiter ein gangbarer Mittelweg sein? Erinnern wir uns: Zu Beginn dieses Kapitels hatte ich bereits auf den Begriff des Leadership als alternative Bezeichnung des deutschen Wortes „Führung" verwiesen. Dies Übersetzung stimmt aber nur zum Teil. Denn in der englischen Bezeichnung von Leadership schwingt zu einem guten Teil nicht nur die pragmatische Frage des „Wie mache ich es richtig" mit, sondern auch das „Was ist mir wichtig?". Aus einem Kamingespräch mit einem Programm-Manager eines großen Konzerns erinnere ich noch an den Hinweis: Leadership meint nicht das Gleiche wie Management. Leadership zeichnet sich durch die richtige Einstellung aus – und nicht so sehr durch die Anwendung von Methoden! Nimmt man all diese Gedanken auf, dann kommt man zu einem Führungsstil, der sich der grundlegenden Wertedimension im menschlichen Miteinander bewusst ist. Hier ein paar Gedanken zum „Nach"-denken:

- *Führen mit Druck oder mit Sog?* Ich bin der festen Überzeugung, dass Projektleiter durch ihre eigenen Verhaltensweisen Einfluss auf die erfolgreiche Arbeit ihrer Mitarbeiter nehmen können. Aus der Psychologie wissen wir: Wie man sich selbst in einer bestimmten Situation verhält, ist unter anderem das Ergebnis der eigenen persönlichen Werte und Überzeugungen. Diese bestimmen häufig grundlegend, wie man handelt, wie man sich selbst dabei fühlt und wie man letztlich von den anderen wahrgenommen wird. Wenn es nun in der Projektarbeit darum geht, bestimmte Werte wie Offenheit, Vertrauen, Commitment, Proaktivität, Hilfsbereitschaft zu erzeugen, dann lassen sich diese Werte nicht durch Druck erzwingen. Durch Druck erreicht man immer nur Anpassung. Man erhält jedoch nie das, was Menschen geben, wenn Sie es freiwillig tun. Druck erzeugt stets Gegendruck, der sich in allen möglichen Formen der Verweigerung äußert: Nörgeln, Passivität und Demotivation. Das heißt für Sie als Projektleiter: Sie sollten sich zuerst der Werte bewusst sein, die Sie von Ihren Mitarbeitern erwarten und zugleich überprüfen, wie Sie in Ihrer Person, in Ihren verbalen und emotionalen Äußerungen diese Werte vermitteln und wie Sie selbst anderen diese Werte zu leben ermöglichen. Wenn es Ihnen als Projektleiter Spaß macht, Mitarbeiter zu führen, wenn Sie darauf achten, nicht mit Verbissenheit an manchen schwierigen Mitarbeiter heranzugehen, dann tanken Sie mehr Energie und können sicher den einen oder anderen Mitarbeiter „anstecken".
- *Klare Ziele setzen:* In der Psychologie geht man davon aus, dass jede Arbeit oder Maßnahme nur dann erfolgreich sein kann, wenn es klar ist, welches Ziel mit der Arbeit verfolgt wird. Doch häufig ist den Menschen eben nicht klar, was das Ziel ihrer Arbeit ist. Im Projekt bedeutet dies konkret: Wozu dient mein Arbeitspaket? Welches Ergebnis wird erwartet? Was sind die nächsten Meilensteine, die wir mit der Erledigung dieses Arbeitspaktes erreichen wollen? Es ist für mich immer wieder erstaunlich, wie wenig manche Mitarbeiter und manche Führungskräfte darauf achten, gemeinsam zu klären, was die nächsten, wichtigen Ziele sind. Sicherlich, es ist auch eine Lifestyle- bzw. Workstyle Entscheidung. Manche Mitarbeiter interessieren sich nicht für die Ziele ihrer Arbeit; ihr Ziel ist es, die Arbeit möglichst schnell und bequem zu erledigen, um im privaten Bereich ihren persönlichen Zielen nachzugehen. Aber ich halte diese Personen insgesamt betrachtet für die deutliche Minderheit in der Arbeitswelt. Die meisten Menschen interessieren sich für die Ziele und

Zwecke ihrer Arbeit. Sie verlangen nach klaren, eindeutigen und machbaren Ziele, die sie durch ihre Arbeit erreichen können. Also, nutzen Sie das Zielsystem des Projektmanagements, das Meilenstein-Konzept und die vielen Kommunikationsmöglichkeiten, um den Zielbezug der Arbeit jedem einzelnen Mitarbeiter zu vermitteln.

- *Geben Sie Mitarbeitern Einblick in die anstehenden Pläne:* Geben Sie den Mitarbeitern Einblick in die Entwicklung von Szenarien, die Optimismus und Zusammengehörigkeit wecken. Dazu gehört eine ehrliche, transparente und glaubwürdige Kommunikation der Führung im Projekt. Zentrales Instrument dabei ist die Projektbesprechung, der Jour fixe, Statusmeeting – oder wie immer diese Besprechung bei Ihnen heißen mag. Besprechungen sind für viele Projektleiter das Führungsinstrument schlechthin: Eine gut gestaltete Projektbesprechung, die ziel- und lösungsorientiert ist, wird von vielen Mitarbeitern als wertvoll und bereichernd für die Zusammenarbeit erlebt. Zugleich kann in dieser Besprechung erlebt werden, wie die Führungskraft mit sich und mit anderen umgeht. Hier zeigt es sich, wie sehr der Projektleiter taktiert oder offen mit kritischen Punkten umgeht. Mein Lieblingsbeispiel in diesem Zusammenhang ist immer die Frage, ob der Projektleiter die verantwortlichen Mitarbeiter darüber aufklärt, ob ihr Arbeitspaket auf einem kritischen Pfad liegt oder nicht. Liegt es nicht auf dem kritischen Pfad, sind manche terminliche Verzögerungen gar nicht so schlimm – zumindest bezogen auf den Projektendtermin. Das Problem dabei ist: Manche Projektleiter befürchten, dass dieses Wissen bei manchen Mitarbeitern zu einer Nachlässigkeit führt.
- *Seien Sie nicht naiv:* Führen heißt auch, mit Unterschieden zwischen Menschen zu rechnen und mit diesen Unterschieden umgehen zu können. Es wäre naiv zu glauben, dass es keine „Schwarzfahrer“ gibt. „Schwarzfahrer“ kann es nur geben, wenn es keinen Zwang, sprich Freiheit gibt. Heißt das also mehr Überwachung, mehr Kontrolle? Nein, es heißt: Der Projektleiter als Führungskraft sollte den Kompetenzen und dem vermuteten Entwicklungspotenzial entsprechend die Aufgaben an die Mitarbeiter delegieren. Nicht blindes Vertrauen, sondern wohl reflektierte Aufgaben- und Verantwortungsdelegation ist das Gebot der Stunde.

Praxis:

Als Projektleiter auf Zeit komme ich mit ganz unterschiedlichen Branchen und Unternehmen in Kontakt. Was mir aber fehlt, ist die Fachkompetenz. Deswegen konzipiere ich in vielen Fällen ein Projektmanagementteam: Als meinen „Kollegen“ wünsche ich mir immer einen internen Mitarbeiter, der sich einerseits im Personalgefüge des Unternehmens auskennt und zum anderen auch ein Inhaltsexperte ist. Man mag den externen Mitarbeiter Projektleiter nennen, den Kollegen den internen Projektleiter. Egal wie die Benennung ist: In diesem Doppelpack sind wir unschlagbar. Es wäre naiv zu glauben, dass ein externer Projektleiter alles kann – genauso, wie ein interner Kollege seine Grenzen hat.

Naiv ist es auch zu glauben, dass die Ausgestaltung von Arbeitspaketen und deren Delegation mehr oder weniger deckungsgleich sind. Arbeitspakete zu formulieren ist das eine, ihre Ausführung ist etwas anderes. In der Ausführung kann es zu Problemen kommen, an die zuvor keiner gedacht hat. Entsprechend wichtig ist, regelmäßig den Mitarbeitern ihre Verantwortung zu erklären und sie auch mit den notwendigen Kompetenzen auszustatten. Es sollte aber auch der Kontakt zu den Durchführenden gehalten werden, um so frühzeitig mögliche Problemlösungen bzw. Regeln für Ausnahmefälle initiieren zu können.

- *Überprüfen Sie Ihre innere Einstellung:* Menschen sind nicht nur Spielball ihrer Verhältnisse, sondern können sich selbst steuern. Voraussetzung dafür ist die Einsicht, dass sie für ihr eigenes Tun und Unterlassen selbst die Verantwortung tragen. Wird ihnen dieser Aspekt als Projektleiter bewusst, können sie auch bewusst Einfluss auf ihr Denken, Fühlen und damit auch auf ihr Handeln nehmen. Dieser Ansatz ist folglich auch eine wichtige Voraussetzung für die eigene Motivation aus dem persönlichen Ich heraus. Mit der erkannten Eigenverantwortung schafft die Selbstmotivation eine Unabhängigkeit gegenüber äußere Einflüsse – wir sind nicht einfach den Vorgesetzten, den Rahmenbedingungen der wirtschaftlichen Entwicklung ausgeliefert. Man muss seine Wünsche und Bedürfnisse kennen und wahrnehmen. Und damit lassen sich dann auch persönliche Motivatoren und Demotivatoren erkennen und einsetzen – für sich selbst und für die Motivation der Mitarbeiter.

  Sie haben immer die Wahl, wie Sie Ihre Arbeit machen wollen, auch dann, wenn Sie sich die Arbeit nicht aussuchen können. „Wenn du machst was du machst – was bist du in diesem Moment? Bist du ungeduldig und gelangweilt oder bist du weltberühmt? Als jemand, der weltberühmt ist, wirst du ganz anders auftreten."[1].

[1] Lundin, S.C. (2001) .Fish!: Ein ungewöhnliches Motivationsbuch. Frankfurt/Wien: Wirtschaftsverlag Carl Ueberreuter.

Jeden Tag haben Sie erneut die Möglichkeit, sich frei für eine Arbeitseinstellung zu entscheiden.

Praxis:
Ein erfahrener Projektleiter formulierte es einmal in einer Veranstaltung mit jungen Projektleitern so: „Als Projektleiter ist es Ihre Aufgabe, Ihr Team zu inspirieren. Zeigen Sie durch Ihr Verhalten den Mitarbeitern Ihre Einstellung: „Ich kann und will etwas bewegen!" Stellen Sie sich nicht als Opfer dar. Zeigen Sie, dass Sie von einer positiven Absicht getrieben sind, etwas zu bewegen. Es ist eine Lifestyle-Entscheidung."

- *Seien Sie ganz bei der Sache und machen Sie nicht (nebenbei) drei Sachen gleichzeitig:* Widmen Sie sich voller Aufmerksamkeit Ihrer Arbeit, den Mitarbeitern, Kunden, Vorgesetzten und natürlich auch sich selbst. Ob Sie wirklich in einem Gespräch bei der Sache sind, können sie ihren Gesprächspartner spüren lassen, indem sie ihm aktiv zuhören. Wichtige Faktoren beim aktiven Zuhören sind z. B.:
  - Hören Sie nicht nur mit den Ohren, sondern mit den Augen, dem Gefühl etc., um versteckte Botschaften zu entdecken.
  - Achten Sie auf Ihre Grundeinstellung (Wertschätzung, Achtung): Interessiert Sie der Andere als Person?
  - Versetzen Sie sich in die Lage des Anderen und versuchen Sie seinen Blickwinkel zu erkennen und zu verstehen.
  - Beachten Sie auch körpersprachliche Signale des Anderen.
  - Halten Sie angemessenen Blickkontakt.
  - Nutzen Sie verstärkende verbale Signale wie „Hm", „Aha" oder nonverbale wie Kopfnicken, Lächeln.
  - Unterbrechen Sie andere nicht.
  - Legen Sie Gesprächspausen ein und halten Sie die Pausen aus.
  - Sorgen Sie für Ungestörtheit.
  - Bewerten Sie nicht.
  - Hören Sie mit vier Ohren (Sache, Beziehung, Appell, Selbstoffenbarung).

  Wer nicht zuhört, verliert bei all den Mitarbeitern das Ansehen, die eigenständig und selbstbewusst sind. Zuhören heißt: Es gut zu finden, wenn Widerspruch ankommt, heißt interessiert zu bleiben, wenn der andere Meinungen vertritt, die alles komplizierter zu scheinen macht. Je besser Sie Ihr eigenes Leben im Gleichgewicht haben und für sich selbst sorgen, über desto mehr innere Ressourcen verfügen Sie für sich und andere.

Sie kennen sicherlich die Schwierigkeit: Ihr Vorgesetzter erwartet bis morgen einen Bericht zur letzten Sitzung, Ihr Mitarbeiter steht in der Tür und hat Fragen zu seiner erst kürzlich neu übernommenen Aufgabe, die eigene Frau/der eigene Mann ruft während der Arbeitszeit an und will jetzt endlich eine Entscheidung, wohin es im Sommerurlaub gehen soll etc. Nun stellen Sie sich die Frage: Wie schaffe ich dieses Arbeitspensum und stelle alle zufrieden? Es kommt zu einer Stressreaktion – eine automatische „Alarmreaktion" des Körpers auf jede Art möglicher Gefährdung des Wohlergehens. Hierbei wird Energie zur Verfügung gestellt, die dem Organismus erlaubt, adäquat auf die veränderte, Stress auslösende Situation zu reagieren. Sie haben im Laufe Ihres Lebens Strategien erlernt, wie Sie mit diesen Situationen umgehen und wie Sie Ihre Energien verteilen. Aus einer Seminarsituation ist folgende Liste entsprungen:

- Prioritäten setzen und die eigene Energie entsprechend verteilen
- Sich selbst auf neue Gedanken bringen – Neubewertung der Situation (Optimismus!)
- Ärger hinter sich lassen
- Ziele formulieren (positiv, präzise, Zielerkennungskriterien, nachprüfbar, ökologisch, Ressourcen zur Unterstützung)
- Sozialer Rückhalt
- Vertrauen
- Klare Entscheidungen bei Zielkonfusionen

• *Zeigen Sie sich den Mitarbeitern: Management by Wandering Around:* Was Sie als Projektleiter tun, wird gesehen und es wird darüber gesprochen. Dabei ist es wichtig, dass Ihre Worte und Taten miteinander übereinstimmen und Sie damit für ihre Mitarbeiter authentisch wirken. Nutzen Sie die Gelegenheit beim Mitarbeiter vor Ort, um über alles pro aktiv informiert zu sein; aktiv zu zuhören und qualitativ sinnvolle Anregungen geben zu können.

  Der Begriff „Management by Wandering Around" (MBWA) wurde von Tom Peters in seinem 1982 erschienenen Buch „In Search of Excellence" geprägt. Im Wesentlichen zielt es darauf ab, dass man als Führungskraft den Kontakt zu den wertschöpfenden Tätigkeiten im Unternehmen aktiv halten und gestalten muss. Insofern ist es nichts Neues, sondern greift lediglich die bekannten und vielfach kolportierten Anekdoten und Geschichten erfolgreicher Unternehmer heraus, die auch als Leiter eines Großkonzerns noch regelmäßig in der Werkshalle anzutreffen waren.

• Im Projektmanagement ist das MBWA sogar essenzieller Erfolgsfaktor, da nur durch den regelmäßigen Kontakt mit der operativen

Projektabwicklung eine proaktive und zielführende Steuerung möglich ist. Ein Projektleiter, der sich nur hinter Netzplänen und Berichten verschanzt, riskiert nicht nur das Scheitern des Projekts, sondern hat es wesentlich mit verursacht. Für das MBWA zirkuliert eine Reihe von Checklisten, von denen hier einige wesentliche Punkte wiedergegeben werden[1]:

- Die Besuche bei den Mitarbeitern dürfen nicht als Kontrolle gestaltet oder empfunden werden, sondern müssen als echtes Interesse an Person und Tätigkeit des Besuchten erkennbar sein.
- Offenheit für die Fragen und Anliegen ist das wichtigste Führungsverhalten, Zuhören die wichtigste Führungstätigkeit.
- Antworten, die nicht sofort gegeben werden können, Probleme, die nicht sofort gelöst werden können, müssen binnen 48 Stunden erledigt werden bzw. es muss eine qualifizierte Rückmeldung erfolgen.
- Berücksichtigen Sie alle Abteilungen/Arbeitsgruppen/Mitarbeiter in etwa gleich intensiv.
- Ertappen Sie Ihre Mitarbeiter dabei, wie sie etwas richtig machen – und loben Sie diese öffentlich dafür.
- Ermutigen Sie Ihre Mitarbeiter dazu, Ihnen zu zeigen, wie die Arbeit tatsächlich läuft.
- Informieren Sie Ihre Mitarbeiter persönlich über Managemententscheidungen.
- Fragen Sie aktiv nach Verbesserungsmöglichkeiten.
- Holen Sie die Meinung Ihrer Mitarbeiter über Ziele, Produkte, Prozesse usw. ein.
- Suchen Sie auch bei Mitarbeitern, mit denen Sie Schwierigkeiten haben, etwas, was Ihnen sympathisch ist.
- Loben Sie öffentlich, kritisieren Sie unter vier Augen.
- Bauen Sie rechtzeitig Brücken, um Widerstände und Konflikte zu minimieren. (www.projektmagazin.de)

• *Seien Sie eher ein Lehrer und guter Vater/gute Mutter als ein General:* Trainieren Sie die Mitarbeiter, um diese zu befähigen, Probleme selbst zu bewältigen und lernfähig zu sein. Versetzen Sie die Mitarbeiter in die Lage, Verantwortung im Interesse des Unternehmens zu übernehmen. Dies setzt voraus, dass Sie als Führungskraft in der Lage sind, einen sinnvollen Verantwortungsrahmen abzustecken und bereit sind, Ihr Wissen und Ihre Zeit dem Mitarbeiter zur Verfügung zu stellen.

---

1 www.projektmagazin.de

Vielfach beobachten Projektmitarbeiter – bewusst oder unbewusst – das Verhalten ihres Projektleiters. Die Beobachtungen werden in Hypothesen (Interpretationen) über die allgemeine Situation des Unternehmens, die individuelle Zufriedenheit des Projektleiters bzw. als Rückmeldung des Projektleiters über dessen Zufriedenheit mit der Leistung des Mitarbeiters übersetzt. Solche Interpretationen können dabei zu Fehldeutungen führen. Selbstreflexion bzw. Feedback der Mitarbeiter oder des Vorgesetzten über die eigene Außenwirkung können dem Projektleiter helfen, sich über seine Modellwirkung auf die Mitarbeiter klar zu werden.

Für die Motivation der Mitarbeiter kann es erforderlich sein, dass die Mitarbeiter die Einhaltung der Pläne selbst kontrollieren können. Auch die Beteiligung der Mitarbeiter an der Planung kann eine motivierende Funktion haben, wenn dadurch die Mitarbeiter sich mit den Vorgaben besser identifizieren können.

Und: „richtig" zu loben bzw. angemessen zu kritisieren sind zwei wichtige Motivationsinstrumente, die der Projektleiter in der unmittelbaren Situation einsetzen kann. Dabei sollte Lob vom Angesprochenen immer als aufrichtig wahrgenommen werden und sich nicht auf Triviales beziehen. Kritik dagegen ist ein konkreter Verbesserungsvorschlag, der sich auch auf einen veränderbaren Sachverhalt bezieht.

- *Vergessen Sie nicht Spaß und Freude – spielen Sie!* Projektleitung wird umso dankbarer und erfrischender angenommen, je öfter der Projektleiter ein freundliches Gesicht und ein freundliches Wort hat. Mit Humor hängt eine wichtige Gabe zusammen – die der Begeisterung! Humor soll aber nicht aufgesetzt sein, sondern Ausdruck der inneren Einstellung sein: Haben Sie also selbst Spaß an der Arbeit und bereiten Sie auch anderen eine Freude: „Bereite anderen eine Freude und du wirst ein Lächeln zurückbekommen." Es geht nicht um die Zur-Schau-Stellung von etwas, dass man innerlich nicht vertreten kann. Es geht darum, eigene positive Gedanken auch nach außen zu zeigen. Wie Sie Spaß und Freude verbreiten – einige Ideen:
  - Lächeln
  - Echte Freude zeigen
  - Der Projektwitz des Monats
  - Kleine, spontane Afterwork-Party
  - Gemeinsamer Bürosport (1 Mal pro Woche)
  - Helle Farben
  - Blumen im Büro
  - Ab und an ein kleines Lob

- Über sich selbst lachen können
- Wettbewerb in einer Abteilung oder im gesamten Unternehmen (z. B. die beste Idee zur Kosteneinsparung in einem bestimmten Bereich)
- Geburtstagsglückwünsche

- *Coaching als Lern- und Leitprinzip*: Der Begriff Coaching war bereits bei Golemann genannt worden und bezeichnete dort einen Führungsstil, der den Mitarbeiter hilft die eigenen Stärken und Schwächen zu identifizieren; gerade kompetente und motivierte Mitarbeiter können so langfristig unterstützt werden, ihre Fähigkeiten zu verbessern – dabei kann es sich um fachliche, personale oder auch soziale Kompetenzen handeln. Coaching arbeitet nicht mit konkreten Ratschlägen – denn Ratschläge können auch erschlagen! Coaching unterstützt vielmehr die (Eigen-)Reflexion des Betroffenen, um neue für sich selbst passende Handlungsalternativen zu entwickeln. Gerade für kritische Situationen, z. B. bei Kommunikations- und Kooperationsproblemen im Team, mit einzelnen Mitarbeitern, mit dem ganzen Team oder auch mit Kunden kann eine solche Art des Umgangs mit dem anderen wichtig sein.

5.8 Fazit

Führen im Kontext eines Projektes verlangt vom Projektleiter eine höhere Führungskompetenz als in der Linie. Er hat in der Regel keine disziplinarische Führungskompetenz – und wird auch häufig von den Mitarbeitern so gesehen. Er ist zum einen auf das Goodwill der zugewiesenen Mitarbeiter angewiesen bzw. hängt zum anderen vom Goodwill des eigentlichen Linienvorgesetzten ab. Der Linienvorgesetzte hat durch seine Stellung damit nicht selten einen indirekten Einfluss auf das Führungsgeschehen im Projekt. Ziehen Linienvorgesetzter und Projektleiter an einem Strang, dann kann dies zu einer wundervollen Synergie führen. Arbeiten Linienvorgesetzter und Projektleiter gegeneinander oder ohne Absprache, dann kann dies für alle Beteiligten – Linienvorgesetzten, Mitarbeiter und Projektleiter – sehr mühselig werden.

Aus der Sicht des Mitarbeiters erlebt dieser zwei Führungskräfte: Die Linie und das Projekt. Führung im Projekt geschieht also immer im Kontext der Linie. Und hier liegt vielleicht die Chance für den Projektleiter: Wenn in der Linie der triste Alltag herrscht, dann kann er durch seine Emotionalität, durch seine persönlichere und viel unmittelbarere Ansprache der Mitarbeiter diese vielleicht besser motivieren. Nicht umsonst wird immer wieder von Mitarbeitern berichtet, die in der Linie mehr oder weniger unbedeutend erschienen – im Projekt dagegen regelrecht über sich hinausgewachsen sind. Nennen wir es Resonanz oder irgendwie anders, was sich da zwischen Mitarbeitern und Vorgesetztem einspielt. Auf jeden Fall zeugen solche Fälle davon, dass etwas bei den Mitarbeitern angesprochen wird, das bereits in ihnen steckt und jetzt sich zeigen kann.

Und machen wir uns nichts vor: Auch Mitarbeiter erzeugen im Projektleiter Resonanz – lösen mit ihrem Verhalten wiederum Gefühle und Gedanken beim Projektleiter aus. Die Frage eines Seminarteilnehmers „In wieweit darf ich als Projektmitarbeiter auch in die Steuerung eingreifen" zeigt, geradezu, wie es in manchem Mitarbeiter brennt!

Als „Führungskraft auf Zeit" bleiben dem Projektleiter viele Führungsinstrumente verwehrt – oder anders ausgedrückt: Es kommt in viel stärkerem Maße auf seine Führungspersönlichkeit an. Und das bedeutet zum einen: Wie sehr kann der Projektleiter auch mit sich, seinen eigenen Gedanken und Gefühlen umgehen? Wie gut kann er sich selbst managen und wie zeigt er dies nach außen. Hier geht es nicht darum, sein Inneres immer nach außen zu kehren oder sich nach außen zu präsentieren, wie man sich selbst fühlt. Eine professionelle Authentizität mag ein Leitbild für Führungspersönlichkeit im Projekt sein. Nur wer langfristig mit sich selbst im Reinen ist, kann langfristig auch überzeugend auf andere wirken.

Führungspersönlichkeit bedeutet aber auch: Wie gut kann ich Beziehungen zu anderen aufbauen, pflegen und erhalten? Gefordert sind auch hier wieder Professionalität, Engagement und die laufende Reflexion der Beziehungen zu Mitarbeitern und Kunden. Denn Beziehungen, die nicht gepflegt werden, werden langfristig nicht tragfähig sein. Der Projektleiter müsste über hohe persönliche und soziale Kompetenz – ja vielleicht sogar über eine höhere personale und soziale Kompetenz als andere Führungskräfte verfügen.

6 Motivieren

6.1 Relevanz

Die Projektteam-Mitarbeiter zu motivieren, ist vielleicht eine der wichtigsten Aufgaben im Rahmen der Projektarbeit für den Projektleiter. Gleichzeitig ist Motivation einer der schillerndsten Begriffe im Bereich der Psychologie. Wenn ein Mitarbeiter seine Aufgabe nicht in der geforderten Zeit und Qualität verrichtet, wird dies häufig damit gleichgesetzt, dass der Mitarbeiter nicht motiviert ist.

Motivation scheint ein Zauberwort zu sein: Motivation ist alles! Der Projektleiter muss in erster Linie motivieren. Hinter diesen „missionarischen“ Ansprüchen stehen häufig auch ganz praktische – und relativ unspektakuläre Fragen: „Wie bekomme ich Mitarbeiter überhaupt dazu, z. B. in ein angesetztes Projektmeeting zu kommen“ oder „Wie kann ich meinen Vorgesetzen dazu bekommen, mich als Projektleiter stärker zu unterstützen?“ Allein aus den Fragen klingen die Erwartung und Enttäuschung heraus, dass der jeweils andere offensichtlich zu dem Notwendigen richtig motiviert ist.

Dass die Motivation für die Projektarbeit wichtig ist, scheint allen Beteiligten irgendwie klar – wie dieser Antrieb dagegen am besten zu erreichen ist, scheint für viele offensichtlich ein Rätsel.

6.2 Was sagen die Fachverbände?

6.2.1 Was sagt die ICB/NCB 3.0?

Engagement ist der persönliche Einsatz, den der Projektleiter und die am Projekt mitarbeitenden und an ihm beteiligten Personen aufbringen (...) Die Motivation des Projektteams hängt vom Zusammengehörigkeitsgefühl der Einzelnen und von ihrer Fähigkeit ab, sowohl Hoch- als auch Tiefpunkte des Projektes zu bewältigen. (...) die Motivation eines Einzelnen erfordert vom Projektleiter, dass er sich der Fähigkeit und Erfahrung, der persönlichen Einstellung und der Umstände und wesentlichen Beweggründe der Person bewusst ist.

Inhaltlich hängt diese Motivation eng mit Themen wie Verantwortlichkeit, Delegieren und Befähigen, Begeisterungsfähigkeit, Motivationsmodelle, Teambuilding, positive Einstellung und dem Formulieren und Visualisieren von Zielsetzungen zusammen.

Auch andere ICB-Elemente haben wichtige Beziehungen zu diesem Thema. Hier eine Auswahl: Interessierte Parteien/Stakeholder, Projektorganisation, Teamarbeit, Selbststeuerung und Durchsetzungsvermögen, Kommunikation und Wertschätzung.

Will der Projektleiter jemanden motivieren, muss er die verschiedenen beteiligten Personen und deren Anforderungen wahrnehmen und sich klarmachen, welche Erwartungen er erfüllen kann und welche nicht. Er muss sich bewusst werden, für welche Bereiche eines Projektes ein Mitarbeiter besonders motiviert ist, entsprechend der Anerkennung individuelle aber auch kollektive Anreize (z. B. Förderung einer Arbeitskultur, Stolz auf die Teamleistung etc.) bieten. Schließlich muss er sich im Klaren sein, dass sich die Interessenlagen der Beteiligten ändern können bzw. auch die beteiligten Personen. Und last but not least: Die gemachten Erfahrungen sollten als Lessons learned für zukünftige Projekte dokumentiert werden[1].

6.2.2 Was sagt der PMBOK Guide 4.0?

Motivation wird im PMBOK Guide nur indirekt im Themengebiet „Personalmanagement“ thematisiert. Ein sinnvolles Personalmanagement beinhaltet neben den Fragen, woher die Projektteammitglieder kommen, ob sie verfügbar sind und ob sie die notwendigen Kompetenzen haben auch die Frage, welche Formen der Anerkennung und Prämien es gibt, um ihren Einsatz zu fördern und das gewünschte Verhalten zu erreichen. Es wird betont, dass diese Formen von Verstärkung so geplant sein müssen, dass sie in der Kontrolle der entsprechenden Person liegen müssen, d. h. Lob und Anerkennung müssen auf das Tun der eigenen Person direkt zurückgeführt werden können. Wer aufgrund von echter Motivation mehr leistet, soll auch belohnt werden – wer jedoch aufgrund von schlechter Planung weniger leistet, wird nicht belohnt. Auch im Blick auf den Teamentwicklungsprozess muss das wünschenswerte Verhalten erkannt und belohnt werden: Mehrleistung des gesamten Projektteams und dessen Belohnung fördern die Teamleistung. Wie üblich gibt es eine Einschränkung hier im PMBOK Guide: Motivation muss immer auch den kulturspezifischen Aspekt beachten.

---

[1] ICB-IPMA Competence Baseline in der Fassung als Deutsche NCB – National Competence Baseline Version 3.0 der PM-ZERT Zertifizierungsstelle der GPM e.V. S.99

Egal, ob PMI oder IPMA, in beiden Verbänden wird dieses Thema in der gebührenden Lehrbuchtradition aus den 90er-Jahren des letzten Jahrhunderts behandelt:

Welche der folgenden Behauptungen ist konform zur Motivationstheorie McGregors?

1. Projektleiter der Kategorie X beurteilen Untergebene als arbeitsunwillig und für Veränderungen unzugänglich.
2. Projektleiter der Kategorie X beurteilen Untergebene als einfallsreich, kreativ und reif für die Übernahme von Verantwortung.
3. Projektleiter der Kategorie Y beurteilen Untergebene als einfallsreich, kreativ und unreif für die Übernahme von Verantwortung.
4. Projekte von Projektleitern der Kategorie Y sind im Allgemeinen nicht besser als Projekte von Projektleitern der Kategorie X.

Zwei Klassifikationen für Motivationsfaktoren: „Zufriedensteller" und „Unzufriedensteller". Ein Beispiel für einen Zufriedensteller ist:

1. die Bereitstellung eines persönlichen Assistenten
2. leistungsbasierten Lohn erhalten
3. den Sinn der persönlichen Leistung zu erkennen
4. eine Prämie für die Einhaltung des Projektzeitplans zu erhalten.

Für die Zertifizierungsprüfungen ist es also entscheidend, dass der Kandidat entsprechende Theorien kennt, die er dann an Ort und Stelle wieder von sich gibt. Uns ist allen klar: Das Wissen von gelernten Theorien wird in Spontansituationen kaum dazu genutzt, um Entscheidungen zu treffen. Dies sagen viele, wenn sie meinen, dass sie in solchen Situationen aus dem „Bauch heraus entscheiden".

In der PRINCE2 Theorie gibt es hierzu keine Definition.

6.3 Motivation, Commitment und Engagement

Wenn Projekte scheitern, wird gerne davon gesprochen, dass die Mitarbeiter, der Projektleiter oder andere Personen nicht bereit waren, das notwendige Commitment zu bringen. Sie waren nicht richtig motiviert, das Projekt auch gegen entsprechende Widerstände durchzusetzen oder: „Sie waren nicht flexibel/engagiert/identifiziert genug, auf die Anforderungen zu reagieren." Alle diese Bezeichnungen drücken etwas von dem emotionalen Engagement aus, das erwartet wird. Aber was verstehen wir unter „Motivation"? Unter *Motivation* wird zunächst eine „Verhaltensbereitschaft, die auf ein Ziel gerichtet ist" verstanden. Diese Verhaltensbereitschaft wird von der Person als Energie gespürt.

Beispiel 1:

Die Mitarbeit in einem Projekt wird von einem Mitarbeiter nur unwillig ausgeführt. Der Mitarbeiter scheint unmotiviert. Er verspätet sich häufig zu Meetings und ist in seinen Leistungen eher schwankend. Bestimmte Aufgaben werden gut, andere Aufgaben nur ungenügend erledigt.

Mögliche Ursache 1: Das entsprechende Projekt hat in den Augen des Mitarbeiters und derjenigen Personen, mit denen er häufig in seiner Fachabteilung zusammen ist, einen schlechten Ruf. Der Mitarbeiter, der dem Projekt zuarbeiten soll, verliert also an Ansehen bei seinen Kollegen, weil er in diesem Projekt mitarbeiten muss. Seine Kollegen aus der Fachabteilung stellen also die Referenzgruppe dar, die ihm wichtig ist.

Mögliche Ursache 2: Die Aufgaben mit denen der Mitarbeiter in der Projektgruppe betraut ist, entspricht nicht seinem Leistungsniveau. Er fühlt sich persönlich über- oder unterfordert.

Man sieht: Je nachdem, wie das Problem wahrgenommen wird, bieten sich unterschiedliche Interpretationen und Lösungen an. Entsprechend gibt es unterschiedliche Theorien, die versuchen, eine Gesamtbetrachtung der verschiedenen Motivationsfaktoren zu erreichen. Im folgenden Abschnitt werden drei dieser Theorien exemplarisch vorgestellt.

Beispiel 2:

Bei der Erarbeitung eines der ersten Arbeitspakete kommt es zu einem Konflikt zwischen dem Arbeitspaketverantwortlichen und einem anderen Projektmitglied, das an der Erstellung dieses Arbeitspaketes beteiligt ist. Der Arbeitspaketverantwortliche hatte das Ziel, die Aufgabe bis zum vorgegebenen Termin ordnungsgerecht und fachlich korrekt zu erledigen. Er entscheidet, einen gemeinsamen Workshop zu organisieren und lädt ein, wohl wissend, dass das betreffende Projektmitglied an diesem Tag nicht in Stuttgart ist. Er geht davon aus, dass dieser dann seine Arbeitsergebnisse im Nachgang liefert. Das Projektmitglied stört sich an diesem Vorgehen und lässt den vermeintlichen Konflikt beim Projektleiter eskalieren.

Was zeigt dieses Beispiel? Die beiden Kollegen unterliegen unterschiedlicher Motivation und verfolgen somit unterschiedliche Ziele. Der Arbeitspaketverantwortliche hat die Umsetzung geplant und kennt die Zeitvorgabe, er möchte termingereicht das Ergebnis liefern und aufgrund seiner Erfahrung in diesen Dingen weiß er, dass die Zeitschiene schwer zu halten ist. Das zuarbeitende Projektmitglied erachtet das Dokument als äußerst wichtig und möchte den Wünschen seines Vorgesetzten entsprechen, den Fachbereich optimal zu vertreten. Da es hier in der vergangenen Zusammenarbeit bereits Schwierigkeiten gegeben hat, sieht er umso mehr die Gefahr, dass aufgrund seiner fehlenden Teilnahme am Workshop Einzelaspekte nicht eingebracht werden. Das Vertrauen in das Projektteam, das sein Fehlen ggf. kompensieren könnte, fehlt.

6.3.1 Motivationsarten

Nach McClelland wird heute diese Verhaltensbereitschaft in verschiedene Kategorien oder Klassen eingeteilt: Es wird davon ausgegangen, dass es im Wesentlichen drei verschiedene Arten von Motiven gibt, die sich bei allen Menschen erkennen lassen:

1. *Leistungsmotivation – eine Leistung erbringen; etwas für sich erreichen:* In der Leistungsmotivation werden zwei Tendenzen unterschieden – das Hoffen auf Erfolg und die Furcht vor Misserfolg. Entsprechend gibt es zwei Ausprägungen – Leistungsmotivierte Personen sind Personen, die getrieben sind von der Hoffnung auf Erfolg. Sie wählen dementsprechend Aufgaben, die Ihnen eine gute Rückmeldung über ihren Leistungsgrad geben, d. h. dies sind Aufgaben von mittlerer Schwierigkeit. Der Erfolg bei solchen Aufgaben beträgt von der Wahrscheinlichkeit her 50% und der Erfolg beim Meistern einer solchen Aufgabe ist dann am besten auf die eigene Fähigkeit zurückzuführen! Umgekehrt sind Misserfolgsvermeider eher Personen, die schwierige oder einfache Aufgaben wählen: Ein Misserfolg ist dann entweder auf die Umstände zurückzuführen (zu schwierige Aufgabe) oder sehr unwahrscheinlich (zu einfache Aufgabe).
2. *Machtmotiv – Stärke, Überlegenheit, Durchsetzung:* Hierbei handelt es sich um die Tendenz oder Neigung einer Person, die eigene Stärke oder Überlegenheit zu demonstrieren und zu erleben. Sich selbst als stark und kompetent zu erleben, hat meist eine Aufwertung des Selbstwertgefühls zur Folge. In der Regel hat also jeder Mensch in irgendeinem seiner Lebensbereiche das Verlangen, sich anderen gegenüber als stark oder kompetent zu zeigen.
3. *Anschlussmotivation – zu einer Gruppe dazugehören:* Damit ist gemeint, dass die meisten Menschen die Neigung haben, sich in einer Gruppe wohl zu fühlen. Dabei erfüllt die Gruppe bzw. die Zugehörigkeit zu einer Gruppe eine wichtige Funktion: Die Gruppe kann zum einen als Vergleichspunkt für die eigene soziale Stellung dienen. Dies meint, dass sich Menschen immer wieder mit anderen Personen vergleichen – nicht nur hinsichtlich der Leistung, (ich bin besser als ...), sondern auch im Blick auf den sozialen Status. Rollen, Stellenbeschreibungen und Statussymbole spielen in diesem Zusammenhang eine wichtige Rolle, da sie sichtbar werden lassen, welchen sozialen Status der Besitzer dieser Symbole innehat.

Im Rahmen von Projektarbeit sind sicherlich alle drei Arten der Motivationsbereiche wichtig. Das Problem jedoch ist, dass es nicht klar ist, wie die Projektarbeit mit der individuellen Motivation bei einer konkreten Person zusammenhängt.

6.3.2 Motivation nach dem Bedürfnis-Prinzip?

Schon 1954 veröffentlichte A. Maslow seine Theorie, dass bei allen Menschen zu allen Zeiten ein universelles Prinzip der Bedürfnisbefriedigung als Motivationsprinzip besteht. Konkret bedeutet dies, dass ein Mensch durch den *Mangel an Bedürfnisbefriedigung* motiviert wird. So lange bei einem Menschen eine bestimmte Kategorie von Bedürfnis nicht gestillt ist, wird er durch dieses in seinen Handlungen gesteuert. Zunächst lenken nach Maslow den Menschen Bedürfnisse wie Durst, Hunger, Müdigkeit (physiologische Grundbedürfnisse), später, wenn diese Bedürfnisse gestillt sind, ist es eher das Verlangen nach Sicherheit und Gemeinschaft usw. Auf der obersten Ebene stehen eigene Ich-Motive bzw. das Verlangen nach Selbstverwirklichung. Diese zwei Motivbereiche sind Entwicklungsmotive, die ständig – sofern die anderen Motive abgedeckt sind – wirksam sind.

Im Blick auf das Projektgeschehen bedeutet dies, dass der Projektleiter versucht herauszufinden, welche Motivationsstufe bei dem einzelnen Projektmitarbeiter durch die Linien-Abteilung bereits abgedeckt wird und in welchen Bereichen im Moment ein Mangel an Bedürfnisbefriedigung beim Mitarbeiter besteht: Vielleicht erhofft sich der Mitarbeiter eine zusätzliche Entlohnung, vielleicht erhofft er sich, durch die Mitarbeit im Projekt seinen Arbeitsplatz abzusichern zu können, vielleicht ermöglicht die Mitarbeit, auf neue Kollegen zu treffen, die ihm – im Gegensatz zu den Kollegen in der Fachabteilung – vorurteilsfrei begegnen und er wieder mehr sozialen Anschluss findet, vielleicht ist die Projektarbeit aber auch eine gute Gelegenheit, seine eigentlichen Qualitäten mal richtig ausleben zu können etc.

6.3.3 Herzbergs 2-Faktoren-Theorie

Einen anderen Ansatz vertritt Herzberg: Sein Konzept sieht zwei getrennte Kategorien von Motiven vor, zum einen *Hygienefaktoren* und zum anderen echte *Motivationsfaktoren* (sorgen für Zufriedenheit/echte Motivation). Unter Hygiene-Faktoren werden grundsätzliche Faktoren gefasst, die zwar Unzufriedenheit verhindern, aber ihre Erfüllung erzeugt auch keine Motivation. Beispiele für diese Hygiene-Faktoren sind die konkreten Arbeitsbedingungen, die Entlohnung, der Status und die allgemeine Unternehmenspolitik. Unter Motivatoren werden z. B. persönliche Förderung, persönliche Entwicklungsperspektiven, Verantwortungsübernahme, die Chance, Leistung zu erbringen und zu erleben, verstanden. Herzbergs Ansatz: Hygienefaktoren und Motivatoren sind getrennt zu betrachten, d. h. die reine Erfüllung der Hygienefaktoren stellt noch keine Motivation dar. Erst wenn die Hygienefaktoren erfüllt sind, können die eigentlichen echten Motivatoren eingesetzt werden und auch wirken.

Was heißt das für den Projektleiter im Blick auf die Motivation von einzelnen Projektteam-Mitarbeitern? Nun, der Projektleiter braucht so lange nicht darauf zu hoffen, „echte" Motivation bei seinen Mitarbeitern zu erleben, wenn er nicht bereit ist, für Arbeitsbedingungen zu sorgen, die für den einzelnen Mitarbeiter akzeptabel sind. Im Projektgeschäft hängt dies häufig mit (un)realistischem Zeitdruck zusammen, mit Erwartungen, die an den Projektteam-Mitarbeiter gerichtet werden, die für ihn als extrem unangenehm empfunden werden. Aber selbst wenn realistische Arbeitsbedingungen gegeben sind, bedeutet dies noch lange nicht, dass der Mitarbeiter motiviert ist. Jetzt braucht es die gespürte Wertschätzung des Mitarbeiters durch den Projektleiter, der Fähigkeit des Projektmitarbeiters, angemessene Aufgabenpakete, einen klaren, kollegialen Führungsstil des Projektleiters, echte Teambeziehungen zwischen den Teammitgliedern etc.

Praxis:

Bei einem Stadtfestprojekt sollte der Projektmitarbeiter an die potenziellen Gastronomen, die auf dem Fest einen Stand machen wollen, innerhalb eines Wochenendes 80 Bewerbungsformulare verteilen und gleichzeitig die Gastronomen auffordern, bis in einer Woche das Formular wieder zurückzugeben. Die Information erhielt der Mitarbeiter am Freitag. Der Projektleiter lehnte es ab, die Formulare mit der Post verschicken zu lassen (dauert zu lange). Er „erwarte ein Engagement vom Mitarbeiter auch mal ein privates Wochenende zu opfern". Für den Mitarbeiter war es insofern extrem unangenehm, da er das Wochenende bereits fest mit seiner Familie verplant hatte.

6.3.4 Selbstmotivation ... als Vorbild für andere

Wer nicht selbst motiviert ist, kann auch andere nicht motivieren. Bevor Sie sich damit auseinandersetzen, wie Sie andere Personen motivieren wollen, sollten Sie sich zunächst die Frage stellen: Können Sie sich selbst motivieren? Im charismatischen Führungsstil (siehe Kapitel 5.4 und 5.6) wird der Fremdwirkung durch das eigene Handeln eine große Bedeutung zugeschrieben. Auch unter dem Aspekt Selbstmanagement spielt die Selbstmotivierung im Sinne des „positiven Denkens" eine große Rolle. Aber egal, ob unter charismatischen Gesichtspunkten oder einfach nur für das Wohlfühlen des Projektleiters: Hier geht es um die grundlegenden Werte, die Ihnen wichtig sind und die Ihr Handeln vorantreiben.

Gute Motivation ist Selbstmotivation – was heißt das in Bezug auf die Förderung der Motivation von anderen? Zur Sensibilisierung auf die Frage „Wie motiviere ich andere?“ frage ich deshalb die Teilnehmer in meinen Seminaren häufig zuerst: „Was trägt eigentlich bei Ihnen persönlich zur Motivation bei, um in einem Projekt mitzuarbeiten?“ Wer weiß, was für ihn selbst wichtig ist, kann häufig auch viel leichter empfinden, was für andere wichtig ist. In der nachfolgenden Liste finden Sie beispielhaft die Antworten von jungen Software-Entwicklern. Die Antworten sind dabei sehr vielfältig und Sie können vergleichen, welchen Aussagen Sie persönlich zustimmen können, welche für Sie schön, aber nicht wirklich motivierend sind und was für Sie vielleicht sogar völlig unterinteressant ist.

Wie kann ich zur Motivation meiner Kollegen beitragen?

- eigene gute Laune
- eigene Motivation
- zum Geburtstag etwas ausgeben
- Fun-Faktor hoch halten
- sauber arbeiten (kein Trittbrett fahren)
- miteinander reden
- Konflikte lösen

Leistungen, die ich von meinem Projektleiter erwarte:

- gesellige Veranstaltungen
- unkomplizierter Zugang zu Ressourcen
- Fun-Faktor hoch halten
- Team-Training
- gutes Umfeld schaffen

Frustration kann bewirken:

- unvernünftige Zielsetzung
- fehlendes Vertrauen in die Rechtmäßigkeit der Kontrolle
- Furcht vor unerwünschten Konsequenzen
- persönliche Ablehnung

Ich finde also auf die Frage „Wie motivieren Sie sich – wie motivieren Sie andere“ in der Praxis eine Vielzahl von persönlichen Tipps und Empfehlungen. Hier noch zwei weitere kleine Sammlungen von Seminarteilnehmern:

Praxis:

Wenn es darum geht sich selbst und andere „besser im Blick zu behalten", nutze ich

- Eine To-do-Liste und sich dabei nur auf die zwei wichtigsten Aufgaben konzentrieren (mehr kann man eh nicht erledigen)
- einen Arbeitsauftrag als ein Mini-Projekt verstehen
- Pufferzeiten einplanen
- Wiedervorlagesystem unter Outlook mit Farben
- bei Erledigungskontrolle ein Auswertungsgespräch durchführen
- Laufzettel mit Erledigungsspalte

Praxis

Um eine positive Einstellung zum neuen Tag zu erhalten, erinnere ich mich an folgende drei Regeln:

1. Jeden Tag etwas tun, das mir sehr viel Freude bereitet.
2. Jeden Tag etwas tun, das mich spürbar meinen persönlichen Zielen näher bringt.
3. Jeden Tag etwas tun, das mir einen Ausgleich zur Arbeit schafft (Sport, Spiel, Hobby ...).

Sie merken, es gibt viele Tipps und Empfehlungen, den „inneren Schweinehund" zu überwinden. Was letztlich wirkt, entscheidet die eigene Person, d. h. die Frage, was zu mir selbst passt. Grundsätzlich wichtig ist aber die feste Überzeugung: Ich bin nicht ein Korken auf der Meeresoberfläche, der hin und her getrieben wird – ich kann mich selbst steuern!

6.4 Wie motiviere ich Projektmitarbeiter?

Wenn wir diese Frage stellen, dann müssen wir uns der Konsequenz dessen bewusst sein, was wir im letzten Abschnitt beschrieben haben: Motivation ist eine sehr persönliche Angelegenheit. Fehlende Motivation kann Ausdruck einer empfundenen Bedrohung sein und viele Motivationsversuche scheitern deswegen, weil der „Motivator" nur von dem ausgeht, was bei ihm selbst wirkt bzw. was er sich selbst als motivierend für den anderen vorstellen kann oder einfach weil er die Bedrohungsqualität nicht wahrnimmt. Vielfach wird einfach auch nur darüber nachgedacht, welche „Peitsche" oder welches „Zuckerstück" eingesetzt werden muss, um den anderen zu etwas zu bewegen. Motivation ist so betrachtet reduziert auf die Frage, welches Mittel am besten wirkt – leider oftmals unter Ausschluss der Betrachtung der individuellen Persönlichkeit des Mitarbeiters.

Die oben beschriebenen Modelle geben einem Projektverantwortlichen einige Kategorien in die Hand, um mögliche Motive benennen zu können. Die Gefahr dieser Modelle liegt darin, zu glauben, dass damit alle Motivquellen einer Person ausreichend beschrieben sind. In Wirklichkeit ist die Motivationslage eines jeden Menschen jedoch sehr viel komplexer. Der Mensch handelt aus mehreren Motiven gleichzeitig, die Motivation ist häufig sehr stark abhängig von sozialen und situativen Gegebenheiten und kurzfristige Bedürfnisse überwiegen häufig längerfristige Zielsetzungen. Keine der obigen Motivationsansätze ist falsch und dennoch haben sie das Problem, in der Praxis häufig zu kurz zu greifen.

In diesem Zusammenhang wird gerne davon gesprochen, dass der Projektleiter den Projektmitarbeiter von etwas *überzeugen* soll – z. B. von der Richtigkeit des Terminplans, der getroffenen Annahmen etc. Überzeugung ist eine Form der Kommunikation, die von einer Person mit der Absicht ausgeführt wird, andere Menschen durch die Modifikation ihrer Einstellungen oder Einstellungskomponenten zu beeinflussen. Ziel der Überzeugung ist, das Fühlen, Denken und Handeln der Person in eine bestimmte Richtung zu lenken. Der Vorteil der Überzeugungskommunikation ist: Die betreffende Person ändert ihr Verhalten, weil sie von der Richtigkeit der Änderung überzeugt ist.

Grundsätzlich unterscheidet man in der Psychologie zwischen zwei verschiedenen Strategien zur Überzeugung anderer: Die zentrale Straße der Überzeugung und die periphere Straße der Überzeugung. Die zentrale Strategie (Straße) der Überzeugung beruht auf der Darstellung und Vermittlung von inhaltlich relevanten Argumenten, die sich auf den Diskussionsstand beziehen, z. B. die logische Verknüpfung der eigenen Argumente oder die fehlende logische Verknüpfung der Argumente der Gegenseite. Die periphere Strategie (Straße) der Überzeugung stellt, im Gegensatz zur zentralen Strategie, Nebenaspekte in den Vordergrund, die trotzdem einen Einfluss auf die Meinungsbildung haben. Beispiele: gute, einfache visuelle Aufbereitung von Daten oder Autorität der Informationsquelle (formelle Macht, z. B. die Tatsache, dass der Vorgesetzte diese Position vertritt).

Man sagt, die periphere Straße der Überzeugung funktioniert dann am besten, wenn der Mitarbeiter über wenig Hintergrundwissen verfügt. Dagegen gewinnt die zentrale Straße der Überzeugung an Gewicht, wenn der Mitarbeiter kompetent ist!

In der konkreten Projektsituation ist sicherlich beides vonnöten zentrale und periphere Argumente. Nicht unerheblich ist dabei die entsprechend gute Vorbereitung: Für Gespräche mit „skeptischen Stakeholdern“ empfiehlt es sich, bereits im Vorfeld des Gesprächs einige Überlegungen zu den zentralen Gesprächsinhalten und der geplanten Argumentationsweise zu fassen. Was sind die Bedenken der Skeptiker? Wo sehen sie z. B. etwas richtig? Wie ist im Projektplan dafür Sorge getragen, um mit diesen Bedenken gewissenhaft umzugehen? Es muss sicherlich auf eine Vielzahl unterschiedlicher Strategien und Varianten in der Argumentation zurückgegriffen werden und letztlich entscheidet auch die Situation, welche Argumente die geeignetsten sind.

Zentral zu dieser Vorbereitung gehört auch, dass der Projektleiter immer wieder – und nicht nur einmalig – mit seinen Stakeholdern darüber ins Gespräch kommt, was für sie bei der Mitarbeit im Projekt wirklich wichtig ist. Wofür schlägt das Herz des anderen? Was ist für den anderen wichtig? Wo liegen seine persönlichen Werte? Voraussetzung für eine gute Motivation ist damit das richtige Zuhören und Kennen des Mitarbeiters. Dies ist bei Projektmitarbeitern aber manchmal gar nicht so einfach, wenn diese nur für bestimmte Zeit im Projekt mitarbeiten oder manchmal mit Herz und Verstand ihrer Fachabteilung verbunden und eben nicht dem Projekt verbunden sind.

6.4.1 Kommunikative Motivation

Motivation im Sinne von empfundener Wertschätzung durch den anderen entsteht dadurch, wie man in der Zusammenarbeit miteinander umgeht. Umso wichtiger sind dann folgende *kommunikative Motivatoren:*

- *Selbsteröffnung:* Selbsteröffnungen bestehen aus der Äußerung des eigenen Gefühls und einer Begründung. Verdrängte oder unterdrückte Emotionen und Empfindungen können so ausgedrückt und damit Voraussetzungen für konstruktives Miteinander geschaffen werden. Der Projektleiter spricht aus, wie es ihm in der Zusammenarbeit mit dem jeweiligen Mitarbeiter geht, was ihm an ihm gefällt, was er gut findet, was ihn ärgert etc. Er nutzt dabei Ich-Formulierungen wie „Meine Meinung ist, ..., weil ..." oder „mir wichtig ist, dass ...". Mitarbeiter erleben dies häufig in der Form, dass der Projektleiter „Profil" zeigt, sich nicht versteckt – eben eine echte Führungspersönlichkeit ist. Die Botschaft lautet: Ich bin ein Mensch mit Gefühlen und gehe mit diesen Gefühlen auch offen und souverän um.
- *Bestätigung einsetzen, aktives Zuhören praktizieren, Mentalität des Gegenübers berücksichtigen, Gesprächspartner akzeptieren:* Hiermit ist gemeint, dass der Projektleiter auch die Empfindungen und Gefühle, Wünsche und Befürchtungen, die in den Aussagen des Projektmitarbeiters mitschwingen, benennt und anspricht. Bestätigungen stellen die persönliche Resonanz eines Gesprächspartners

auf die Gefühle des anderen Gesprächspartners dar. Sie vermitteln das Gefühl, verstanden und akzeptiert zu werden. Bestätigungen erhöhen das Selbstwertgefühl des Gesprächspartners und schaffen eine kooperative Atmosphäre. Die Gefühle des Gesprächspartners richtig zu erfassen, ist sicherlich nicht einfach. Deshalb werden häufig nur die sachlichen Inhalte betrachtet, und die mitschwingenden Gefühle ignoriert, die aussagen, um was es dem Gesprächspartner eigentlich geht. Eine Bestätigung drückt nur aus, dass ich die gefühlsmäßige Einstellung meines Gesprächspartners verstanden habe und akzeptiere. Die sachlichen Bereiche der Aussage bleiben davon völlig unberührt. Indem der Projektleiter nicht nur signalisiert, dass er den Mitarbeiter auf der Sachebene, sondern auch auf der Beziehungsebene verstanden hat, entsteht ein „Mehrwert" an Verstehen, nämlich verstanden zu werden. Die Botschaft lautet: „Ich kann nachvollziehen was Du sagt – nicht nur inhaltlich, sondern auch wie es Dir dabei ergeht."

- *Kritikfähigkeit beweisen:* Motivation ist für viele Menschen ein Gefühl: Kann ich mit diesem Menschen zusammenarbeiten? Ist mir dieser Mensch sympathisch? Letzteres entsteht, wenn ich zu dieser Person eine Beziehung aufbauen kann. Sie ist nicht so weit entfernt, dass sie unnahbar ist. Nähe entsteht und wird auch dadurch getestet, wie sehr jemand bereit ist, an sich oder an seinen Entscheidungen Kritik üben zu lassen. Die Botschaft lautet: Ich bin nicht perfekt, sondern wie jeder Mensch bereit, mich auch Veränderungen zu stellen.
- *Ehrlich sein, eigene Position (Ziele) beziehen und erläutern:* Projektmitarbeiter – wie andere Mitarbeiter auch – erwarten keine strategischen Spielchen, Arbeitsübergabe ist häufig auch Delegation der Aufgabenerledigung. In diesem Zusammenhang ist es wichtig, dass sichergestellt ist, dass der Mitarbeiter auch verstanden hat, was er erledigen soll. In diesem Zusammenhang ist es wichtig, den Mitarbeiter aufzufordern, die Situation/Aufgabe aus seiner Sicht darzustellen; Rückfragen „Habe ich das richtig verstanden, dass ..." und Einwände zulassen und bereit sein zu diskutieren, Reaktion zeigen, nicht „leer" laufen lassen.

6.4.2 Arbeitsorganisatorische Motivation

Neben diesen kommunikativen Aspekten, die in konkreten Gesprächssituationen zwischen Projektleiter und Mitarbeiter wirksam sind, gibt es noch verschiedene arbeitsorganisatorische Motivatoren, d. h. Aspekte, die sich aus der Arbeitsgestaltung ergeben. Diese Ebene „ergänzt" die kommunikative Motivation, die durch den Projektleiter bzw. durch das Projektmanagementteam ausgeübt wird – und ist teilweise dem unmittelbaren Einfluss des Projektleiters entzogen. Neben vielen anderen sind dabei zu nennen:

- *Zielsetzungen:* Ziele, Aufgaben und Arbeitspakete sollen für den Projektmitarbeiter klar und eindeutig definiert sein. Der Projektleiter kann hier z. B. die Meilenstein-Methode einsetzen, also in überschaubaren Zeitabständen Zielpunkte definieren, zu denen bestimmte Arbeiten erledigt sein sollen. Sind diese Zielpunkte realistisch und auch gemeinsam abgesprochen worden, sind dies wichtige Wegmarken in der Arbeit. Die Arbeitsziele im Projekt sollten auch abgestimmt sein mit den möglichen Zieldefinitionen der Fachabteilung und den persönlichen Zielvorstellungen.
- *Verantwortungsbreite:* Erlebt sich der leistungsbereite Mensch als selbstwirksam (kann er z. B. sein Arbeitspaket selbst definieren?) oder als fremdbestimmt (gibt es eine klare Definition der Verantwortung und der Verantwortungsgrenzen)? Es geht nicht um grenzenlose Verantwortungsmöglichkeiten, sondern um die Übernahmemöglichkeit von Verantwortung, die auch mit dem dafür notwendigen persönlichen Selbstvertrauen korrespondiert.
- *Passende Arbeitsverteilung und -gestaltung:* Die Motivationskraft (auch einer unattraktiven) Aufgabe steigt, wenn die Aufgaben in ihrem Schwierigkeitsgrad dem individuellen Leistungsniveau angepasst sind (mittlere Schwierigkeit), z. B. ein Arbeitspaket auf mehrere Mitarbeiter aufteilen oder gemeinsam erledigen lassen. Die Arbeitsverteilung ist dabei nicht nur dem individuellen Kompetenzgefühl anzupassen, sondern auch dem persönlichen Selbstwertgefühl bzw. der sozialen Stellung in der Gruppe: Werde ich mit der Übernahme dieser Aufgabe vor allem in Projekten kennengelernt, die in administrativen Bereichen stattfanden bzw. mit Mitarbeitern aus der Verwaltung. Hier war es immer wieder ein Thema, dass Mitarbeiter sich mit anderen Kollegen verglichen und meinten, dass sie mehr leisten als die anderen, aber trotzdem weniger Entlohnung bekämen. Diese Wahrnehmung kann man sicherlich nicht kurzfristig beeinflussen, da sie häufig auf einem tiefsitzenden Gefühl von Neid beruhen. Der Projektleiter kann aber zumindest für Einsicht werben, dass der andere ebenfalls seine Leistung bringt – auch wenn dies manchmal von einem Kollegen gar nicht wahrgenommen wird.

6.4.3 Motivation durch soziale Faktoren (Führung, Team, Kollegialität)

Neben kommunikativen und arbeitsorganisatorischen Aspekten, gibt es eine dritte Gruppe von Faktoren, die zur Motivation in der Projektarbeit beitragen. Es geht dabei um den zwischenmenschlichen Bereich. Gerade Faktoren dieser Kategorie spielen bei Projekten, in denen Menschen sich persönlich verändern müssen, eine große – vielleicht entscheidende – Rolle:

- *Als ehrlich empfundenes Feedback:* Es gehören immer zwei dazu: Jemand, der ehrlich die Rückmeldung gibt und jemand, der offen ist für diese andere Sichtweise. Die ehrliche Rückmeldung darüber, wie jemand anderes das eigene Verhalten wahrgenommen hat, ist für denjenigen, der diese Rückmeldung erhält, ein wichtiges Korrektiv oder eine wichtige Bestätigung. Wird diese Rückmeldung als wohlwollend vom Empfänger erlebt, können auch unangenehme Botschaften als Bereicherung verstanden werden.
- *Projektmanager als Vorbild:* Integrität, Glaubwürdigkeit, Berechenbarkeit. Der Projektmanager ist in seiner Person, in seiner Einstellung und in der Grundhaltung, die er ausstrahlt, eine wichtige Motivationsquelle für andere. Häufig orientieren sich Personen am Verhalten anderer und überprüfen, ob dieses Verhalten aus ihrer Sicht „stimmig" ist mit dem Bild, das sie von dieser Person haben. Ist dieses passend, wird die Person als glaubwürdig eingestimmt und auch weitere Informationen, die von dieser Person kommen, besitzen einen Vertrauensvorschuss. Es mag in diesem Kontext durchaus hilfreich sein, seine eigenen inneren Widersprüche und Spannungen aufzudecken, das eigene Ringen um die richtige Entscheidung, die man durchlebt, weil damit dem anderen zugleich mehr von der eigenen Person kommuniziert wird.
- *Gruppenzusammenhalt:* Wir verbringen viel Zeit unseres Lebens am Arbeitsplatz – manche verbringen sogar mehr Zeit mit Arbeitskollegen als mit der eigenen Familie! Dies mag ab einer bestimmten Hierarchieebene in Unternehmen durchaus der Realität entsprechen. Wenn dies so wahrgenommen wird, dann erhält die Projektarbeit – hoffentlich nur für eine bestimmte Zeit – die Qualität einer Ersatzfamilie. Der gefühlte Gruppenzusammenhalt im Projektteam, die erlebte Nähe der Projektteammitglieder, die dadurch entsteht, dass bestimmte Situationen gleich bewertet werden, schafft ein gemeinsames Gruppendenken und ist Ausdruck dieser Gemeinschaft. Was unter Kreativitätsaspekte eher als problematisch anzusehen ist, wird unter dem Teamgedanken durchaus positiv: Die Arbeit in der Gruppe wird als angenehm erlebt, weil ich hier unter Freunden bin!

- *Öffentlich Rückhalt geben, Probleme intern besprechen:* Ein ganz wichtiger Punkt! Viele Projektmitarbeiter erwarten von ihrem Projektleiter, dass er sich klar im Blick auf die Projektgruppe positioniert. Gerade in schwierigen Zeiten, in Krisen oder in Konflikten, wird erwartet, dass der Projektleiter seinen Mitarbeitern den Rücken freihält. Dies heißt nicht, mit notwendiger Kritik zu sparen, aber Kritik wird hinter verschlossenen Türen geübt.
- *Wie motiviere ich meinen Vorgesetzten?* Eine provokante Frage, nicht wahr? In meinen Seminaren scheiden sich hier manchmal die Geister: Manche Mitarbeiter sagen: Es ist doch nicht meine Aufgabe, den Projektleiter zu motivieren! Das ist doch Aufgabe des Steuerkreises oder seines eigenen Vorgesetzten wiederum! Dies ist sicherlich auch richtig, jedoch haben Reaktionen der Projektmitarbeiter ebenso Auswirkungen auf den Projektleiter. Der Projektleiter ist also durchaus beeinflussbar in seiner Motivation durch das Verhalten seiner Projektmitarbeiter. Motivation ist keine „Einbahnstraße". Um es klar zu sagen: Ja, es ist Aufgabe der Führungskraft/Sponsors, des Projektleiters, diesen zu motivieren. Aber auch die Projektmitarbeiter sind Stakeholder und tragen durch ihre Zustimmung, Ablehnung, Engagement/Desinteresse dazu bei, ob der Projektleiter mit Schwung und Elan an seine Aufgabe herangeht oder nicht.

6.5 Fazit

Was motiviert in der Zusammenarbeit? Wenn es um den sozialen Anteil der Motivation geht, dann hören sich die Aspekte, die gerade aufgelistet wurden, in der alltäglichen Projektrealität so an:

- Ehemalige Kollegen kommen, um sich einen fachlichen Rat zu holen.
- Man wird als Mensch und nicht nur als Mitarbeiter übernommen (Vorgesetzter: „Gehen Sie nach Hause und kümmern Sie sich um den Unfall Ihres Kindes; das ist jetzt wichtiger!").
- Man bekommt bestimmte Rechte/Verantwortung übertragen (Unterschrift-Freigabe) „Entscheiden Sie", „Sagen Sie mir Ihre Meinung, mir liegt etwas daran".
- Einsicht zu bekommen in die Hintergründe und Zwänge, denen der Vorgesetzte unterliegt.
- Starke Führungspersönlichkeit: Hat eine Position/eigene Meinung, ist bereit, für diese zu argumentieren.

Sie merken: Projektsteuerung auf der (zwischen)menschlichen Ebene ist weitaus schwieriger als die Projektsteuerung auf der sachlichen Ebene: Sachlich betrachtet mag die Berechnung von Kennzahlen und deren Nutzen für manchen Projektleiter eine mehr oder weniger große Herausforderung sein, so richtig komplex wird es aber erst, wenn der Faktor Mensch ins Spiel kommt. Hier greifen keine Rechenformeln, auch keine der Erfolgsversprechungen, wie man mit Menschen richtig umgeht. Wenn überhaupt, dann hilft: den Menschen in die Augen blicken und ehrlich sagen, was man erwartet.

Sie merken aber auch: Dies sind keine besonders schwierigen Forderungen, sie sind größtenteils „gesunder Menschenverstand". Sie zeugen von dem, dass die Art, wie man mit Personen umgeht, wahrscheinlich die gleiche Art ist, mit der man selbst behandelt werden möchte. Und wahrscheinlich merken Sie auch, dass diese kommunikative, arbeitsorganisatorische oder auch soziale Motivation nicht etwas ist, das man einmal aufsetzen muss – wie Tools, die man in einem Projekt als verpflichtend definiert. Das geht eben bei den psychologischen Variablen nicht. Motivation ist kein Zustand, den man bei seinen Mitarbeitern erreicht (oder nicht erreicht), sondern die Art, wie man täglich miteinander umgeht. Vielleicht ist es diese kontinuierliche Pflege, die das Thema Motivation für so manchen Projektleiter so anstrengend macht, weil er gerne das Thema von der Agenda hätte, um sich anderen Themen besser widmen zu können! Aber auch viele andere Themen im Projekt werden prozesshaft definiert – warum also nicht auch Motivation?

7 Kommunikationssituationen im Projekt

7.1 Relevanz

„Kommunikation" wird als einer der „Top Ten Erfolgsfaktoren in Projektarbeit angesehen! Es wird gesagt: Kommunikation macht 50-70% der Projektleitertätigkeit aus! In meinen Seminaren vermittle ich dies an verschiedenen Stellen. Mein Leitsatz dabei ist immer wieder der gleiche: Der Projektleiter soll von seinem Computer aufstehen und zu den verschiedenen Beteiligten und Betroffenen gehen, mit ihnen reden, sie informieren und zuhören. Dies ist umso wichtiger (und schwieriger), je mehr Personen an dem jeweiligen Projekt arbeiten. Schwieriger deswegen, weil manchmal unterschiedliche Nationalitäten, Sprachen, Gewohnheiten etc. das Verstehen dieser Kommunikation erschweren.

Unter dem Stichwort „Kommunikation" wird vieles zusammengefasst. So kann Kommunikation direkt stattfinden in Form von Gesprächen, Meetings oder Telefonaten, sie kann aber auch durch das formale Berichts- und Dokumentenmanagement oder vermittelt durch E-Mails erfolgen. Andere Einteilungen stellen den verbalen Charakter, die mündliche (Dialoge, Diskussionen, Telefonate, Workshops) Form, der schriftlichen Kommunikation entgegen (E-Mail, Briefe). Andere teilen zwischen verbaler, non-verbaler (Körpersprache) und paraverbaler (Dialekt-)Kommunikation: Und schließlich wird manchmal auch unterschieden zwischen interner Kommunikation im Projekt – Kommunikation der Projektmitarbeiter untereinander bzw. Kommunikation im Projekt zu den Schnittstellen (z. B. PL an LA) – und Kommunikation extern mit Personen außerhalb des Projekts.

Der Nutzen einer guten Kommunikation liegt auf der Hand: Durch eine gute Kommunikation können Betroffene zu Beteiligten gemacht, Transparenz im Projekt hergestellt und auch die Akzeptanz durch Information erhöht werden. Trotzdem: Die Realität scheint häufig anders auszusehen. In diesem Kapitel wird es daher wieder darum gehen, zunächst die allgemeinen Probleme zu benennen und dann hinter die Kulissen zu schauen, wie diese Probleme entstehen und wie man sie auch sinnvoll lösen kann.

7.2 Was sagen die Fachverbände dazu?

Bei allen Verbänden wird dem Thema Kommunikation die entsprechende Aufmerksamkeit geschenkt:

Nach der GPM beinhaltet Kommunikation den wirksamen Austausch von Informationen zwischen den Projektbeteiligten. Wirksame Kommunikation ist unentbehrlich für den Erfolg von Projekten, Programmen und Portfolios. Die richtige Information muss an die relevanten interessierten Parteien in einer ihren Erwartungen entsprechenden und einheitlichen Form weitergegeben werden. Kommunikation sollte zweckorientiert, klar verständlich und aktuell sein.[1]

Der PMBOK Guide der PMI beschreibt im Kapitel 10.2 „Plan Communications“: „Im Prozess der Kommunikationsplanung wird der Informations- und der Kommunikationsbedarf der Stakeholder ermittelt; so wird z. B. festgelegt, wer welche Informationen benötigt, wann die Informationen benötigt werden und wie und von wem die Informationen übermittelt werden. [...] Die Feststellung der Informationsbedürfnisse der Stakeholder und das Bestimmen eines geeigneten Mittels, diesen Bedarf zu decken, sind wichtige Faktoren für den Projekterfolg.“

PRINCE2 beschreibt eine Strategie des Kommunikationsmanagements, welche eine Beschreibung der Mittel und Häufigkeiten der Kommunikation zu Parteien sowohl im internen als auch externen Projekt beinhaltet. Es soll Verpflichtungen mit Stakeholdern durch die Errichtung eines kontrollierten und bidirektionalen Informationsflusses erleichtern.[2]

Kommunikation wird nicht selten und sicherlich zu Recht in vielen Büchern als einer der wichtigsten Erfolgsfaktoren für Projektmanagement genannt. Allerdings hat dieser Erfolgsfaktor zwei Seiten: Die einen beklagen, dass sie nicht richtig und rechtzeitig informiert werden, andere wiederum beklagen, dass sie mit einer wahren Informationsflut zu kämpfen haben. Das Argument „Wir ersticken an (zu viel) Information und leiden an zu wenig Kommunikation“ bringt das Problem auf den Punkt!

---

[1] GPM/IPMA, ICB 3.0, S.88

[2] Managing Successful Projects with PRINCE2, Kapitel A.4, Communication Management Strategy, S. 239

7.3 Die Informationsmisere im Projekt

Worin besteht häufig in der Praxis die Informationsmisere im Projekt? Ich habe hier einige Aspekte zusammengestellt, die sicherlich nicht den Anspruch auf Vollständigkeit haben – trotzdem denke ich, dass diese vielen bekannt vorkommen werden:

- *Informationsdürre und Informationsflut:* Ich kenne keine Projektmanagement-Schulung (wohlgemerkt nicht: Projektmanager-Schulung) in der die Mitarbeiter nicht das eine oder das andere beklagt hätten. So scheint in manchen Projekten eine Informationsdürre zu bestehen –sofern man den Stakeholdern „Mitarbeiter" glauben darf. Beklagt wird z. B., dass Hintergründe von übergeordneten Entscheidungen fehlen, die für den Rahmen des eigenen Handelns aus der Sicht des Mitarbeiters notwendig wären: Wieso besteht in diesem Projekt so ein Zeitdruck? Warum wird anderen Projekten mehr Zeit und damit Freiheit gelassen? Warum nicht auch uns? Was scheinbar weniger fehlt sind Sach- und Fachinformationen – zu Recht, denn darum hat sich der Projektmitarbeiter in erster Linie selbst zu kümmern.

  Auf der anderen Seite steht die Informationsflut. Hier ist in erster Linie der Kommunikationskiller Nummer Eins der letzten Jahre zu nennen: Die E-Mail oder genauer gesagt die E-Mail-Flut. Diese sorgt für ein enormes Mailaufkommen und ist zugleich wenig zielführend. Viele Projektmitarbeiter berichten, dass scheinbar in manchen Projekten wahllos Informationen verteilt werden. Streng nach der Devise: „Es könnte ja vielleicht auch noch für die anderen Interessant sein" wird relativ unreflektiert gemailt. Und vielleicht steckt noch ein anderer Grund dahinter: Bevor man sich dem Vorwurf aussetzt, dass man jemanden nicht richtig informiert hat, setzt man am besten möglichst viele Personen „cc". Mit dieser Absicherung kann man jederzeit sagen, dass man den anderen schließlich informierte.

Ein Projektleiter berichtete:

In der Vorbereitung unseres neuen Projektes wurde auch über das Kommunikationsmanagement gesprochen. Aus früheren Projekten war bekannt, dass manche Mitarbeiter nicht nur direkt Betroffene oder Angesprochene eine Mail schickten, sondern zugleich auch immer einen breiter Verteiler im „cc" setzten. Zumeist wurde hierbei versucht, sich abzusichern nach dem Motto „das habe ich doch per Mail rumgeschickt". Dies sorgte für ein enormes Mailaufkommen und war wenig zielführend.

Für das neue Projekt wurde zu Beginn, im Projektstartworkshop, mit den Projektmitgliedern definiert, dass wirklich nur relevante Informationen an den Adressaten versendet werden sollten. Dazu musste jeder sagen, welche Informationen für ihn unerlässlich seien. Für alle anderen sollten die Informationen über das Projektlaufwerk abgerufen werden.

- *Fehlen von relevanten Informationen:* Ein anderes Problemfeld scheint häufig zu sein, dass die Projektbeteiligten nicht rechtzeitig über die wichtigen Informationen verfügen.

  Ein anderer häufig anzutreffender Fehler ist, dass nicht geklärt ist, wie man einander informiert bzw. miteinander kommuniziert. Konkret geht es um die Frage, welches Medium gewählt wird: Besprechung, Telefonat, schriftlich per E-Mail oder Fax etc. Natürlich bedingen sich der Kommunikationsinhalt und die Kommunikationsform einander.

  Was aber für den einen wichtig ist, kann für den anderen völlig unwichtig sein. Von außen betrachtet ist es manchmal nicht einfach zu entscheiden, was wichtig und was unwichtig ist. Als Projektleiter steckt man manchmal gar nicht so tief in der Materie drin, um entscheiden zu können, welche Informationen von jemand anderem benötigt werden. Gut wäre, wenn die Mitarbeiter rechtzeitig definieren würden, welche Informationen für sie relevant sind (anstatt andere darüber nachdenken, was der andere wohl an Informationen braucht).
- *Mangelhafte Informationsvernetzung:* Häufig werden der Projektleiter oder das Projektmanagementteam als zentrale Wissensdatenbank betrachtet. Der Projektleiter ist das „Wiki" des Projektes. Stimmt das? Für mich als externen Projektleiter ist es eine zentrale Frage, wie ich es schaffe, dass sich die Mitarbeiter im Projekt vernetzen, sprich fehlende Informationen beim Kollegen abrufen, statt darauf zu warten, dass der Projekteiter ihnen die Informationen „bringt".
- *Mangelnde Sensibilität für den Aspekt der zwischenmenschlichen Kommunikation:* Der Projektleiter ist häufig für viele Mitarbeiter die Verkörperung des Projektes. Er verbringt viel Zeit im und mit dem Projekt, während Mitarbeiter manchmal nur sehr kurz einen Beitrag für das Projekt liefern. Gerade wenn die Kommunikation im Projekt auf persönlicher, verbaler Basis verläuft (entweder bei einem persönlichen Treffen oder am Telefon), sind nonverbale (körpersprachliche) oder auch paraverbale (Betonung) Elemente der Kommunikation wichtig. Sie entscheiden erst, wie etwas bei einem anderen ankommt. Im Projekt bedeutet dies: Wie vermeiden wir es, dass ungeschickte nonverbale oder paraverbale Ausdrucksformen dazu führen, dass sich Mitarbeiter missverstanden fühlen, Informationen falsch interpretieren, was damit zu Frust oder sogar zu Fehlern führt?

7.4 Kommunikationsregeln

Aus den vorangegangenen Beispielen aus der Praxis stellt sich in der Folge die Frage nach einer Lösung bzw. nach den empfehlenswerten Grundsätzen für ein besseres Informations- und Kommunikationsmanagement im Projekt: Welche Leitsätze lassen sich definieren, entlang derer in der Folge dann die Zusammenarbeit und Kommunikation geregelt werden kann?

- *Vereinbaren Sie Arbeitsregeln (Konventionen) für die Kommunikation:* Gelungene Kommunikation resultiert aus der Bereitschaft jedes Einzelnen, gemeinsame Kommunikationsregeln aufzustellen und sich an diese vereinbarten Regeln zu halten. Gerade Regeln im zwischenmenschlichen Bereich sind keine starren Gesetze. Es können auch nicht für alle Eventualitäten Vereinbarungen getroffen werden. Trotzdem können solche Vereinbarungen sehr konkret sein und zu einer effektiven Kommunikation beitragen. Beispiele aus meinem Projektalltag:

  Morgens um 8:00 Uhr Stand-Up-Meeting bei der Kaffeemaschine: Innerhalb von 10-15 Minuten werden die wichtigsten Infos für den Tag ausgetauscht („Ich bin heute von 10 bis 12 Uhr in einem wichtigen Meeting und daher nicht erreichbar.“, „Ich war gestern noch bis nach 19 Uhr im Büro, um die Präsentation fertig zu machen. Wer schaut diese heute kurz durch nach möglichen Fehlern?“ „Bevor Ihr am Freitag ins Wochenende geht, soll mir bitte jeder Projektmitarbeiter einen kleinen Wochenbericht mailen, was alles erledigt wurde“.)

  Regeln sind Konventionen, d. h. freiwillige Vereinbarungen, die aber nicht weniger verbindlich sind, nur weil man sie freiwillig vereinbart hat. Aber: Die Gefahr ist manchmal groß, dass in der Hektik des Arbeitsalltages solche Konventionen verblassen. Konventionen sind auf Langfristigkeit angelegt. Doch manchmal ist der Druck einer momentanen Aufgabe größer – und schon tritt die Konvention in den Hintergrund. Anders ausgedrückt: Sich an Konventionen zu halten, ist oftmals eine Frage der Vernunft – und nicht so sehr eine Frage der Sanktionen. Das bedeutet: Wer sich nicht an Konventionen hält, muss dafür in der Regel auch nicht befürchten, „bestraft“ zu werden – umgekehrt gibt es aber solche „Bestrafungen“ (z. B. Kritikgespräch mit dem Vorgesetzten), wenn man drängende Aufgaben nicht erledigt. Insofern hat die Konvention keine mächtige Basis. Die auf Langfristigkeit angelegte Konvention droht der kurzfristigen Tagesaktualität geopfert zu werden. Und zuletzt: Die Konventionen in der Projektarbeit sind manchmal für die Mitarbeiter neu, weil sie solche Vereinbarungen vielleicht nicht aus der Linie kennen bzw. dort ist es manchmal anders geregelt. Die Mitarbeiter haben nicht gelernt, sich an die Konvention zu halten. Für den Projektleiter bedeutet dies: Konventionen muss man immer wieder auffrischen, um sie am Leben zu halten, muss sie gegen die Tageshektik verteidigen und in ihrer Verwendung immer wieder aktualisieren. Mitarbeiter brauchen häufig eine Umgewöhnungszeit oder Lernzeit, um ihr Verhalten an den Konventionen auszurichten.

- *Informationseffektivität vor (aber nicht ohne) Kommunikationseffizienz:* Vor der Frage, wie ich jemanden informiere und mit ihm kommuniziere, steht die Frage, was kommuniziert werden soll. Entscheidend für eine gute Kommunikation ist also die Effektivität, d. h. die Zielgerichtetheit, mit der kommuniziert und informiert wird. In manchen Projekten wird dies so geregelt, dass es dem Sender der Kommunikation obliegt, die Informationen an den aus seiner Sicht relevanten Adressaten direkt zu versenden. Der Empfänger hat aber auch immer die Aufgabe, sich über das Projektlaufwerk weiter zu informieren – genauso, wie alle anderen Mitarbeiter die Informationen über das Projektlaufwerk abrufen können. Die Bringschuld der Information ersetzt nicht die Holschuld der Information. Zugleich gilt: Nicht jede Information, die für andere wichtig ist, kann auf die gleiche Art und Weise kommuniziert werden. Z. B. ist bei der Kommunikation über Risiken zu beachten, dass nicht alle Risiken zur Veröffentlichung geeignet sind bzw. einige nur bedingt, und zwar:
  - Risiken, die ein kulturell unübliches Maß an Selbstoffenbarung voraussetzen,
  - Risiken, die den Charakter einer sich „selbst erfüllenden Prophezeiung" haben,
  - Risiken, die ihre Ursache in unterschiedlichen Interessenlagen der Stakeholder haben und eventuell den offiziellen Projektzielen widersprechen.
- *Vermitteln Sie neben Fachinformationen auch die notwendigen Managementinformationen:* Wenn Kommunikation die Grundlage dafür ist, dass der Projektmitarbeiter seine Aufgaben – für sich und für andere – zufriedenstellend bearbeitet, dann muss er nicht nur über die relevanten Fachinformationen verfügen, sondern auch über organisatorische Randbedingungen, in die seine Arbeit eingebettet ist. Der Projektleiter hat z. B. dafür zu sorgen, dass jeder Projektmitarbeiter jederzeit auf alle Informationen zugreifen kann, die er zur Abwicklung seiner Aufgabe(n) benötigt. Hierzu gehören nicht nur Sach-Informationen, sondern auch Management-Informationen. Zu den Management-Informationen zählt man alle Hintergrundinformationen, die der Mitarbeiter braucht, um seine Aufgabe selbst organisieren zu können. Dazu zählen in erster Linie.

1. Die entscheidenden wirtschaftlichen Erfolgsfaktoren, die ein Projekt erst rentabel machen.
2. Die wichtigsten Meilensteine (v. a. wann der nächste Meilenstein terminiert ist) und die jeweils dahinter liegende generelle Terminplanung.
3. Einen Überblick über die inhaltlichen Verknüpfungen seines Arbeitspaketes zu anderen Arbeitspaketen.
4. Die Information, welchen Aufwand er zur Erledigung der Aufgabe betreiben soll oder maximal kann, bzw. welcher Restaufwand noch zur Erledigung zur Verfügung steht.
5. Welche Qualitätsstufe erwartet wird.
6. Kontaktdaten der wichtigsten Ansprechpartner, an die er sich bei Fragen wenden kann.

Vereinbarte Kommunikationsregeln, bewusster und gezielter Einsatz des Informationsaustausches, sowie die Weitergabe von Hintergrundinformationen sind wichtige Aspekte, damit die Kommunikation und Zusammenarbeit im Projekt klappt. Das Gleiche gilt nicht nur für die gesprochene, sondern auch für die schriftliche Kommunikation.

7.5 Kommunizieren und Dokumentieren

Unter Projektdokumentation versteht man die Zusammenstellung ausgewählter, wesentlicher Daten über die Anforderungen und den Anspruch bzw. die Ursache des Projektes, seine technische Zusammensetzung, die erreichten Ziele des Projektes, die Organisation, den Mitteleinsatz, qualitätssichernde Vorschriften wie die Testszenarien und Vieles mehr. Die Projektdokumentation dient dem Wissenstransfer zwischen den am Projekt beteiligten Personen oder Gruppen und beinhaltet somit das gesamte Projektwissen. Kommunikation und Dokumentation gehören im Projekt unlösbar zusammen.

- *Nutzen Sie Dokumentation und Kommunikation ergänzend:* Die schriftliche und/oder mündliche Kommunikation im Projekt wird immer ergänzt durch eine gute Dokumentation/Archivierung der Information. Hier ist die Schaffung einer zentralen Ablage für alle Arten von Dokumenten, die während des Projektverlaufs erstellt oder benötigt werden, entscheidend. Bei vielen Unternehmen wird hierzu üblicherweise ein gemeinsames Laufwerk eingerichtet (Projektlaufwerk) und für jeden Projektmitarbeiter werden die notwendigen Berechtigungen vergeben, um darauf zugreifen zu können.

Die direkten, mündlichen Kommunikationsformen haben den Vorteil, dass neben sachlichen Informationen auch emotionale Informationen vermittelt werden können, so dass dem Empfänger deutlicher wird, worauf der Sender der Information Wert legt. Der Projektleiter, aber auch jeder Projektmitarbeiter, sollte sich dieser zwei Chancen, die ihm die mündliche Kommunikation und die schriftliche Dokumentation bieten, bewusst sein. Beispiel: Für das Thema Kommunikation kann im Projekt ein Besprechungs-/Meetingplan erstellt werden.

Da sich das Projekt über einen Zeitraum von mehreren Monaten erstreckt, ist es wichtig bereits im Vorfeld zu definieren wann, wo, mit welchen Teilnehmern und aus welchem Anlass Besprechungen stattfinden. Dies geschieht in der Regel im Projektstartworkshop (siehe Tabelle 18).

Tabelle 18 Besprechungen im Projekt

Anlass	Teilnehmer	Häufigkeit	Ergebnis
Projektstart-Workshop	Projektteam, PL, LA	einmalig	Einschwörung der Mitarbeiter, gemeinsames Verständnis, Protokoll, Risikoanalyse, Abschätzung zu erwartender Kosten
Statusmeeting	Projektmitglieder, PL	14-tägig	Statusbericht
LA-Meeting	PL, LA	monatlich	Statusbericht, Risikobericht
Abnahme Meilenstein	PL, LA, Auftraggeber	zum Meilenstein	Protokoll/Aktennotiz
Projektabschluss-Meeting	Projektteam, PL, LA	einmalig	Erfahrungsaustausch (was war gut, was war schlecht), abgenommener Protokollabschlussbericht

Die Unterlagenbedarfsmatrix oder Dokumentenbedarfsmatrix zeigt, welche Dokumente im Projektverlauf erstellt werden müssen, wo sie abgelegt sind, wer dafür verantwortlich ist und auch wie der Erstellungsstatus ist (Tabelle 19).

- *Kalkulieren Sie den Aufwand für Dokumentation und Kommunikation mit ein*: Was manchmal bei der Aufwandsschätzung gerne vergessen wird, ist der Aufwand, der für die Kommunikation und Dokumentation im Projekt zu hinterlegen ist. Kommunikation meint hier nicht nur die offiziellen Präsentationen und Besprechungen, sondern in erster Linie die vielen kleinen und persönlichen Gespräche,

Tabelle 19 Unterlagenbedarfsmatrix

Unterlagen	Phase	Status	Verantwortlich	Ablageort	QS-Prinzip	QS-Verantwortlich
Scope-Dokument	Vorprojekt	Erledigt	PL	Projektlaufwerk	Vier-Augen	G.M.
Soll-Prozess-Beschreibung	Phase 1	50%	H.W.	Projektlaufwerk		
Prozessmodell	Phase 1	Offen	H.W.	AIRS Entwicklungsserver	Review	QM-P3
Lastenheft	Phase 1	Offen	W.S.	Projektlaufwerk	Vier-Augen	PL, M.S.
Projektauftragsformular	Projektfreigabephase	Offen	PL	Projektlaufwerk, Projektakte (Papier)		
Pflichtenheft	Phase 2	Offen	M.S.	Projektlaufwerk	Vier-Augen	G. M.I.
Testbericht	Testphase	Offen	S.K.	Projektlaufwerk	Vier-Augen	PL
Schulungsdokument	Schulungsphase	Offen	S.S.	Projektlaufwerk	Vier-Augen	S.Z.
Abschlussbericht	Abschlussphase	Offen	G.M.	Projektlaufwerk	Vier-Augen	PL, J.K.

die zur Arbeitsanleitung, Klärung bei Rückfragen, Korrekturen etc. notwendig sind. Die Projektdokumentation ist ebenfalls Teil des Projektes und muss wie die Kommunikation bei der Projektplanung berücksichtigt werden. Dass der Aufwand z. B. für das Dokumentieren gerne vergessen wird, liegt nicht zuletzt daran, dass manche Mitarbeiter das Dokumentieren für eine lästige Pflicht halten und deswegen gerne auch mal zeitlich nach hinten verschieben, bis es zu spät ist. Umgekehrt weiß aber auch jeder: Eine gute Dokumentation ist Gold wert: Informationen, die von anderen Personen oder zu einem späteren Zeitpunkt (wieder) benötigt werden, sollten gut auffindbar in der Dokumentation enthalten sein. Gelingt der spätere Abruf von Information, dann ist dies mit Sicherheit einer guten Dokumentation zu verdanken. Eine gute Dokumentation ist aufwändig und daher auch mit Zeit und Kosten zu hinterlegen!

Beispiel aus der Praxis eines Projekts

Für ein deutsch-österreichisches Projekt wurde ein internetbasiertes Projektmanagementsystem eingeführt. Mit diesem System erfolgte nicht nur die Kommunikation des Projekts sondern auch das Dokumentenmanagement. In diesem Fall wird der Schwerpunkt auf die Kommunikation gelegt. Jeder Projektbeteiligte hatte einen persönlichen Zugang zum Managementsystem. Inhalt des Managementsystems war neben dem gesamten Schrift- und E-Mail-Verkehr, das Planmanagement (alle Ausführungspläne mit zugehörigem Workflow), die gesamten Verträge mitsamt den Nachträgen sowie eine Reihe weiterer Dokumente wie Bilder, Bautagebuch, Terminpläne etc.

Durch den personifizierten Zugang wurden verschiedene Rechte geregelt. Beispielsweise hatte nicht jeder, der Zugang zum System hatte, Schreibrechte im System. Es wurde zwischen Leserechten, Schreibrechten und Administratorrechten unterschieden. Außerdem wurden verschiedene Gruppen unterschieden. So gab es bspw. das Projektteam, die externe Bauüberwachung, die Beteiligten der Stadt, Mitarbeiter der Bauunternehmen etc. Jedem Dokument im Managementsystem wurden die Leserechte der einzelnen Gruppen zugewiesen.

Über eine persönliche Projekt-E-Mail-Adresse wurde der gesamte E-Mail-Verkehr abgewickelt.

Dies hat in zweierlei Hinsicht Vorteile für das Projekt. Informationen sind den Projektbeteiligten zugänglich. Die Daten werden zentral abgelegt und sind über die Suche wieder aufzufinden. Außerdem wurde die Projektdokumentation vereinfacht. Die Dokumente müssen am Projektende nicht mühsam zusammengetragen und archiviert werden.

Die Projektpraxis hat allerdings gezeigt, dass ein solches System nur funktioniert, wenn alle Beteiligten das Vorgehen mittragen. Wird das System nicht von allen Beteiligten genutzt, sind die Informationen unvollständig und es stößt schnell an seine Grenzen.

Die Einführung eines internetbasierten Managementsystems bringt für die Projektkommunikation erhebliche Vorteile. Speziell bei großen Projekten, bei denen schnell eine sehr große Anzahl an Dokumenten entsteht, wird mit diesem System eine strukturierte Ablage verfolgt. Über die Suchfunktion, werden Dokumente schnell gefunden. Die Informationen stehen den Projektbeteiligten zur Verfügung.

Der Schriftverkehr und E-Mail-Verkehr, bei dem es schwerpunktmäßig um das Thema Kommunikation geht, steht ebenfalls den Projektbeteiligten zur Verfügung, auch wenn diese nicht direkt Adressat, aber leseberechtigt sind.

Wird ein solches System eingeführt, ist die Beteiligung aller notwendig. Somit ist es erforderlich, dass die Einführung im Projekt vom Projektleiter mitgeführt und bestenfalls im Sinne der Vorbildfunktion mitgenutzt wird.

7.6 Besprechungen: Die Urmutter der Kommunikation im Projekt

Besprechungen sind das tägliche Brot des Projektleiters! Ob in offiziellen Meetings wie im Steuerkreis/Lenkungsausschuss oder für den engeren Kreis des Projektteams in Form eines Jour fixe oder eines Regelmeetings: Die direkte Kommunikation mit anderen Beteiligten ist meistens durch nichts zu ersetzen. Viele Projektleiter können bestätigen: Ein geplantes, koordiniertes Besprechungswesen zahlt sich im Hinblick auf die inhaltliche Ausrichtung und das zwischenmenschliche Miteinander im Projekt aus. Manchmal klagen Projektleiter allerdings auch über die Besprechungen. Besprechungen kosten Zeit: Zeit zum Vorbereiten, Zeit zum Nachbereiten und natürlich auch in der Durchführung. Das Zeitargument spielt v. a. für Projektleiter eine Rolle, die neben der Projektplanung und -Steuerung zusätzlich noch Fachaufgaben zu leisten haben. Vor die Entscheidung gestellt, eine Besprechung durchzuführen oder zu arbeiten, wird meistens die Arbeit vorgezogen – und die Besprechung in eine E-Mail verpackt.

Aber gerade weil Kommunikation als einer der wichtigsten Erfolgsfaktoren im Projektmanagement gilt, wissen viele Projektleiter, dass bei allem Zeit- und Termindruck eine regelmäßige Besprechung langfristig die Wahrscheinlichkeit von Kosten- und Qualitätsverlusten reduziert. Die Qualität einer Besprechung zu nutzen ohne jedoch zu viel Zeit dafür zu verlieren, muss also dem Projektleiter ein zentrales Anliegen sein. Anders ausgedrückt: Die Frage ist, wie der Projektleiter ein effektives und effizientes Besprechungsmanagement in seinem Projekt gestalten kann. Effizient bedeutet dabei: Wie wird die Diskussion durchgeführt (Zielrahmen, Zeitlimit etc.) und effektiv: Wer bespricht sich mit wem und was wird besprochen.

Entscheidende Personen treffen sich, um ein gemeinsames Ziel zu erreichen). Was kann ein Projektleiter tun, wenn er eine Besprechung effektiv und effizient vorbereiten, durchführen und nachbereiten möchte?

Die verschiedenen Rollen und ihre Ausgestaltung in der Projektbesprechung

Die entscheidende Frage, die im Rahmen von Projektleiterschulungen gestellt wird, ist die Frage, wie sehr der Projektleiter in die Lenkung des Projektmeetings eingreifen soll. Die einen argumentieren so: Es ist Aufgabe des Projektleiters, die Besprechung in eine bestimmte Richtung zu führen – die Richtung wird vom Projektleiter im Groben vorgegeben, weil er den besten Gesamtüberblick über fachliche Aspekte im Projekt hat. Ist der Projektleiter Moderator oder „Meeting-Owner"?

Aufgaben des Besprechungsleiters/Moderators

- Vereinbart Zeitrahmen und Reihenfolge der Themenbearbeitung
- Integriert/motiviert alle Teilnehmer (Vielredner bremsen, Schweiger auffordern)
- Strukuriert Diskussionen
- Fasst Ergebnisse zusammen
- Achtet auf die Zeiteinhaltung

Wichtige Hinweise zur Gestaltung von Besprechungen

- Prioritäten setzen
- Gesprächsergebnis- und verbesserungsorientiert führen
- Gespräche aktiv durch Fragen lenken
- Aktives Zuhören
- Vollständig sprechen: Verallgemeinerungen (z. B. jeder, immer, alle ...) und Löschungen (z. B. „das war anders“ → [was genau, wie genau?]) vermeiden
- Klartext sprechen: Standpunkt beziehen
- Emotionen bewusst aussprechen
- Positiv und konstruktiv agieren: Potenzial und Ressourcen zusprechen
- Motivierendes Sprechen

Rolle des Moderators

- Vereinbart die Reihenfolge der Themenbearbeitung
- Integriert/motiviert alle Teilnehmer (Vielredner bremsen, Schweiger auffordern)
- Strukturiert und visualisiert Diskussion
- Fasst Ergebnisse zusammen
- Achtet auf Zeiteinhaltung
- Bleibt inhaltlich neutral, greift nur bei unfairer Argumentation (Killerphrasen) und offensichtlichen Irrtümern ein, die nicht von den Teilnehmern korrigiert werden

Zusätzliche Aufgaben des Referenten als Moderator

- Beantwortet Verständnisfragen
- Nimmt zu inhaltlichen Aspekten Stellung
- Treibt die inhaltliche Diskussion durch offene Fragen voran

Protokollführer

- Festhalten der Besprechungsergebnisse
- Sammeln/Zuordnen aller notwenigen Anlagen/Beilagen
- Aufbau/Aktualisieren der To-Do-Liste, damit eine nachfolgende Ergebniskontrolle möglich ist
- Verteilung des Protokolls sicherstellen

7.7 Auch Präsentieren will gelernt sein

Im Projekt gibt es vielfach Situationen, in denen der Projektleiter oder auch einzelne Projektmitarbeiter aufgefordert sind, anderen Personen/Stakeholdern bestimmte Ergebnisse zu präsentieren. Ähnlich wie bei einer guten Besprechung entscheidet sich in der Vorbereitung der spätere Durchführungserfolg der Präsentation. Welche Punkte muss ein Projektleiter/Projektmitarbeiter beachten, wenn er sich richtig vorbereiten will?

7.7.1 Vorbereitung auf die Zielgruppe/Zielgruppenanalyse

- Wie viele Personen werden anwesend sein?
- Welche Position/welchen Rang begleiten die Personen, die bei der Präsentation anwesend sein werden?
- Welche (vermutlichen) Ziele/Erwartungen haben die Zuhörer an die Präsentation?
- Wie wollen sich die Zuhörer behandelt wissen (als Kollege, als Experten, als Kunde)?
- Was sind die beruflichen/privaten Interessen, Beschränkungen/Befürchtungen der Zielgruppe?
- Mit welchen Fragen/Einwänden muss gerechnet werden?
- Was wären typische Aussagen aus der Zielgruppe?
- Was ist der Informationsbedarf der Zielgruppe?

7.7.2 Strukturelle und strategische Vorbereitung

- Welches Gliederungsformat passt am besten zu den Erwartungen der Kunden/Zuhörer?
- Wie ordne ich die Argumente/Informationsblöcke an?
- Welchen zeitlichen Rahmen habe ich (bestimmt durch die Organisation und die Erwartungen der Zuhörer)?

Präsentationen, die mittels Beamer unterstützt werden, sollten inhaltlich und in der Struktur zielorientiert aufgebaut sein. Es lassen sich, je nachdem, ob die Präsentation eher auf die Überzeugung der Zuhörer zielt oder stärker auf deren Information, verschiedene Gliederungsschemata unterscheiden.

Präsentation zum Verkaufen einer Idee

- Eröffnung: Bericht aus der Praxis ...
  - Wie sieht das Problem aus?
  - Eleganter: Erzählen Sie von einem Beispiel, das Ihr Hauptanliegen verdeutlicht und stellen Sie den Bezug her, wie das Beispiel Ihre Zielgruppe betrifft.
- Vorgehensweise/Vorschlag
  - Welche negativen Folgen passieren, wenn nichts getan wird?
  - Beschreiben Sie die Vorgehensweise, die Sie empfehlen. Seien Sie dabei konkret: „Ich empfehle ..."
- Vorteile
  - Was bringt die Verwirklichung des Vorschlages?
  - Listen Sie die Vorteile für Ihre Zielgruppe auf, wenn es Ihrer Aufforderung nachkommt:
  - Vorteil Nr. 1 ...
  - Vorteil Nr. 2 ...
- Schlusswort
  - Wiederholen Sie die wichtigsten Vorgehensweisen und deren Hauptvorteile
  - Aktion Nr. 1 und Nutzen
  - Aktion Nr. 2 und Nutzen
  - Aktion Nr. 3 und Nutzen

Präsentation eines Fachberichtes

- Eröffnung
  - Erklären Sie die Bedeutung des Themas für die Zielgruppe.
  - Beziehen Sie die Zielgruppe mit ein.
  - Geben Sie einen kurzen inhaltlichen Überblick (Stichworte) über Ihre Argumente sowie einen zeitlichen Rahmen für die Ausführungen (daran halten!).
- Argumente (1 – n)
  - Drücken Sie sich bei der Darstellung Ihres Argumentes klar aus.
  - Unterstützen Sie Ihr Argument mit verbalen und visuellen Beispielen.

- Unterstreichen Sie Ihr Argument durch ein Beispiel oder einer Anekdote.
- Entwickeln Sie einen logischen Übergang zu Ihrem nächsten Argument.
- Reihen Sie die Argumente in einen Spannungsbogen auf.

- Schlusswort
  - Fassen Sie Ihre Argumente zusammen.
  - Nennen Sie Ihre Schlussfolgerung und betonen Sie deren Relevanz für das Publikum.

7.7.3 Mentale Vorbereitung kurz vor der Präsentation

- Wo sind meine inneren Unterstützer? Wo sind meine externen Unterstützer?
- Habe ich die Dramaturgie der Argumente im Kopf?

Zusammenspiel von verbalem, nonverbalem und paraverbalem Auftritt

Das kommunikative Auftreten des Referenten kann seine Rolle entscheidend stärken oder schwächen. Dabei ist zu beachten, dass eine Stimmigkeit zwischen dem gesprochenen Wort (verbaler Kanal) und den Botschaften in den anderen Kanälen (paraverbal/nonverbal) besteht. Unter verbaler Kommunikation wird die Sprache (Wortwahl, Sprachebene), der Inhalt und auch der Aufbau und die Gliederung des Inhalts verstanden, während die paraverbale Kommunikation Lautstärke, Stimm-Melodie, Sprechtempo bzw. Betonung meint. Die non-verbale Kommunikation meint Blickkontakt, Gestik, Mimik, Körperhaltung und räumliche Distanz. Beachtet ein Redner den Zusammenhang dieser Aspekte, kann er so gezielt Punkte seiner Präsentation hervorheben und betonen.

7.8 Verhandeln als spezielle Kommunikationssituation

Die ICB/NCB 3.0 beschreibt Verhandlungsführung „als ein Mittel zur Überwindung von Meinungsverschiedenheiten (...), um zu einer allseitig zufrieden stellenden Lösung zu gelangen“[1]. Eine Verhandlung sollte of-

[1] ICB-IPMA Competence Baseline – in der Fassung als Deutsche NCB – National Competence Baseline Version 3.0 der PM-ZERT Zertifizierungsstelle der GPM e.V. S122.

fen, und unter Berücksichtigung der verschiedenen Interessen geführt werden. Ein erfahrener Projektleiter, den ich im Rahmen eines Kamingespräches bei einem großen Unternehmen der „Aerospace-Industry" kennenlernte, stellte in seinen Gesprächen mit den Junior-Projektleitern immer sehr deutlich heraus, dass aus seiner Sicht „verhandeln" eines der wichtigsten Kommunikationssituationen bzw. Kommunikationstechniken im Projekt darstellt. Es gibt viele Momente, in denen der Projektleiter verhandeln muss: Bei der Ausarbeitung von Verträgen, bei der Zuteilung von Ressourcen, aber auch bei Verschiebungen von Terminen, Veränderungen des Budgets sowie Zuweisungen von Aufgaben.

Allgemein unterscheidet man im Bereich der Verhandlungslehre zwei unterschiedliche Prinzipien: Die Position des anderen zu schwächen und ihn zu einem Entgegenkommen zu bewegen oder die eigene Position zu stärken, um kein eigenes Entgegenkommen zu ermöglichen. Egal, welches der beiden Prinzipien im konkreten Einzelfall zum Einsatz kommt: Das generelle Ziel der Verhandlung in einem Projekt muss es sein, eine Lösung zu finden, die darauf angelegt ist, dass man für die Projektlaufzeit gut zusammenarbeitet – und vielleicht sogar über die Projektzeit hinaus im Rahmen der nächsten Phasen des Produktlebenszyklus!.

Ich will hier nicht vorschnelle Tipps und Tricks in Sachen Verhandlungsführung verbreiten. Mir geht es eher darum, darzustellen, welche grundsätzlichen Einstellungen für einen Projektleiter hilfreich sein können.

- *Bereiten Sie eine Verhandlung gewissenhaft vor:* Als allgemeine Prozessschritte im Verhandlungsmanagement werden genannt: Die Vorbereitung, die Interessensbekundung, die Güterabwägung, die Gewichtung, die Entscheidungsfindung, der Vertragsabschluss und die Nachbereitung. Wie so häufig kommt der Vorbereitung dabei eine wichtige Rolle zu. Sie ist eine elementare Voraussetzung für den Erfolg der Verhandlung. Dabei geht es um die Definition der eigenen Ziele und das Festlegen einer Erfolgsbandbreite (Minimum, Maximum). Außerdem sollte die zu erwartende Konstellation (Personenzahl, Qualifikation), in der die Verhandlung stattfinden wird, geklärt werden. Entscheidend für die eigene Verhandlungsführung ist aber, welche Ziele und welche Haltung man dem jeweiligen Gegenüber zubilligt. Als Hilfestellung bietet sich hier ein Brainstorming an, bei dem man sich klar wird, wie man seinen Verhandlungspartner einschätzt.

  Je nach Grad an Vertrauen und Übereinstimmung können klare Gegner oder Verbündete identifiziert werden, da mit ihnen geringe bzw. hohe Übereinstimmung bei gleichzeitig hohem Vertrauen besteht (Bild 10). Demgegenüber ist die Einschätzung der gefährlichen Partner (Bad Fellows) meist schwieriger.

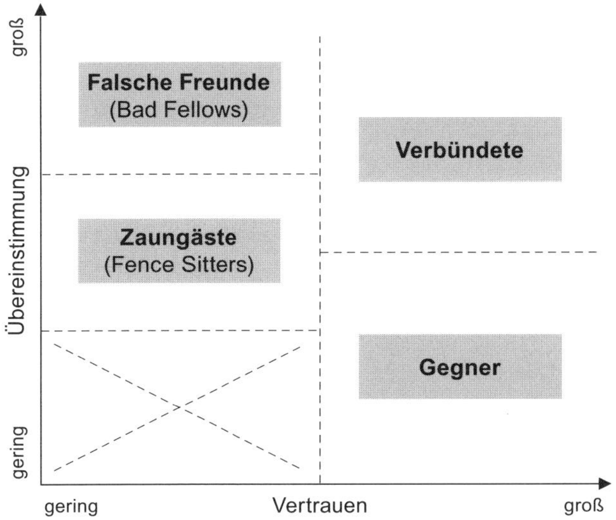

Bild 10 Typisierung von Verhandlungspartnern in Relation zu Übereinstimmung und Vertrauen

Sie zeichnen sich durch hohe Übereinstimmung aus, wodurch sie scheinbare Verbündete sind. Nur durch ein hohes Maß an Misstrauen lassen sie sich als Verhandlungspartner identifizieren, die für die Erreichung der eigenen Verhandlungsziele schädlich sein können. Schließlich gibt es die Gruppe der Unentschiedenen (Fence Sitters), bei denen noch offen ist, ob sie durch gleichzeitig wenig Übereinstimmung und Vertrauen vollständig für ergebnisorientiertes Verhandeln ausscheiden oder ob sie sich zu Bad Fellows entwickeln. Stellen Sie sich also auf unterschiedliche Verhandlungspartner, Verhandlungskonstellationen und Verhandlungstechniken ein!

- *Verhandlungen brauchen eine Struktur:* Zu Beginn sollten Sie einen gewissen Fahrplan für die Verhandlungsführung und das Hauptthema mitbringen und bei einer kooperativen Verhandlungsführung mit der anderen Partei festgelegen. Indem einfachere Fragen mit hoher Aussicht auf Einigung an den Anfang gestellt werden, können Rahmenaspekte geklärt und eine positive Grundstimmung hergestellt werden. Insbesondere Verhandlungen in größerer Runde profitieren davon, dass ein Leiter bestimmt wird. Dadurch können die Fokussierung auf die zentralen Punkte sowie die Einhaltung eines Zeitplans leichter gewährleistet werden.

- *Überlegen Sie sich Ihre Taktik und die passenden Argumente dazu:* In einer Verhandlung können unterschiedlichste rhetorische Techniken zur Anwendung kommen: Sachdiskurs, Überzeugungsargumente, Appelle – aber auch Druck, Angriffe, Täuschungen und Drohungen. Gerade letztere Techniken zielen darauf ab, das Gegenüber emotional unter Druck zu setzen. Manchmal werden diese Mittel als unfair vom Gegenüber empfunden und es will im Vorfeld gut von demjenigen, der diese Mittel anwendet, geklärt sein, welche Beziehung man nach der Verhandlung mit dem Gesprächspartner noch haben will. Fühlt sich das Gegenüber unfair behandelt, kann dies zum sofortigen Widerstand führen oder man bekommt bei nächstbester Gelegenheit die Retourkutsche zu spüren! Die beste Taktik in den meisten Fällen ist sicherlich eine inhaltlich harte, aber menschlich faire Verhandlungsstrategie zu wählen.
- *Unterscheiden Sie Vorwände von wahren Gegenargumenten:* Zögert Ihr Gegenüber, auf Ihre Wünsche einzugehen? Scheint er zu zweifeln, ob er „so weit“ gehen kann? Äußert er Bedenken oder blockt er gar alle Vorschläge und Optionen ab? Für die weitere Verhandlungsstrategie ist es wichtig herauszufinden, ob es sich hierbei um einen Vorwand oder um einen Einwand handelt. Der Einwand ist ein Grund, der (scheinbar) gegen die eigene Aussage oder gegen das eigene Angebot spricht. Ein Einwand bedeutet sozusagen „Eigentlich hätte ich gegen diesen Schritt nichts einzuwenden, aber ich sehe da ein Problem.“ Der Vorwand hingegen, ist eine Wand, die man vorzieht, um sich dahinter zu verstecken – ein indirektes Flucht-Manöver also. Einwand und Vorwand sind allerdings meist schwer auseinanderzuhalten. Um trotzdem eine verlässliche Einordnung treffen zu können, hilft eine Kotrollfrage.

Beispiel:

Projektleiter: Ich hätte gerne Herrn A in meinem Team, weil er sich in der Vergangenheit bereits mit dem Thema beschäftigt hat.

Linienvorgesetzter: „Ich kann Herrn A im Moment überhaupt nicht entbehren“.

Projektleiter: „Sagen wir mal, theoretisch, die Überlastung von Herrn A wäre lösbar, gäbe es dann noch einen weiteren Grund, der gegen seinen Einsatz im Projekt spräche?“

oder

„Wenn ich bei meiner Terminplanung die vorhandene Auslastung von Herrn A berücksichtige, könnte ich dann auf ihn zurückgreifen?“

Will der Projektleiter sicherstellen, dass es wirklich nicht möglich ist, Herrn A in sein Projekt zu bekommen, muss er überprüfen, ob es sich bei der Argumentation des Linienvorgesetzten nicht nur um einen Vorwand handelt. Stößt man auf Vorwände, kann man mit Hilfe der Kontrollfrage den wahren Grund für das Zögern des Gegenübers herausfinden. Wenn man die echten Gründe des Verhandlungspartners kennt, kann der Einwand konstruktiver bearbeitet werden und es können bessere (Gegen-)Argumente eingebracht werden.

- *Fair bleiben und unfaire Argumentationen abwehren:* Manchmal wendet sich ein Verhandlungsgespräch in eine unangenehme Richtung. Der Verhandlungspartner wird seinerseits unfair oder gar aggressiv, sie fühlen sich zunehmend in die Enge getrieben und unrecht behandelt. Die rhetorisch unfaire Argumentation des Gegenübers zu durchschauen, hilft die eigene Position wieder zu stärken. Was sind unfaire Argumentationsmuster?
  - *Manipulierende Aussagen*: „Aber alle anderen Projektleiter schaffen das doch auch“ (sozialer Druck). „Sie wollen doch auch, dass wir uns einvernehmlich einigen“ (suggestive Fragen).
  - *Killerphrasen*: „Wenn das so einfach wäre, hätten wir das ja schon längst erledigt.“
  - *Ironie/Sarkasmus:* Sagen Sie mir nicht, dass das eine realistische Terminplanung ist. Das müsste Ihnen doch auch als Ingenieur einleuchten, dass so eine Planung nicht machbar ist.“
  - *Beschimpfungen und Beleidigungen*: „Sie haben ja offensichtlich keine Ahnung was Sie da verlangen.“
  - *Drohungen/Bluffen*: „Wenn Sie die Produkte so schnell haben wollen, werden Sie allerdings mit Qualitätseinbußen rechnen müssen.“

Bericht eines Projektleiters:

In unserem Bauprojekt war für die Ausschreibung und Vergabe des Hauptgewerks ein jeweils achtstündiges Vergabe- und Verhandlungsgespräch mit den potenziellen Auftragnehmern erforderlich. Zum einen waren natürlich die technischen Parameter wie Verfügbarkeit und Betriebsverbräuche von größter Wichtigkeit, zum anderen musste auch Wert auf die Einhaltung kaufmännischer Rahmenbedingungen gelegt werden, z. B. Wirtschaftlichkeit und Investitionsmittel,.

Zur optimalen Vorbereitung der Gespräche fand im Vorfeld ein gemeinsamer Termin des vereinbarten Verhandlungsteams, bestehend aus Projektleiter, Einkäufern, Planern, Elektrotechniker, Architekt, Jurist und Projektcontroller, statt. In diesem Vorbesprechungstermin wurden die Agenda, Strategie und Rollenverteilung für die Gespräche mit den einzelnen Bietern festgelegt. Ebenso wurden die aus Sicht der einzelnen Teilnehmer strittigen Punkte der vorliegenden Angebote angesprochen und von welchem Teammitglied diese in die Verhandlung integriert werden sollten.

So konnte das Verhandlungsteam in den Bietergesprächen mit einer klaren Struktur und Strategie auftreten. Es konnten alle offenen Punkte angesprochen und geklärt werden. Für den Fall von Unklarheiten bzw. wenn das Verhandlungsteam sich nicht einig war, wurde vereinbart, die Verhandlung zu unterbrechen und sich zur Beratung zurückzuziehen. So konnten alle Gespräche strukturiert und sachlich erfolgreich durchgeführt und ein Bieter als Vertragspartner ausgewählt werden.

In der Nachbereitungsphase der Bietergespräche fand ein „Lessons learned"-Gespräch innerhalb des Verhandlungsteams statt. Hier bestand noch einmal für jedes Teammitglied die Möglichkeit, sich zu bestimmten Situationen der Gespräche zu äußern. Einer der meistgenannten Kritikpunkte war die Dauer der Verhandlungen. Aufgrund von zahlreichen offenen Punkten bei manchen Angeboten, ergab sich eine Vielzahl von Verhandlungsthemen, welche die Dauer der Gespräche oft auf weit mehr als den geplanten Zeitraum von acht Stunden verlängerte. Hier wurde angeregt, zukünftig bei einer zu großen Zahl offener Punkte, diese schriftlich vor der Verhandlung beim Bieter anzumerken und Antworten einzufordern oder die Verhandlungstermine je Bieter auf zwei Tage anzusetzen.

Ein anderer Projektleiter berichtete:

Im Rahmen unseres Bauprozesses kam es immer wieder zu Verhandlungen mit den ausführenden Bauunternehmen. Dabei wurde nicht einmalig der Bauvertrag verhandelt, sondern immer wieder auch die gestellten Nachträge, resultierend aus zusätzlichen und geänderten Leistungen. Diese wurden kontinuierlich im Projektverlauf verhandelt. Entscheidend bei der Wahl der Verhandlungsstrategie war es, dass die Bauunternehmen weiterhin im Projektverlauf als Partner das Projekt mittragen sollten. Als Schwierigkeit erwies sich jedoch die Tatsache, dass die Bereiche „Einkauf" des Kunden und die Arbeitspakete der Realisierungsphase voneinander getrennt waren.

In unserem Projekt ist es wie folgt geregelt: Stellt ein ausführendes Unternehmen einen Nachtrag, wird dieser vom zuständigen Arbeitspaketverantwortlichen bewertet. D.h. der Arbeitspaketverantwortliche prüft, ob der Nachtrag grundsätzlich berechtigt ist oder bereits in der mit dem Hauptvertrag vereinbarten Leistung enthalten ist. Ferner wird geprüft, ob die Leistung notwendig ist. Eine Bewertung der Kosten erfolgt dann ausschließlich durch den Einkauf. Der Arbeitspaketverantwortliche ist bei der Nachtragsverhandlung nicht anwesend. Dies hat zur Folge, dass die Interessen des Einkaufs bei der Nachtragsverhandlung im Vordergrund stehen. Diese verfolgen das Ziel, „möglichst geringe Projektkosten" zu halten, was grundsätzlich eine erstrebenswerte Zielsetzung ist. Unsere Erfahrung ist allerdings, dass ein solches Vorgehen Konflikte auch außerhalb des „Verhandlungstisches" entstehen lässt. Dies kann die Zusammenarbeit zwischen den ausführenden Unternehmen und dem Arbeitspaketverantwortlichen nachhaltig stören, was zu Nachteilen im Projektverlauf führen kann.

Als konkretes Beispiel sei an dieser Stelle ein Nachtrag der ausführenden Bauunternehmung genannt. Die Leistungen hierzu waren im Leistungsverzeichnis ungenau beschrieben. Nach intensivem Austausch zwischen dem Arbeitspaketverantwortlichen und dem Bauleiter des ausführenden Unternehmens wurde hierzu ein Konsens gefunden. Das Bauunternehmen sah darin allerdings eine nachtragswürdige Leistung, die im Hauptvertrag so nicht kalkuliert worden war. Der Arbeitspaketverantwortliche kam nach Prüfung der Ausschreibungsunterlagen zum selben Ergebnis und gab dem Nachtrag dem Grunde nach statt.

Bei der anschließenden Nachtragsverhandlung widersprach der Einkauf allerdings dem Ergebnis des Arbeitspaketverantwortlichen aus Sorge, sonst einen Präzedenzfall zu schaffen. Der Nachtrag wurde daher im Rahmen der Nachtragsverhandlung abgelehnt. Das Arbeitsklima zwischen dem Bauleiter des ausführenden Unternehmens und dem Arbeitspaketverantwortlichen kühlte anschließend zusehends ab. In den Besprechungen war immer wieder das gestörte Verhältnis zu spüren.

Erst ein Konfliktgespräch zusammen mit dem Projektleiter konnte Abhilfe schaffen. Für die Situation ursächlich war, dass der Einkauf bei der Wahl seiner Verhandlungsstrategie die weitere Zusammenarbeit mit dem ausführenden Unternehmen nicht berücksichtigt hatte.

Ein anderes Praxis-Beispiel:

Beispielhaft kann hier eine Situation aus den bisherigen Projektarbeiten wiedergegeben werden, in welcher zunächst ein Interessenskonflikt zwischen Linienvorgesetztem einer Fachabteilung und mir als Projektleiter bestand. Auslöser dafür war ein Kapazitätsproblem zu einer Ressource, die von beiden Seiten benötigt wurde. Der so entstandene Ressourcenkonflikt eskalierte zunächst von Seiten der Linie, die sich selbst hier klar im Vorrang im Bezug auf den Mitarbeiter sah. Da dieser Linienvorgesetzte allerdings bereits vorab eine prinzipielle Zusage zur anteiligen Nutzung dieser Ressource für das Projekt gegeben hatte, musste hier eine Lösung gefunden werden. Ein Verhandeln mit der Gegenseite war notwendig geworden. Als Projektleiter entschied ich mich für eine kooperative Verhandlungsstrategie.

Im Rahmen eines von mir einberufenen Abstimmungsgespräches wurden die jeweiligen Schwierigkeiten sachlich diskutiert. Dabei wurden Gemeinsamkeiten bzw. gemeinsame Interessen ausgelotet, um ein beidseitiges Verständnis für das Gesamtprojekt herzustellen und zu festigen. Somit entstand von Anfang an ein Gefühl von Zusammenarbeit. Jede Seite fühlte sich verstanden. Im weiteren Verlauf wurde dann deutlich, dass der Linienvorgesetzte den Mitarbeiter prinzipiell für diesen Zeitraum, wie zugesagt, zu 50% freistellen konnte. Grund für die anfängliche Zurückhaltung der Ressource war allerdings, dass die Fachabteilung sicherstellen wollte, dass der Mitarbeiter nicht „auf ewig" im Projekt verschwindet, sondern einen klaren Bezug zum Tagesgeschäft der Fachabteilung haben sollte.

Nach Klärung dieser Beweggründe war es nicht mehr schwierig, die Ressource, wie ursprünglich zugesagt, zu 50% für das Projekt freigestellt zu bekommen.

7.9 Fazit

Kommunikation ist eines der entscheidendsten Erfolgsfaktoren des Projektmanagements. Gutes Management ist in erster Linie gute Kommunikation. Diese Kommunikation sollte zielführend und nicht wahllos sein, sollte sachliche und emotionale Aspekte gleichermaßen beachten.

Kommunikation ist gleichzeitig einer der entscheidenden Misserfolgs-Faktoren für Projektmanagement. Nicht nur das Fehlen auch das Überschütten mit Information ist hier zu nennen. Wenn also Kommunikation so wichtig ist, dann hat der Projektleiter hier eine der wichtigsten Stellschrauben für sein Projektmanagement, der zugleich auch gut von ihm zu beeinflussen ist.

Kommunikation im Projekt bedeutet, sich auf verschiedene Situationen vorzubereiten und diese professionell zu gestalten. Wir hatten gesehen: Es gibt viele verschiedene Kommunikationsanlässe, die jeweils für sich betrachtet ein unterschiedliches Vorgehen notwendig machen. Eine Projektbesprechung ist nicht mit einer Präsentation/einem Monolog zu verwechseln und eine Verhandlung ist nicht eine Projektbesprechung. Vielleicht sollten wir in unseren Projektmanagement-Training mehr Kommunikationsübungen machen!

8 Konflikte und Krisen

8.1 Relevanz

Streit gibt es in den besten Familien, doch Streiten ist nicht jedermanns Sache. Nur dort, wo Menschen sich wirklich engagieren, kann es auch zu heftigen Kontroversen kommen. Denn wenn jemanden an einer Sache wirklich etwas gelegen ist, dann setzt er sich dafür auch entsprechend hartnäckig ein. Diese „Willensstärke" oder auch „Durchsetzungsstärke" wird durchaus als gesuchte Eigenschaft in Stellenanzeigen für Projektleiter gefordert. Doch manchmal wendet sich diese Kraft gegen die nächst höhere Ebene – dann wird aus der Willensstärke des Projektleiters schnell „Unnachgiebigkeit", „Halsstarrigkeit" oder „Verbohrtheit".

In der Tat verlangt ein Projekt von allen Beteiligten eine größere psychische Robustheit als die Linienarbeit, denn das Projekt ist häufig konflikthaft angelegt: In der Aufbauorganisation des Projektes sind Aufgaben, Verantwortung und Kompetenzen anders geregelt als es die Beteiligten aus der Linie gewohnt sind, arbeitstechnische Prozesse im neuen Projektteam laufen manchmal quer zu den individuellen Erwartungen von den verschiedenen Beteiligten. Zusätzlich gibt es da noch die vielen rein zwischenmenschlichen Passungen und Unpassungen, die man kaum beschreiben kann.

Gut streiten können, ist also eine Fähigkeit, die der Projektleiter allen Stakeholdern gegenüber zeigen sollte. Projektmitarbeiter verlangen, dass der Projektleiter eine im Team getroffene Meinung so lange nach außen vertritt, bis er sich von besseren Argumenten überzeugen lässt. Zielwidersprüche oder Zielkonflikte sollte der Projektleiter offensiv angehen und nicht einfach unter den Teppich kehren. Und natürlich auch sonst sollte er das Team nach außen vertreten, soll sich vor sein Team stellen – selbst wenn es unangenehm oder konfliktgeladen für ihn wird.

Zu Recht darf der Projektleiter aber auch erwarten, dass seine Mitarbeiter im Team eine faire, an der Sache orientierte Streitkultur praktizieren. Geschieht dies, dann können projektinterne Reibungen durchaus eine positive Funktion haben: So zeigen Konflikte z. B. ungeklärte oder unterschiedliche Sichtweisen im Team auf und können so Indikatoren für notwenige Veränderungen oder Anpassungen in der Organisation oder im Team sein. Aus der Sozialpsychologie ist in diesem Zusammenhang das Phänomen des Group-Think bekannt: Es handelt sich dabei um das (vor)schnelle Anpassen der Entscheidung von Einzelpersonen auf die „Norm“ einer Gruppe. Die früh geäußerten Urteile von Teilnehmern verführen andere Teilnehmer der Gruppe, die später ihre Schätzung abgeben, sich den geäußerten Urteilen mit nur geringer Varianz anzupassen. Auch andere Effekte, wie der Majoritätsdruck der Mehrheit auf die Minderheitsmeinung, üben solch eine Kraft aus, dass viele Personen bereit sind, sich von ihrer ursprünglichen Meinung abbringen zu lassen und der vermeintlichen Mehrheit zuzustimmen. Eine stabile Streitkultur reduziert die Gefahr, dass Personen sich in der sachlichen Begründung ihrer Position durch psychologische Effekte beeindrucken lassen.

Einen Konflikt offen auszutragen, sich mit anderen zu streiten, ist auch deswegen positiv, weil konstruktiv gelöste Konflikte im Regelfall zu einer Förderung des Teamgefühls beitragen. Haben die Mitarbeiter zusätzlich den Eindruck, dass sie selbst etwas zur Konfliktlösung beigetragen haben, dann ist der Gedanke nahe: „Wir haben alle etwas davon gelernt“. Das Ringen um eine bestmögliche Lösung setzt also den gegenseitigen Respekt voraus und verstärkt ihn gleichzeitig. Wird diese Fähigkeit von allen Projektmitgliedern so gelebt und empfinden die Kollegen die Spannungen nicht als einen persönlichen Angriff, dann können wir von einer guten Streitkultur in dem Projektteam sprechen.

8.2 Was sagen die Fachverbände?

8.2.1 Mögliche Konfliktquellen

Der PMBOK Guide (4. Auflage) konstatiert: Konflikte sind untrennbar mit einem Projekt verbunden. Konfliktquellen sind mangelnde Ressourcen, unterschiedliche Prioritäten bei der Terminplanung oder aber auch unterschiedliche Arbeitsweisen. Will man einen Konflikt in einem Team lösen, dann sollte der Projektleiter folgende Aspekte bedenken:

- Konflikte sind etwas Natürliches und verlangen in erster Linie die Suche nach Alternativen
- Konflikte sind ein Teamthema
- Offenheit trägt zur Konfliktlösung bei
- Die Konfliktlösung soll sich auf das Thema beziehen und nicht auf Personen
- Konfliktlösung sollte sich auf die Gegenwart konzentrieren und nicht auf die Vergangenheit.

8.2.2 Konfliktumstände

Die ICB/deutsche NCB 3.0 definiert: Ein Konflikt ist ein „Zusammenstoß gegensätzlicher Interessen oder inkompatibler Persönlichkeiten". „Sehr häufig zerstört dies eine sonst gute Arbeitsatmosphäre und kann negative Auswirkungen für die betroffenen Einzelpersonen oder Unternehmen mit sich bringen". Konflikte können zwischen zwei oder mehreren Personen bzw. Parteien auftreten – auch über verschiedene Hierarchiestufen hinweg – können sowohl zwischen verschiedenen Personen innerhalb des Projektteams auftreten als auch mit Personen, die nicht unmittelbar dem Projekt angehören. „Auch wenn verschiedene Personen, die einander nicht kennen, für die Arbeit an einem Projekt zusammenkommen und häufig unter enormem Druck arbeiten müssen, kann dies zu Konflikten führen." Und: „Eine Krise (...) kann als Zeit akuter Schwierigkeiten beschrieben werden, die schwerwiegender sind als diejenigen, denen nur ein Konflikt zu Grunde liegt"[1].

Die Kunst des Konflikt- und Krisenmanagements bestehe laut ICB/NCB darin, „Ursachen und Wirkungen einzuschätzen und zusätzliche Informationen für den Entscheidungsprozess zur Definition möglicher Lösungen zu beschaffen. Dies muss vor dem Hintergrund von wütenden oder in Panik geratenen Personen oder Organisationen geschehen. In möglichst kurzer Zeit muss der Manager Informationen zusammentragen und die verschiedenen Optionen abwägen, um eine positive, vorzugsweise synergetische Lösung zu finden. Vor allem muss er dabei ruhig, beherrscht und freundlich bleiben".

Die NCB betont an mehreren Stellen immer wieder diese zwei Kompetenzen: Selbstkontrolle und rationales Urteilsvermögen. Dies beginnt beim Projektstart durch eine umfassende Risikoanalyse und -Planung für den Umgang mit allen vorhersehbaren Krisen. Dazu gehören dann aber auch „Integrität" und „Berechenbarkeit". Auch der PMBOK Guide spricht von den persönlichen (interpersonellen) Fähigkeiten, die es braucht, um einen Konflikt zu lösen. Bevor ich aber diesen Fähigkeiten nachgehen will, soll noch mal genauer das Wesen eines Konfliktes beleuchtet werden.

8.2.3 Mögliche Prozessschritte

1. Beschreibung und Abdeckung von Angelegenheiten in den Projektverträgen auf der Grundlage einer Risikoanalyse und Planung des Umgangs mit vorhersehbaren Konflikt- und Krisentypen für den Fall ihres Auftretens.

---

[1] ICB-IPMA Competence Baseline – in der Fassung als Deutsche NCB – National Competence Baseline Version 3.0 der PM-ZERT Zertifizierungsstelle der GPM e.V. S.124.

2. Im Fall einer Krise oder eines Konflikts innerhalb des Projekts:

2.1 Sicherstellen, dass der Projektmanager nicht persönlich involviert bzw. Teil der Krise oder des Konflikts ist. Im Falle seiner Verwicklung ist es ratsam, den Projektauftraggeber bzw. die Geschäftsleitung zu informieren, sodass sie jemanden anderen mit der Lösung des Konflikts oder der Krise beauftragen können.

2.2 Berücksichtigung der Standpunkte aller am Konflikt bzw. der Krise beteiligten Parteien.

2.3 Erwägung, welcher Ansatz bei der Lösung der Situation zum Einsatz kommen wird bzw. ob Mediation von unbeteiligten Dritten gesucht werden soll.

2.4 Erwägung verschiedener Lösungsmöglichkeiten unter Ausgleich der Interessen aller beteiligten Parteien.

2.5 Diskussion, Entscheidung und Kommunikation der vereinbarten Lösung.

2.6 Dokumentation der Lessons learned für die Umsetzung auf zukünftige Projekte oder Projektphasen[1].

In Modell von PRINCE2 gibt es hierzu keine Definition.

8.3 Konflikte – soweit das Auge reicht?

Eingangs hatte ich bereits skizziert, dass es in einem Projekt vielfach die Gefahr von Spannungen und Konflikten gibt. Entsprechend ist es wichtig, dass alle Beteiligten über diesen Konfliktcharakter Bescheid wissen, vor allem natürlich auch, wie man mit solchen Spannungen konstruktiv umgehen kann.

Zur Einführung in das Thema „Konfliktmanagement" findet man in Projektmanagement-Lehrbüchern häufig eine Konflikttypologie oder Konfliktkategorisierung vorangestellt. Manche Einteilungen unterscheiden zwischen intrapsychischen, psychosozialen und interpersonalen bzw. sozialen Konflikten. Unter intrapsychischen Konflikten versteht man die Spannung, die jede Person in sich trägt und aushalten muss („Was sagt der Kopf – was will das Herz"), psychosoziale und interpersonale Konflikte sind in der Regel Spannungen, die zwischen verschiedenen Personen oder Personengruppen bestehen.

[1] ICB – IPMA Competence Baseline – in der Fassung als Deutsche NCB – National Competence Baseline Version 3.0 der PM-ZERT Zertifizierungsstelle der GPM e.V. S.125.

Ein Teilnehmer im Seminar machte folgende Unterscheidung:

	Konfliktart	**Beschreibung**
Schwerpunkt Sachkonflikt	Zielkonflikte	Im Projekt werden unterschiedliche Ziele verfolgt, die nicht miteinander vereinbar sind.
	Verteilungskonflikte	Begrenzte Ressourcen, auf die mehrere Programmleiter gleichzeitig angewiesen sind.
	Prozedurenkonflikte	Sie entstehen durch falsche Vorgehensweisen, z. B. wenn jemand nicht frühzeitig informiert wurde oder bei Entscheidungen nicht mit einbezogen wurde, obwohl gewünscht.
	Rollenkonflikte	Sie werden von der Linienorganisation nicht in Ihrer Rolle als Projektleiter nicht akzeptiert, z. B. weil Sie diese Rolle konsequenter umsetzen.
Emotionale Konflikte	Wertekonflikte	Spannungsfeld zwischen beruflichen Anforderungen einerseits und persönlichen, ethischen Wertvorstellungen andererseits.
	Beziehungskonflikte	Autoritätskonflikte, Machtkonflikte, Rivalitäten, Aversionen etc. Ihre eigentlichen Ursachen können manchmal z. B. auch in Sach- oder Rollenkonflikten liegen.

Ich bin nicht ganz einverstanden, gerade mit der letzten Kategorisierung, da sie das Wesentliche eines Konfliktes – und damit auch seine Unterscheidung zu anderen Phänomenen wie „Probleme“ verwischt: Konflikte haben immer einen emotionalen Anteil – der sein eigentliches Charakteristikum ausmacht. Und es ist gerade diese Emotionalität, die es einem technizistischen Projektleiter so schwer macht, mit einem Konflikt konstruktiv umzugehen! Probleme sind dagegen sehr viel nüchterner gelagert: Hier gibt es eine Anforderung, eine Arbeitsaufgabe, die durch Analyse und Identifizieren der Ursachen beschrieben werden kann. Kreativitätsmethoden und Problemlösungsmethoden tragen dazu bei, das Problem im weiteren Fortgang zu lösen. Bei Konflikten kann gerade diese Analyse und Suche nach Ursachen die Konfliktbewältigung verhindern. Denn allzu oft wird hier von den Beteiligten in die Vergangenheit abgedriftet und es werden Bilder und Erfahrungen wachgerufen, die gefühlsmäßig negativ belastet sind. Vielleicht lässt sich hier so viel festhalten: Der Projektleiter sollte schauen, ob es sich in der fraglichen Situation um ein Problem handelt oder um einen Konflikt. Ein Konflikt hat damit also eine andere „Struktur“ und eine andere Dynamik, die man verwischt, wenn man ihn mit den Sachproblemen gleichsetzt!

Die beiden Schilderungen zeigen sehr gut, wie unterschiedlich der Begriff Konflikt und Konfliktmanagement verwendet werden kann. Im ersten

Beispiel handelt es sich um eine Mischung aus Unklarheiten bezüglich Inhalten und Kompetenzen, was nicht selten am Anfang eines Projektes zu finden ist. Im zweiten Beispiel ist viel deutlicher die „atmosphärische Spannung" zu spüren, die ihren Ausgang an einer fehlenden Projektorganisation nahm, sich aber schnell zu einem Beziehungskonflikt erweiterte. Wichtig und richtig ist: Beide Situationen müssen geklärt werden – jede jedoch auf ihre Art und Weise: Die erste Situation kann man gut durch organisatorische Vereinbarungen lösen – die zweite Situation ist für die zwischenmenschliche Konfliktklärung wesentlich herausfordernder.

Zwei Beispiele

Ein Sachproblem oder ein Konflikt? Ein Projektmitarbeiter berichtet:

In unserem Projekt „QM-Prozessdefinitionen" kam es unter den Mitarbeitern zu einem Konflikt bzgl. der Zuständigkeiten und der jeweiligen Aufgaben. Ursache: Zu Beginn des Projektes lag bei den einzelnen Projektmitgliedern jeweils ein sehr unterschiedliches Vorwissen vor. Aufgrund dieser fachlichen Unsicherheiten, der unterschiedlichen Auslegungen des genauen Umfangs der zu beschreibenden Prozesse und schließlich auch aufgrund der unklaren Abgrenzung der Zuständigkeiten gab es deutliche Differenzen unter den Projektmitarbeitern.

Die Situation wurde durch den Projektleiter frühzeitig erkannt und umgehend angegangen: In einer Teambesprechung, die der Projektleiter einberief, wurde über die vorhandenen Probleme, Unstimmigkeiten und Unklarheiten in der Zuständigkeit offen diskutiert. Unter den Teammitgliedern wurde vereinbart, dass in einem 3-tägigen Workshop die Inhalte gemeinsamen analysiert und ausgearbeitet werden. Als weitere Maßnahme wurde vereinbart, dass die Zuständigkeiten klar definiert und dokumentiert werden und von den betroffenen Projektmitgliedern geprüft werden sollten. Zusätzlich wurde geklärt, dass in einem täglich stattfindenden kurzen Meeting über die fachlichen Schnittstellen bzw. Unklarheiten gemeinsam diskutiert wird und die Zuständigkeiten und Lösungswege in einem Protokoll festgehalten werden.

Ein anderer Projektmitarbeiter erzählte:

Unser Projektleiter wurde durch die Geschäftsleitung beauftragt, innerhalb einer sehr kurzen Frist für ein aktuelles Problem einen Lösungsvorschlag zu erarbeiten. Ihm wurde zugesichert, die entsprechenden Mitarbeiterressourcen zu erhalten. Der Projektleiter dachte, dass dies mit den entsprechenden Linienvorgesetzten abgeklärt wäre, was sich in der Folge jedoch als eine falsche Annahme herausstellte. Im Gegenteil: Die direkte Ansprache der Mitarbeiter durch den Projektleiter für die Projektarbeit wurde von einem Linienvorgesetzten abgeblockt, u. a. mit der Begründung, er habe keine offizielle Mitteilung über dessen Aufgaben und Kompetenzen erhalten. Selbst als dies nachgeholt worden war, besserte sich das Verhältnis zwischen Linienvorgesetzten und Projektleiter nicht. Im Gegenteil: Der Linienvorgesetzte verlangte nun, dass der Projektleiter zunächst eine offizielle Anfrage an ihn richten sollte, er diese Anfrage prüfen würde und ihm dann mögliche Mitarbeiter zuteilen würde.

Dies wiederum empfand der Projektleiter als eine Erschwernis, die den eh schon bestehenden Zeitdruck in seinem Projekt zusätzlich erhöhte. Der Eindruck entstand, dass offensichtlich dieser Linienvorgesetzte sich mit seinem Verhalten das Projekt verlangsamen wollte und damit den Projekterfolg gefährdete. Die Situation zwischen den beiden eskalierte eines Tages auf dem Flur, als das Projekt sich zunehmend in Terminschwierigkeiten befand ...

8.4 Projektarbeit als permanentes Konfliktmanagement

Konflikte können über den gesamten Projektverlauf auftreten – nicht nur innerhalb des Projektteams, sondern auch gegenüber vielen anderen Personen, zu denen es Schnittstellen gibt. Ja, häufig ist die Projektdefinition schon auf einem gewissen Spannungsverhältnis aufgebaut, wenn z. B. eh schon knappe (Personal)-Ressourcen der Linie jetzt noch mit dem Projekt geteilt werden sollen oder die Projektziele „geforderte Leistung" mit „zur Verfügung gestellte Zeit" und „freigegebenes Budget" nicht recht zusammenpassen wollen. Diese Widersprüche zu Beginn der Projektarbeit tragen das Potenzial in sich, dass es zu Ärger und Verdruss bei den Beteiligten führt. Wird diese Spannung wieder spürbar im Miteinander der Beteiligten, ist der Konflikt da. Das Beispiel im letzten Abschnitt zeigt, dass Konflikte im Projekt sich weiter entwickeln können, sie können sich vertiefen und die Kluft zwischen den Akteuren kann wachsen – wenn nicht entsprechend eingeschritten wird.

8.4.1 Stufen und Verlauf von Konflikten

Sobald ein Konflikt – mehr oder weniger ungewollt – offensichtlich wird, droht aufgrund seiner inneren Dynamik, die ihn stetig weiter treibt, dass er weiter auswächst. Es ist so lange ein kontinuierlicher Prozess, bis die Spirale unterbrochen wird. In den Eskalationsprozess kann aber auch bewusst strategisch eingegriffen werden, indem er dosiert, erhöht und vermindert wird. Nach Glasl [1] lassen sich folgende neun Eskalationsstufen beschreiben:

[1] Glasl, F.: Konfliktmanagement. Ein Handbuch für Führungskräfte, Beraterinnen und Berater. Stuttgart: freies Geistleben, 1999.

1. Verhärtung: Die Meinungen und Standpunkte verhärten sich, aber es haben sich noch keine starren Lager gebildet.

Beispiel: Bezüglich der Lösung eines fachlichen Problems werden im Projektmeeting zwei unterschiedliche Lösungsansätze kontrovers diskutiert. Die Positionen scheinen unvereinbar zu sein. Es kommt zu keiner Einigung.

2. Debatte/Polemik: Es findet eine Polarisation im Denken, Fühlen und Handeln statt, ebenso langatmige Debatten und taktische Verhaltensweisen. Die Standpunkte verhärten sich.

Beispiel: Der Lösungsansatz der einen Seite wird durch die Vertreter der anderen Richtung ins lächerliche gezogen, karikiert, übertrieben. Killerphrasen kommen zum Einsatz

3. Taten statt Worte: Jetzt helfen nur noch Taten: Keine Partei will nachgeben, beharrt auf dem eigenen Standpunkt und erwartet, dass der Gegenüber die Meinung übernimmt. (Worin liegen die Taten, das Handeln?) Lassen Sie Konflikte erst gar nicht eskalieren bzw. greifen Sie selbstsicher bei Konflikten ein, wenn Sie diese erkennen. Warten Sie nicht ab!

Beispiel: Ein Ultimatum wird der anderen Seite gestellt, das Erproben des vermeintlich falschen Lösungsansatzes wird hintertrieben, indem keine/zu wenige Ressourcen bereitgestellt werden.

4. Images und Koalitionen: Der Gegner wird zum Feind und die „Lager“ spalten sich.

Beispiel: Man definiert sich nicht als Projektteam, sondern erinnert sich seiner eigenen Herkunft aus der Fachabteilung (und dass die anderen aus einer anderen Abteilung stammen): „Wir sind die Guten, die anderen sind die Doofen.“

5. Gesichtsverlust: Der Gegner wird öffentlich bloßgestellt und diffamiert. Gegenüber anderen Teams oder Projektgruppen wird die Kompetenz der Anhänger der anderen Lösungsstrategie in Frage gestellt.

6. Drohstrategien: Drohungen werden gegenseitig ausgesprochen, so genannte „Stolperfallen“ gelegt.

Beispiel: Terminverzug wird der jeweiligen anderen Partei zur Last gelegt, Aufgabenerledigung wird so verzögert, dass die anderen unter Zeitdruck kommen sollen.

7. Begrenzte Vernichtungsschläge: Der Gegner/Feind wird zur „Sache“ erklärt: „Mit denen arbeiten wir nicht mehr zusammen“!

8. Zersplitterung: Ziel ist es, den Gegner zu „vernichten“ und das feindliche System zu zerbrechen.

9. Gemeinsam in den Abgrund: Vernichtung des Gegners um jeden Preis, auch wenn das die Selbstvernichtung bedeutet.

Diese Konfliktspirale von Glasl ist keine wissenschaftlich-empirisch entwickelte Theorie. Sie eignet sich aber gut als Modell, um zu zeigen, wie Konflikte eskalieren können. Je früher ein Konflikt von den Beteiligten erkannt wird und je kompetenter er angegangen wird, umso größer ist die Wahrscheinlichkeit, dass aus dem Strohfeuer kein Flächenbrand wird!

8.4.2 Zyklischer Verlauf von Konflikten

Konflikte werden manchmal auch nicht offen ausgetragen. Da der Zusammenprall verschiedener Bedürfnisse auch immer begleitet ist von z. T. eigenen, heftigen und negativen Gefühlen (Ärger, Angst), wollen in der Regel Menschen diese Gefühle lieber vermeiden. „Wozu sich aufregen? Das ist mir die Sache nicht wert“ – trotzdem kann es sein, dass ein gewisser Rest an Unzufriedenheit zurückbleibt. Der Konflikt wird nicht „manifest“, sondern er bleibt latent. Latente Konflikte sind wie schlafende Vulkane. Manchmal bedarf es nur wenig, dass sich die unterdrückte Energie wieder entlädt. Ideal wäre, solche schlummernden Konfliktherde bereits im Vorfeld zu erkennen und präventiv entsprechende Maßnahmen einzuleiten.

Was passiert eigentlich, wenn ein Konflikt nicht gelöst wird? Mancher Projektleiter hat seine ganz eigenwilligen Erklärungsmodelle in Sachen Konfliktmanagement. Das hört sich dann so an: „In jedem Konflikt klärt sich auch etwas – sehen wir also die positiven Seiten des Konflikts“ oder: „am Anfang muss es auch mal knallen dürfen, das gehört einfach dazu“ oder „die sollen sich mal selbst zusammenraufen“ oder auch „Zeit heilt Wunden“. Und wiederum manche Projektleiter stehen auch auf dem Standpunkt, dass die Mitarbeiter aufeinander zugehen müssen und dass es nicht Aufgabe des Projektleiters sein kann, für alle und alles der erste Ansprechpartner zu sein. In der Tat ist es manchmal gar nicht so leicht, zu erkennen, ob ein Konflikt vorliegt oder nicht. Manchmal laufen die Konflikte außerhalb der Wahrnehmung des Projektleiters ab, stammen vielleicht auch aus Zeiten, als der Projektleiter noch gar nicht im Unternehmen war bzw. noch nicht mit dem Projekt vertraut war. Und sicherlich ist es auch richtig, dass für ein konfliktarmes Miteinander nicht der Projektleiter alleine zuständig ist – jeder Einzelne im Projekt trägt dazu bei.

Welche Gründe auch immer dazu führen, dass ein Konflikt über längere Zeit ungelöst bleibt, wichtig ist, dass sich ein Konflikt selten von allein einfach auflöst. Er schwelt meist im Hintergrund und macht die Zusammenarbeit schwierig: Es macht den Beteiligten keinen Spaß, mit den anderen zusammenzuarbeiten. Das Wissen, dass z. B. wieder eine Projektbesprechung ansteht, löst eher negative Gedanken aus und in aller Wahrscheinlichkeit wird auch die Arbeitsleistung sinken. Jetzt braucht es nur noch einen Auslöser, dann tritt der Konflikt offen zutage. Anstoß dazu kann die eigene psychische Belastung sein („das Fass läuft über") oder auch äußere Ereignisse. Mit dem offenen Auftreten des Konfliktes besteht jetzt allerdings die Chance, eine Lösung herbeizuführen; gelingt dies nicht, wird das Konfliktthema entweder schnell wieder begraben – oder im Extremfall, löst es bei anderen entsprechende negative Einstellungen aus – was im ersten Moment ebenfalls nicht wieder offen zutage treten muss: Aus dem latenten Konflikt wurde ein manifester Konflikt. Man spricht hier auch von einem zyklischen Verlauf eines Konfliktes.

Lösen Sie gerne Konflikte? Ich kenne nicht viele Menschen, die bereit sind, mit dem Thema „Konflikt" umzugehen – egal ob latenter oder manifester Konflikt. Bei vielen von uns schränkt sich vor allem dann die Handlungsfähigkeit und Bereitschaft mit Konflikten ein, wenn man darin selbst verstrickt ist! Aber vielleicht ist das gerade die besondere Anforderung an die soziale Kompetenz des Projektleiters, sich mit diesem Thema bereitwilliger auseinanderzusetzen, als dies der durchschnittliche Mitarbeiter tut: Gerade weil der Projektleiter weiß, dass die Projektarbeit konflikthaft in ihrem Wesen ist, wäre zu erwarten, dass er die Bereitschaft entwickelt, dieses Thema offensiv anzugehen.

8.4.3 Spannungen und Konflikte im Projektteam rechtzeitig erkennen: Indikatoren

Auch wenn Spannungen und Konflikte in manchen Fällen eine positive Seite haben mögen, so ist es in den jedem Fall ratsam, Konflikte möglichst frühzeitig zu erkennen und sie zu lösen. Generell gilt: Konflikte werden dadurch nicht besser, dass man sie auf die lange Bank schiebt, oder sie den „Selbstheilungskräften des Projektteams" überlässt, getreu dem Motto: Das sollen die mal unter sich ausmachen". Umgekehrt muss der Projektleiter aber auch nicht ständig die gute Teambeziehungen in Frage stellen, ständig auf der Suche, ob es nicht doch ein Quäntchen Missstimmung im Team gibt. Die Wahrheit liegt wie so oft in der Mitte: Der Projektleiter sollte aufmerksam sein und mögliche Indikatoren für einen Konflikt erkennen, um so das Signal an alle zu geben: „Mir liegt etwas an einem guten und fairen Umgang untereinander. Konflikte lassen sich – das zeigt die Konfliktspirale von Glasl – am leichtesten klären, wenn man sie frühzeitig erkennt. Folgende Aufzählung, die ich in der Literatur fand, die mir auch meine Seminarteilnehmer lieferten, mag hier dem Projektleiter als Aufzählung möglicher Indikatoren dienen, genauer nachzufragen:

- Keine Einigung über ein fachliches Problem über einen langen Zeitraum
- Keine Bereitschaft, einander zuzuhören
- Ideen von anderen als eigene Ideen verkaufen
- Vorschläge werde niedergebügelt, bevor sie besprochen wurden
- Rivalitäten aus früheren Zeiten brechen aus
- Lagerbildung (Sympathie/Antipathie)
- Vorwurf mangelnder Kompetenz
- Projektsitzungen dauern lange, ohne gewünschte Ergebnisse
- Wiederholte Abgabe mangelhafter Ergebnisse oder Aufgaben werden gar nicht erledigt
- Verantwortliche treffen Entscheidungen zu spät oder gar nicht
- Eindruck: Projektmitglieder sind in Projektbesprechung nur „körperlich“ anwesend, keine Vorbereitung etc.
- Rangeln um Kompetenzen
- Führungskräfte lassen Vorschläge von Mitarbeitern nicht gelten

Dies kann sicherlich nur eine erste und unvollständige Liste an möglichen Indikatoren sein. Vielleicht ist der beste Indikator das eigene Wohlfühlen als Projektleiter im Kontakt mit den Mitarbeitern: „Macht mir die Zusammenarbeit mit dem Projektteam Spaß oder ist die Arbeit mit den einzelnen Personen für mich mühselig? Kann ich auf alle Mitarbeiter unbeschwert zugehen oder nerven mich einzelne Personen, weiche ich ihnen am liebsten aus? Kann ich jedem Mitarbeiter in seiner Art Wertschätzung entgegenbringen oder löst der Anblick einer bestimmten Person in mir schon Verärgerung oder eine bestimmte Abwehrhaltung aus?“ Ist Letzteres der Fall, ist dies der Hinweis auf einen Konflikt – vielleicht erst ein latenter Konflikt, vielleicht auch ein Konflikt, an dem der Projektleiter selbst beteiligt ist.

8.5 Vom Umgang mit Spannungen und Konflikten als Projektleiter

Ich wage folgende These: Manche Projektleiter sind konfliktscheu, wollen emotionale Konflikte lieber aussitzen. Das sind für mich die technizistischen Projektleiter! Gerne wird diese Zurückhaltung dann deklariert als das eigene Selbstverständnis, „nicht autoritär“ führen zu wollen und lieber den Teilnehmern die Freiheiten zu geben, damit diese ihre Beziehungen und ihr Miteinander gemeinsam regeln können. Aber jeder weiß auch: Konflikte werden nicht besser, wenn man sie nicht angeht und löst – im Gegenteil: Bei der Konfliktspirale nach Glasl wird davon ausgegangen, dass ein sinnvolles Zusammenarbeiten im Projekt nicht mehr möglich ist, wenn sich ein Konflikt in einer der letzten drei Eskalationsstufen (7-9) befindet. Hier muss der Leiter entscheiden, ob er sich nicht von bestimmten Personen in seinem Team trennen sollte.

Besonders schwierig ist es sicherlich, wenn man als Projektleiter selbst Teil des Konfliktes ist. Denn manchmal entzündet sich ja gerade an den Vorgaben des Projektleiters, seinem Führungsstil oder auch an irgendwelchen (belanglosen) Äußerungen ein Konflikt. Egal, wie dem auch sei: Was kann ich als Projektleiter tun, wenn ich selbst Teil des Konfliktes bin?

8.5.1 Antizipieren und Ansprechen der Konfliktpotenziale im Vorfeld

Ein Konflikt entsteht aus der Diskrepanz zwischen zwei widerstrebenden Interessen/Bedürfnissen (z. B. eigenes Interesse als Teamleiter und Interesse der Gruppe). Konflikte passieren aber im Projekt nicht aus heiterem Himmel, Konflikte kündigen sich meistens an – ja vielleicht kann man schon aus früheren Begegnungen antizipieren, wo eventuell ein Konfliktpotenzial besteht. Daher gilt die alte Regel: Das rechtzeitige Antizipieren von möglichen Konflikten ist sicherlich die beste Form der Konfliktlösung – da Konfliktvermeidung! Und auch diese Regel sollte jeder Projektleiter beherzigen: Sei bereit, im Konflikt für Dein Projekt zu kämpfen!

Ein Teilnehmer berichtete:

„In einem Projekt hatte ich zwei Teammitglieder aus zwei verschiedenen Abteilungen (Marketing und IT). Die Marketingmitarbeiterin war schon länger im Unternehmen und stand in der Firmenhierarchie höher als der IT-Mitarbeiter. Im Arbeitsalltag schienen die beiden sich gut zu verstehen und miteinander arbeiten zu können. Allerdings hatten beide noch nie in einer konkreten Abhängigkeit voneinander zusammengearbeitet. In meinem Projektteam war dies nun zum ersten Mal der Fall. Prompt kam es zu einem Konflikt zwischen den beiden: Die Marketingmitarbeiterin erwartete von dem IT-Mitarbeiter entsprechende Zuarbeiten, die dieser zwar erfüllte, sich aber sehr an der Art, wie die Marketing-Mitarbeiterin mit ihm umging, störte („Sie versucht jetzt, die Chefin zu spielen."). Entsprechend zeigt der IT-Mitarbeiter wenig Bereitschaft, von sich aus die Zuarbeiten termingerecht zu erledigen (Marketing-Mitarbeiterin: „Ich muss ihn immer antreiben."). Aufgrund des Alters- und Hierarchieunterschiedes hatte der IT-Mitarbeiter meines Erachtens ein Anerkennungsproblem mit der Mitarbeiterin aus dem Bereich Marketing".

Lassen wir zunächst die Analyse der Situation aus dem Spiel, ob der IT-Mitarbeiter ein Anerkennungsproblem mit der Kollegin hatte oder nicht. Die Situation, wie sie hier berichtet wird, ereignet sich immer wieder in der Projektarbeit: Man kennt sich aus der Linie, hat vielleicht sporadisch schon etwas miteinander zu tun gehabt, hatte allerdings keine größeren Berührungspunkte. Jeder denkt im ersten Augenblick: „Die müssten doch gut miteinander klarkommen". Aber bei genauerem Hinsehen erkennt man die potenziellen Konfliktfelder: Hat man wirklich in der Vergangenheit mit einander gearbeitet oder hat man sich nur zugearbeitet? Gibt es aus der Linienarbeit bekannte „traditionelle" Spannungen oder auch eine Tradition der Kooperation? Oder: Gibt es persönliche Sympathie oder Antipathie? Auf jeden Fall steht fest: Projektarbeit ist intensiver als Linienarbeit. Man ist dichter miteinander zusammen – man ist stärker aufeinander angewiesen. Und genau in dieser Enge merkt man plötzlich, dass der/die andere ganz anders ist!

Davon zeugt auch dieses Beispiel:

Neulich habe ich ein Gespräch zwischen zwei Mitarbeitern aus meinem Teilprojekt in der Kaffeeecke mitbekommen. Dort wurde eifrig diskutiert, dass man schon gespannt sei, was die Kollegen aus dem Teilprojekt Test „dieses Mal wieder planen würden". „Was da bis jetzt im Rahmen des Testkonzeptes erarbeitet worden sei, wäre ja wohl nicht ausreichend. Das Konzept sei sehr theoretisch, man vermisse die Beschreibung und Evaluierung der Tests". Ich habe mich in die Diskussion eingebracht, um noch mehr Informationen zu bekommen. Dabei erfuhr ich, dass die beiden Mitarbeiter bereits in einem früheren Projekt Kontakt mit den Kollegen aus dem Testbereich hatten und es dort offensichtlich ebenfalls zu Spannungen gekommen war.

Mein Fazit: Die erlebte Situation hat mir gezeigt, dass man nicht auf gute Kommunikation hoffen darf.

Aus den zwei Situationsschilderungen wissen wir nicht, was der Projektleiter als nächstes unternahm, um einen drohenden Konflikt zu vermeiden. Generell kann man aber folgende Empfehlungen geben:

- *Erfahrungen abgleichen:* Auch wenn das Projekt eine einmalige Sache ist, so ist doch vielleicht eine Arbeitsbeziehung zwischen den Projektbeteiligten aus frühen Zeiten der Zusammenarbeit vorhanden. Diese Best-and-Worst Practices gilt es herauszufinden, im Sinne von: „Wie wollen wir dieses Mal zusammenarbeiten, ohne die Stressknöpfe der anderen zu drücken?"
- *Arbeitsstile abgleichen:* Schon im Vorfeld sollte der Projektleiter sich einen intensiveren persönlichen Eindruck über den Arbeitsstil und die soziale Umgangsweise der späteren Projektmitarbeiter einholen.

Wenn Zusammenarbeit konflikthaft wird oder sogar scheitert, dann scheitert diese meistens nicht an fachlichen Aspekten, sondern gerade an Unverträglichkeiten im Arbeitsstil einzelner Personen oder in deren sozialen Einstellungen. Konfliktpotenzial bildet sich häufig aus diesen „Stilunverträglichkeiten": Der eine ist morgens topfit, der Spätstarter empfindet dies als hektisch, der eine will an unfertigen Lösungen weiterdenken, der andere empfindet solches Arbeiten als „Flickschusterei". Jeder regt sich über die Art des Anderen auf.

- *Spielregeln erarbeiten:* Manchmal besteht der Wert von gemeinsamen Konfliktspielregeln gar nicht in dem Ergebnis, sondern in deren gemeinsamer Erarbeitung: Das Erstellen von Spielregeln zeigt, was einer einzelnen Personen wichtig ist – einer anderen Personen dagegen überhaupt nicht. Beispiel: Die Regel „Wer zu spät ins Meeting kommt, soll einen Euro in die Gemeinschaftskasse zahlen" – ist für die eine Person eine einfache Regel für mehr Disziplin, ein Gebot der Fairness und Solidarität – für einen anderen ist sie „kindisch und bürokratisch". Man merkt in den unterschiedlichen Positionen, dass Korrektheit und Gleichheit für den einen wichtig sind und Freiheit für den anderen. Die Regelung einer gemeinsamen Ordnung wird für den anderen zur Einschränkung der Freiheit. Nutzen Sie doch solche Erarbeitungsphasen, um einen Einblick in das Wertesystem der einzelnen Personen zu bekommen und mögliche Konflikte zu antizipieren.
- *Ehrliches Feedback an das Gruppenmitglied unter vier Augen geben/zur Konfliktansprache bereit sein:* Manch einem Mitarbeiter ist nicht immer klar, wie sehr sein Verhalten ein Potenzial für einen Konflikt birgt. Es gehört sicherlich auch zu den Aufgaben des Projektleiters, den Mitarbeiter auf solches Konfliktpotenzial aufmerksam zu machen – nicht in zu starker, aber auch nicht in zu schwacher Form. Besser ist es, im Vorfeld das drohende Konfliktpotenzial anzusprechen, als im Nachhinein den Konflikt aufwändig klären zu müssen!
- *Konflikte als Gruppenkonflikt sehen:* Konflikte werden manchmal unbewusst durch Kollegen initiiert und auch am Leben erhalten. Es gibt nicht zwei Streithähne in einem Projektteam und der Rest der Projektmitarbeiter ist völlig unbeteiligt daran. Entsprechend sollte von Anfang an klar sein, dass jede Spannung im Umgang miteinander als ein Gruppenkonflikt wahrgenommen wird – und sollte somit auch als Gruppenproblem gelöst werden. Grundsätzlich gilt also: Nicht die einzelne Person beschuldigen, dass sie ein Problem verursacht, sondern überlegen, was jeder Einzelne dazu beiträgt, dass das Problem aufrecht erhalten wird (wie profitiert er direkt/indirekt davon?).

- *Auf Mitarbeiter mit hohem Konfliktpotenzial verzichten:* Im Einzelfall muss der Projektleiter auch für sich entscheiden, ob er der Arbeitsfähigkeit der Gruppe zuliebe auf einen bestimmten Mitarbeiter verzichten kann. Ich weiß, dies ist in der Praxis manchmal sehr schwierig – gerade dann, wenn der Mitarbeiter eine wichtige fachliche Ressource darstellt. Aber vielleicht muss man auf einen solchen Mitarbeiter verzichten, wenn man schon im Vorfeld weiß, dass hier einzelne Personen überhaupt nicht miteinander zusammenarbeiten können.
- *Selbst zum Konflikt bereit sein:* Projektarbeit ist von potenziellen Konflikten geprägt. Es ist manchmal schier unmöglich, dass es nicht zu kleineren und größeren Konflikten innerhalb und außerhalb des Projektteams kommt. Umso wichtiger ist es, dass der Projektleiter nicht konfliktscheu und bereit ist, diese Konflikte auszufechten – zu Gunsten seines Projekterfolges und seines Projektteams.

8.5.2 Schritte für eine kooperative Konfliktschlichtung

In der Theorie gibt es eine große Vielzahl an Empfehlungen, wie man am besten einen Konflikt lösen kann. Dabei wird zwar manchmal zwischen privaten bzw. persönlichen Konflikten und beruflichen Konflikten unterschieden – von der psychologischen Seite ist aber ein Konflikt gleich – egal, in welchem Kontext er stattfindet. In allen Arten von Konflikten gibt es sicherlich unterschiedliche Arten von Intensitäten, der Anzahl direkt/indirekt Beteiligter etc. Aber im Grunde geht es in allen Konflikten um die Frage, wie man mit den eigenen und fremden Gefühlen von Recht bzw. Unrecht, mit eigenen Ansprüchen und der Abwehr von fremden Ansprüchen umgeht.

In meinen Seminaren stelle ich die Frage daher manchmal so: „Welche (manchmal merkwürdigen) Verhaltensweisen beobachten Sie bei ihren Kollegen im Umgang mit Konflikten?" Die Antworten fallen den Teilnehmern meist nicht schwer:

- Rückzug/Vermeiden des Konfliktes: Das Thema wird umgangen, nicht mehr weiter angesprochen, es bleibt damit schlicht ungelöst.
- Retourkutsche: z. B. wird vom Projektleiter fehlende Ressourcenbereitstellung in einem Projekt durch einen Kollegen in einem anderen Fall, wo er jetzt in der Rolle als Teamleiter agiert und um Unterstützung von dieser Kollegen gebeten wird, leider wegen „Arbeitsbelastung" abgelehnt.
- Verschieben/Überlagern/Polemisieren des Konfliktes: Das Thema wird nicht direkt angesprochen, sondern über ein anderes Thema ausgetragen (der momentane Konflikt mit einem Linienvorgesetzten

wird zum Ausdruck der grundsätzlich unterschiedlichen Politik der Bereiche erklärt).

- Minimieren des Konfliktes: Der Konflikt ist nicht der Rede wert, man kann sich auch mal anpassen. Die Ressourcen stehen dann eben später zur Verfügung.
- Vorschnelles Harmonisieren: Schließen eines vorschnellen, faulen Kompromisses. Wenn heute den anderen Projekten bzw. Linienaufgaben mehr Priorität zugebilligt wird, dann wird ein anderes Mal dem Projekt bestimmt wieder mehr Flexibilität eingeräumt.
- „Kompetitive" Durchsetzungsstrategie, d. h. als Projektverantwortlicher sehe ich es nicht ein, auf die anderen in irgendeiner Form Rücksicht zu nehmen.

Die Liste ließe sich sicherlich noch weiter fortsetzen. Vielleicht kann auch jemand erzählen, dass eine der oben genannten Formen tatsächlich einen Konflikt milderte, vermied oder sogar löste. Im Grunde sind sich aber alle Teilnehmer immer einig, dass diese Methoden nicht wirklich dazu beitragen, einen Konflikt konstruktiv zu lösen. Welche allgemeinen Empfehlungen finden sich, wenn es darum geht, Konflikte zu entschärfen? Was kann man als Projektleiter dazu beitragen, einen Konflikt konstruktiv zu bearbeiten? Grundsätzlich gilt:

- *Einen Konflikt erkennen und ihn offen als solchen thematisieren:* Es macht keinen Sinn, Konflikte zu unterdrücken oder damit „hinter dem Berg zu halten". Natürlich ist es auch nicht immer angenehm, spannungsreiche Themen anzusprechen. Aber auch der vermeintliche Ausweg, zunächst abzuwarten, „Gras über die Sache wachsen zu lassen", macht meistens die Sache noch schlimmer. Also lieber: Augen zu und durch!
- *Die verschiedensten Konfliktpartner identifizieren:* Wer ist denn eigentlich an dem Konflikt beteiligt – direkt oder indirekt? Zur Konfliktlösung müssen alle an einen Tisch – auch manche übergeordnete Instanz darf hier nicht fehlen. Management-Support ist häufig eine entscheidende Konfliktlösungsinstanz.
- *Konflikt und seine Beweggründe analysieren:* Bitte beachten Sie dabei, dass Beweggründe etwas anderes sind als die Frage, wie der Konflikt zustande kam. Es geht nicht darum, wer wann wen durch welche Äußerungen geärgert hat, sondern: Was war die eigentliche Intention in der Kommunikation? Dies ist manchmal aber erst möglich, wenn sich die verschiedenen Akteure über die (unterschiedliche) Wahrnehmungen der Konfliktursachen ausgetauscht haben.
- *Stark emotionale Konflikte in eine sachlichere Form bringen,* um den Kopf frei zu haben für neue Lösungsideen: Es geht nicht darum,

dass man nicht sagen darf, dass man sich über etwas geärgert hat – es geht darum, wie man dies sagt. Durch eine aggressive Art wird manchmal der andere ebenfalls aufgestachelt, was wiederum die Bereitschaft zur Konfliktlösung reduziert.

- *Lösungsalternativen* sammeln, bewerten, auswählen und umsetzen: Wer es geschafft hat sich etwas emotional zu beruhigen, hat eher die Chance, seinen Blick in andere Richtungen zu erweitern.
- *Und für Sie als Projektleiter:* Seien Sie sich Ihrer eigenen Rolle bewusst, d. h. der Projektleiter sollte im Konfliktfall nie als parteiisch von den verschiedenen Konfliktparteien betrachtet werden. Die optimale Konfliktlösung sieht daher so aus, den Konflikt so zu schlichten, dass alle beteiligten Parteien ihre positive Wertschätzung spüren – auch die positive Wertschätzung, die sie der anderen Konfliktpartei entgegenbringen.

Ein möglicher Ablauf einer kooperativen Konfliktlösung könnte in folgenden Phasen ablaufen:

Tabelle 20 Phasen der kooperativen Konfliktlösung

Phase	Beschreibung	Hinweise
1	*Einleitung:* Die Ausgangssituation und das Thema des Konfliktes werden benannt, so dass alle Beteiligten wissen, worum es gehen soll.	Hinter manch sachlichem Ressourcenengpass können im Grunde unterschiedliche Prioritätensetzungen der Beteiligten stehen (was ist wichtiger). Daher ist es wichtig, dass genügend Zeit auf die Klärung der Ausgangssituation gelegt wird. Eventuell zeigt sich hier, dass weitere Personen zu der Konfliktlösung hinzugezogen werden müssen, weil sie Stakeholder des Konfliktes sind.
2	*Beschreibung der Einzelperspektive:* Jeder der Beteiligten erhält die Möglichkeit, seine Sicht der Dinge zu schildern.	Die Beschreibung sollte bewusst als persönliche Sicht der Dinge gekennzeichnet werden. Keiner der Konfliktparteien kann letztlich den Anspruch darauf erheben, die alleinige Objektivität zu besitzen.
3	*Entwicklung einer Lösung:* Gemeinsam wird ein Zielzustand definiert, der von allen akzeptiert werden kann. Anschließend wird nach Lösungswegen gesucht, diese werden bewertet und es wird eine Entscheidung gefällt.	Während bei manchen Konfliktarten ein gewisses Maß an Rationalität zur Konfliktlösung beiträgt, stehen bei anderen Konflikten (z. B. Beziehungskonflikten) die Emotionen (persönliches Verletztsein etc.) im Vordergrund. Entsprechend müssen der anvisierte Zielzustand und der Weg dorthin auch emotional „passen".
4	*Erfolgssicherung:* Nach einem festgelegten Zeitraum kommt das Konfliktthema erneut auf den Tisch und es wird entschieden, ob der Konflikt gelöst ist oder was jetzt getan werden muss, um ihn schlussendlich zu lösen.	Ob durch den Konflikt noch Verletzungen oder Gegnerschaften existieren, lässt sich manchmal auch am nonverbalen Verhalten erkennen. Auch ein indirektes Nachfragen bei einzelnen Personen, ob „alles geklärt sei", kann der Projektleiter nutzen, um sich Gewissheit darüber zu verschaffen, ob das Thema noch mal ernsthaft auf die Tagesordnung gesetzt werden muss.

8.5.3 Die Win-Win-Lösung

Einer der bekanntesten Ansätze, um Konflikte zwischen verschiedenen Streitparteien zu lösen bzw. zu schlichten, ist die Win-Win-Methode (Bild 11). Bei diesem Ansatz wird davon ausgegangen, dass ein konflikthaftes Verhalten aus der Sicht der Beteiligten immer ein zielführendes Verhalten ist, hinter dem ein bestimmtes Bedürfnis steht. Das Problem besteht nun darin, dass die Befriedigung dieses Bedürfnisses durch ein bestimmtes Handeln im Konflikt mit dem Handeln einer anderen Person steht. Der Konflikt besteht also im Weg der Realisierung dieses Bedürfnisses, d. h. die Wege, die die Konfliktparteien einschlagen wollen, passen nicht zusammen. So ist das Bedürfnis zunächst legitim (Autonomie des eigenen Fühlens und Denkens).

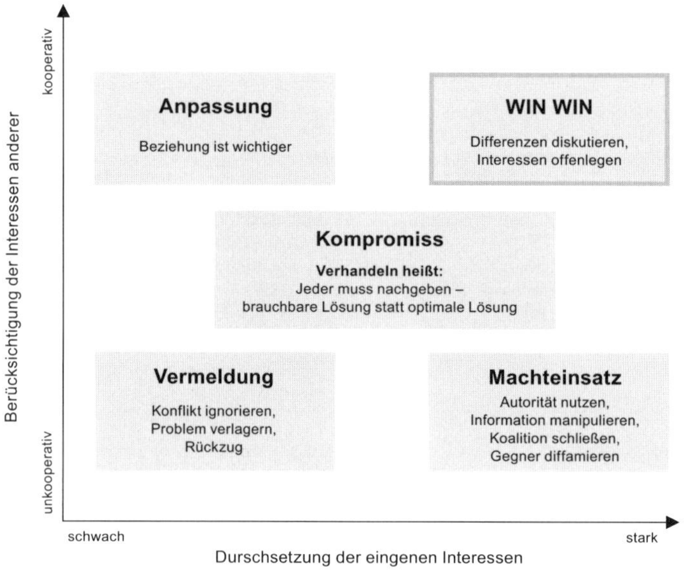

Bild 11 Möglichkeiten des Umgangs mit Konflikten

Der eigentliche Lösungsschritt besteht darin, dass die Beteiligten zunächst ihre eigenen Interessen kennen und diese auch formulieren können. Gleichzeitig ist es aber wichtig, dass die Beteiligten die Motive der anderen Seite respektieren und bereit sind, deren Bedürfnisse mit in die Suche nach einer Lösung zu integrieren. Das bedeutet, dass beide Parteien den Willen haben müssen, auf der Ebene der Motive/Interessen nach neuen Umsetzungsmöglichkeiten zu suchen.

Diese „ideale" Lösung ist machbar, wenn sich der Konflikt auf den ersten drei Eskalationsstufen nach Glasl befindet. Dabei kann man als Konfliktbeteiligter bzw. als Moderator die anderen Beteiligten auffordern, sich einmal in die „Schuhe des anderen zu stellen" und sich zu fragen, welche möglichen Bedürfnisse aus der Sicht der einzelnen Gruppenmitglieder zu dessen Verhalten führen.

Der Ansatz, eine Lösung zu suchen, die die Interessen aller Beteiligten gleichermaßen respektiert, ist vor allem dann erfolgreich, wenn der Konflikt (noch) nicht verhärtet ist. Denn eine solche Lösung setzt voraus, dass man miteinander redet, dass man dem anderen zuhört und dass man das Gefühl hat, der andere ist genauso an einer raschen Lösung interessiert, wie man selbst. Im Projekt ist diese Konfliktlösung damit in großem Maße abhängig von der sozialen Kompetenz aller Beteiligten – und nicht so sehr von der sozialen Kompetenz des Projektleiters. Diese „einfachen" Konflikte können im Projektteam direkt und unmittelbar zwischen den Beteiligten geklärt werden.

8.5.4 Moderation: Aushandeln von Leistung und Gegenleistung

Was tun, wenn der Konflikt sich nicht beseitigen lässt? Was tun, wenn die Spannungen weiterhin vorhanden sind und vielleicht sogar anwachsen?

Was kann man tun, um nicht in die Gefahr einer zunehmenden Krise zu geraten?

Ein Beispiel:

Vor vielen Jahren, als ich selbst zum ersten Mal die Rolle eines (Teil)-Projektleiters inne hatte, kam es zu einer sehr spannungsreichen Situation: Die Mitglieder des Projektteams stammten aus zwei Unternehmen, die bis zu diesem Zeitpunkt noch nicht zusammengearbeitet hatten – im Gegenteil sich als Mitbewerber verstanden. Der Auftraggeber hatte nämlich entschieden, den Projektauftrag zu splitten und so jeden der beiden Dienstleistungsanbieter mit einem Teilauftrag zu bedenken. Am Anfang dachte ich, dass diese Lösung funktionieren müsste, bis mir klar wurde, wie grundsätzlich verschieden die beiden Teilgruppen dachten. Und nicht lange danach, gab es einen riesigen Konflikt über die grundsätzliche methodische Arbeitsweise. Damals stand uns kein Moderator oder Vermittler zu Seite. Die einzige Lösung war, die Projektgruppe wieder in zwei Teilprojekte zu untergliedern, die ab jetzt wieder getrennt arbeiteten. Natürlich blieb auch dem Auftraggeber dieser Konflikt nicht verborgen und alle Beteiligten waren froh, als nach ca. sechs Monaten das Projekt offiziell als erfolgreich beendet wurde, Amen!

Im vorangegangenen Abschnitt wurde war das Win-Win-Modell vorgestellt. Bei prinzipieller Gesprächsbereitschaft aller Beteiligten und manchmal auch mit Hilfe einer großen Portion an Kreativität, kann hier nach einer tragfähigen Lösung für den Konflikt gesucht werden. Aber gerade bei dem oben geschilderten Fall war das Problem, dass die zwei Gruppen nach dem offenen Schlagabtausch nicht mehr miteinander redeten. Keiner hatte so richtig Lust oder eine Idee, wie man einen Streitfall besser lösen könnte. Die Fronten waren ziemlich verhärtet.

Hier empfiehlt es sich einen neutralen Moderator/Streitschlichters einzusetzen. Er kann vielleicht am ehesten die Teilnehmer dazu bringen, den Gesprächsfaden wieder aufzunehmen, ihre Positionen zu klären, bestimmte Verabredungen zu definieren und einzuhalten etc. Was ist bei einer Moderation zu beachten?

- *Vorabgespräche nutzen:* Bevor Sie eine Moderation starten, reden Sie intensiv mit den verschiedenen Beteiligten – vielleicht auch zuerst getrennt. Eine gute Vorbereitung ist gerade bei schwierigen Moderationssituationen oftmals entscheidend. In diesen Vorgesprächen können Sie auch heraushören, was bei den einzelnen Beteiligten „geht" bzw. „nicht geht".
- *Selbst nachdenken:* Reflektieren Sie das, was Sie in der Vorbereitung von den einzelnen Beteiligten gehört haben; versuchen Sie sich in die Rolle der Beteiligten einzufühlen und ein Bild davon zu entwickeln, was dieser Person/Partei wichtig ist.
- *Methodisches Szenario vorbereiten:* Überlegen Sie sich Ihr methodisches Vorgehen genau: Wie wollen Sie den Prozess der Moderation gestalten, welche Hilfsmittel (Flipchart, Whiteboard etc.) brauchen Sie? Welche Rahmenbedingungen erachten Sie für günstig (Ort, Uhrzeit)? Dabei gilt: Nicht das wiederholen, was in der Vergangenheit sich als nutzlos herausgestellt hat – sowohl inhaltlich als auch in der Methode bzw. in der Organisation. Wählen Sie z. B. bewusst ein anderes Gebäude/einen anderen Raum, eine andere Uhrzeit, eine andere Sitzordnung etc.
- *Einen Auftrag von allen Konfliktparteien abholen:* Die Konfliktlösung durch einen Moderator wird nicht selten durch eine übergeordnete Instanz in der Organisation veranlasst. Aus bestimmten Gründen ist ihr eine Lösung des Konfliktes wichtig. Genauso wichtig ist aber, dass auch die beteiligten Parteien den Wunsch haben, den Konflikt durch einen Moderator (wieder) anzugehen. Und vielleicht bestehen auf dieser Ebene andere Interessen als auf der Ebene der übergeordneten Instanz? Wie dem auch sei: Es ist wichtig, dass diejenigen, die den Konflikt miteinander klären sollen, dem Moderator

auch einen „Auftrag“ dazu erteilen: Was soll er/sie aus Sicht der Beteiligten machen? Was sind ihre Ziele und Erwartungen z. B. in einem Konfliktmoderationsworkshop?

- *Positiv beginnen:* In der Durchführung ist es hilfreich, zu Beginn des Gesprächs das, was in der Vergangenheit bereits als Teillösung erreicht wurde, zu benennen. Danken Sie den Teilnehmern, dass sie gekommen sind und werten Sie dies als ein Zeichen, dass die Personen neugierig sind und willig für eine Lösung. Diese positive Grundstimmung mag zwar etwas suggestiv sein, kann aber die Bereitschaft zur Lösungssuche bei den Beteiligten erhöhen.
- *Visualisierung nutzen:* Nutzen Sie Visualisierungsmedien, wie z. B. Whiteboard, Flipchart, Pinnwand etc.: Wer schreibt, bleibt – oder anders: Was geschrieben steht, hat eine hohe Prägnanz bei den Beteiligten. Entwerfen Sie Grafiken, Bilder, Listen, was auch immer, um Positionen zu veranschaulichen und mögliche neue Wege aufzuzeigen. Halten Sie auf diese Weise auch erreichte Kompromisse und Teillösungen bereit, hinter die man nicht mehr zurückgehen möchte.
- *Kleine Schritte würdigen:* Oftmals sind Positionen verhärtet, weil frühere Lösungsversuche kein zufriedenstellendes Ergebnis brachten. Wenn jetzt eine Moderation stattfindet, glauben viele Personen, dass in kurzer Zeit ein „Turn around“ erreicht wird. Dies ist häufig so nicht möglich. Versuchen Sie daher mit den Beteiligten eine Atmosphäre zu schaffen, in der auch die kleinen und leisen Veränderungsschritte gewürdigt werden.
- *Konkrete Schritte definieren:* Häufig zeigt sich erst bei der Umsetzung im Projektalltag, ob die gefunden Lösungen funktionieren. Versuchen Sie daher mit den Teilnehmern einen ganz konkreten Maßnahmenplan für die Realisierung der Lösungen zu definieren (wer macht was mit wem wann …)

Im Rahmen einer Moderation wurde ich von einem jungen Projektleiter gebeten, eine Teamreflexion zu begleiten. Aus seiner Sicht war das Klima der Zusammenarbeit im Team sehr schlecht: Die Arbeitsergebnisse waren zwar in Ordnung, aber hatten nicht die von ihm letztlich erhoffte Qualität; die Mitarbeiter nahmen an den geplanten Abstimmungsrunden teil, allerdings waren diese Projektbesprechung meist sehr zäh. Auch persönliche Gespräche mit einzelnen Mitarbeitern waren aus der Sicht des Projektleiters mühselig. Der Projektleiter selbst war sehr engagiert und leistungsorientiert und wollte gleichzeitig aber auch mitarbeiterorientiert handeln. So praktizierte er seine Form des „Management by Walking around“.

In der Vorbereitung zu dem Workshop unterhielt ich mich intensiv mit dem Projektleiter, um Hypothesen zu entwickeln, was Ursachen und mögliche Lösungen für die schlechte Stimmung sein könnten. Wir entwickelten viele Ideen für mögliche Ursachen und Alternativen und ich hatte den Eindruck, dass allein diese Art des Nachdenkens beim Projektleiter zu neuen Ideen führte.

Als schließlich der Workshop durchgeführt wurde, gestaltete sich die Eröffnung schwierig. Die Projektmitarbeiter schienen keine rechte Lust zu haben über ihre Praxis und Zusammenarbeit nachzudenken. Mir schien auch, dass keiner so richtig mit der Sprache herausrücken wollte. Endlich, nach einigen langen fruchtlosen Gesprächsrunden, schälte sich am Nachmittag des Pudels Kern heraus: Die Teilnehmer im Workshop und die Mitarbeiter im Projektteam empfanden sich als „überversorgt". Sie waren es aus anderen Projekten gewohnt, bei Problemen den Projektleiter direkt aufzusuchen – und erwarteten nicht, dass der Projektleiter zweimal am Tag bei ihnen vorbei schaute. Da der Projektleiter aber von allen zugleich als sehr nett angesehen wurde, traute sich keiner so recht ihm zu sagen: „Weniger (Mitarbeiterfürsorge) wäre dieses Mal besser".

Das Beispiel zeigt: Eine Moderation schafft einen Raum, in dem sich alle Beteiligten noch ein Mal anders verhalten können als sie es vielleicht bisher gezeigt haben. Der Moderator muss offen sein, um Kreativität zu ermöglichen, um das Gefühl von Sicherheit zu geben, um vielleicht für andere unangenehme Sichtweisen auszusprechen – ohne befürchten zu müssen, dass man dafür von den anderen bestraft wird. Und manchmal wird dann auch der Moderator von der Lösung überrascht

8.5.5 Was kann der Projektleiter tun, damit er nicht selbst Teil des Konfliktes wird?

Die vielleicht schwierigste Situation für einen Projektleiter ist es, wenn er selbst zum Teil des Konfliktes wird bzw. wenn sich der Konflikt am Verhalten des Projektleiters entzündet. Ich habe wiederholt solche Situationen erlebt, wobei ich damit nicht die „Schuldfrage" bzw. die Frage nach den Ursachen diskutieren will. Teilweise wurde mir von diesen schwierigen Projektleitern von Seiten der Unternehmensleitung berichtet, teilweise von Mitarbeitern oder Kollegen – selten vom Projektleiter selbst. Wenn dies passierte, dann führte dies über kurz oder lang dazu, dass der Projektleiter ausgetauscht wurde – mit Ausnahme der Fälle, in denen der Projektleiter den Konflikt selbst zum Thema machte und er dadurch seine Handlungskompetenz bewies.

Aber es gibt auch diese Situation: Manchmal wird gerade ein externer Projektleiter bzw. ein „Projektleiter-auf-Zeit" gebraucht, um in der Organisation etwas Neues durchzusetzen. Eine solche „Eisbrecherfunktion" bringt es geradezu mit sich, dass viele Stakeholder – inkl. Mitglieder der Projektgruppe – sich gegen den Projektleiter stemmen. In einem solchen Projekt braucht der Projektleiter eine gute Lobby bei den Mächtigen im Unternehmen – wichtig ist in einem solchen Fall, den Konflikt nicht zusätzlich zu schüren, wo er nicht nötig ist – sonst wird sein Engagement sicher nur von kurzer Dauer sein.

Fragen wir zunächst: Was kann ich als Projektleiter präventiv unternehmen, um nicht ungewollt Teil eines Konfliktes zu werden?

- *Die eigene Rolle (Aufgaben, Verantwortung, Kompetenzen und Werthaltungen) erläutern:* Man wird als Projektleiter von den Projektmitarbeitern auch immer aus dem Blickwinkel früherer Erfahrungen mit anderen Projektleitern betrachtet. Jeder Mensch steht in der Gefahr Stereotypen zu bilden. Umso wichtiger ist es für den Projektleiter, seine eigene unverwechselbare Rollendefinition zu vermitteln. Dazu gehört auch, die eigenen Überzeugungen und Grundhaltungen, die einen bei der Arbeit begleiten, klar zu machen.
- *Sich eigene Stressknöpfe klar machen:* Wissen Sie, womit man Ärger und Frust bei Ihnen auslösen kann? Können Sie darüber sprechen? Wenn Sie anderen klarmachen können, womit man Sie ärgern kann, dann können die anderen sich darauf auch einstellen und Rücksicht nehmen.
- *Hintergründe, Absichten des eigenen Handelns klar machen:* Für bestimmte Entscheidungen und Vorgehensweisen gibt es auch immer einen bestimmten Grund. Kein Verhalten, dass eine Person zeigt, ist unberechtigt. Kein Verhalten geschieht, ohne dass dahinter eine bestimmte Absicht für den Handelnden steht. Dieser Grund ist manchmal nicht nur sachlich bestimmt (z. B. Vertragsrichtlinien einzuhalten), er kann auch aus anderen Motivlagen erzeugt sein, z. B. Befürchtungen im Blick auf ein bestimmtes Risiko, Rücksicht auf einen Stakeholder etc). Entsprechend wichtig ist es, seine eigenen Absichten zu kennen und diese auch anderen klar zu machen – denn Konflikte finden dort einen guten Nährboden, wo das Verhalten einer anderen Person nicht zu erklären ist oder mit einer falschen Erklärung verstanden wird („Das macht er nur, um mir die Arbeit zusätzlich schwer zu machen")
- *Vermeiden Sie, sich in irgendeine Richtung drängen zu lassen bzw. sich auf die Seite einer Partei stellen/ziehen zu lassen:* Gerade wenn Spezialisten aus unterschiedlichen Teilbereichen zusammenkommen, die in der Vergangenheit auf unterschiedliche Art und Weise Probleme gelöst haben, wird von allen Beteiligten zunächst der Versuch bestehen, die bisherigen erfolgreichen Problemlösestrategien wie-

der anzuwenden. Dabei können durchaus verschiedene sachliche Positionen, wenn sie nicht zur Durchsetzung gelangen, auch emotional ausgetragen werden. Dann kann der Projektleiter in dieser Funktion hineingezogen werden, nämlich in der Form, dass er entscheiden soll. Dies ist zwar richtig, er muss allerdings darauf achten, dass er sich nicht einfach mit einer Seite solidarisch erklärt, sondern aus einer bestimmten sachlichen Begründung heraus eine Entscheidung trifft. Emotional sollte er als neutral betrachtet werden.
- *Sich und den anderen Lernzeiträume gönnen.* Konflikte lösen sich nicht sofort. Auch die Fähigkeit mit Konflikten umzugehen, ist eine Fähigkeit, die man entwickeln kann. Dies lässt sich nicht auf die Schnelle erlernen. Manch einer braucht einige Jahre, in denen er immer wieder schmerzliche Erfahrungen machen muss, bis er gelernt hat, wie und was er selbst dazu betragen kann, um als Beteiligter Konflikte zu lösen. Dieses Lernen kann man beschleunigen, wenn man sich immer mal wieder „Auszeiten" nimmt, in denen man sein Verhalten und seine eigenen Einstellungen in Konflikten reflektiert und so an sich selbst arbeitet.

Was kann ich tun, wenn ich als Projektleiter doch selbst Teil des Konflikts geworden bin? Auch dies lässt sich ja nicht immer vermeiden.

Ein Vorgesetzter berichtet:

Das Projekt XY war eines der größten und wichtigsten im Unternehmen. Wir wollten damit unser altes PPS-System ablösen. Dieses Projekt ist nun vorerst gescheitert. Der Projektleiter wurde abgelöst durch einen externen Senior Consultant. Der alte Projektleiter hatte es nicht geschafft, den externen Dienstleister vertraglich richtig zu führen. Am Ende erklärte dieser immer nur, dass er die gestellten Anforderungen so nicht umsetzen kann. Die beteiligten internen Abteilungen erklärten ihn daraufhin für zu durchsetzungsschwach und hatten das Vertrauen verloren, dass mit diesem Projektleiter noch ein gutes Ergebnis zu erwarten ist.

Auch diese Schilderung ist nicht wertfrei und beinhaltet natürlich schon eine Bewertung/Schuldzuweisung: Weil der Projektleiter zu schwach war, ist dieses Projekt gescheitert. Er hatte nicht die notwendige Persönlichkeit, um sich bei dem Dienstleister bzw. innerhalb des Unternehmens den notwendigen Respekt zu verschaffen. Sicher ist, dass diese alleinige Ursachenzuschreibung für das Scheitern auf eine Person zu kurz greift. Wenn ich Gelegenheit gehabt hätte, mit dem Projektleiter dieses Projektes zu reden, hätte mir dieser sicherlich erzählt, dass ihn die Vorgesetzten im Regen hätten stehen lassen, dass er gerade dann, als ein Machtwort fällig gewesen wäre, dieses nicht erfolgt ist etc. Dann klingt die Ursachenzuschreibung ganz anders! Fragen wir also: Was kann ein Projektleiter tun, der so – von innen und von außen – unter Beschuss gerät?

- *Vertreten Sie Ihren Standpunkt konsequent.* Sicherlich ist es ratsam, wenn man sich selbst klar gemacht hat, warum man eine bestimmte Position vertritt. Das sollte man auch nach außen vertreten können. Wenn man Teil eines Konfliktes ist, geht es nicht vorschnell darum, einen Kompromiss zu suchen. Verfrühte Harmonie ist nicht Ausdruck von Konfliktfähigkeit. Viel wichtiger ist es, die eigene Position für sich und für die anderen verständlich und nachvollziehbar zu machen und diese auch wiederholt zu vertreten.
- *Formulieren Sie Ihren Lösungswillen für den Konflikt:* Schwierig wird es immer dann, wenn der Eindruck entsteht, dass eine Seite nicht ernsthaft an der Lösung eines Konfliktes interessiert ist. Als Projektleiter möchte ich nicht den Eindruck erwecken, dass ich nicht an einer Lösung interessiert bin. Manchmal denkt man, das müsste der andere doch merken – tut es aber nicht. Formulieren Sie daher klar und eindeutig Ihren Lösungswillen und bringen Sie dadurch Ihre Vorbildfunktion deutlich zum Ausdruck: „Ja, ich möchte, dass wir eine Lösung finden, mit der wir alle leben und arbeiten können".
- *Sprechen Sie Ihren Konfliktgegnern nicht den Willen zu einer Lösung ab:* Was man für sich selbst in Anspruch nimmt, sollte man auch den anderen zubilligen. Zugegeben: Wenn man selbst Teil eines Konfliktes ist, ist es manchmal schwer die positiven Absichten der anderen Seite zu erkennen. Aber in der Regel geht es der anderen Seite ähnlich wie Ihnen: Man ist genervt vom (ungelösten) Konflikt, man möchte am liebsten die Spannungen weg haben. Negative Gefühle sind für keinen schön! „Ja, ich möchte, dass wir eine Lösung finden, mit der wir alle leben und arbeiten können und ich weiß, dass Sie das auch wollen".
- *Machen Sie ihre Erwartungen an die Position der anderen klar:* Jeder trägt etwas dazu bei, einen Konflikt konstruktiv zu lösen. „Was erwarten Sie von der anderen Seite?" Jeder hat seine „Hausaufgaben" zu machen. Konkret geht es darum, dass alle Konflikt-Stakeholder bei sich bzw. in ihren eigenen Reihen (technische) Alternativen ausloten und gangbare Kompromissmöglichkeiten suchen. Stellen Sie klare Forderungen, damit die andere Seite weiß, was sie tun soll. Fordern Sie dieses von den anderen ein, indem sie auch durch eigene Zugeständnisse an geeigneter Stelle dazu eine Verpflichtung bei den anderen schaffen. Oder binden Sie Ihre Zugeständnisse, für die Sie bereit sind, an das Entgegenkommen der anderen. So kann aus einem Konflikt eine Verhandlungslösung werden.

- *Vermeiden, dass die andere Partei vor den anderen Projektmitgliedern „ihr Gesicht verliert"*: Die Konfliktpartei vor den Augen und Ohren der anderen anzugreifen, kann zwar Sympathiepunkte bei einer dritten involvierten Partei bringen, bewirkt allerdings bei der anderen Partei meist eine Verhärtung. Reden Sie daher lieber im „kleinen Kreis" miteinander, und stimmen Sie so eine gemeinsame Lösung ab. Suchen Sie einen ehrlichen Makler, der auch von den anderen Beteiligten als in Ordnung betrachtet wird. Er kann zwischen unterschiedlichen Positionen dolmetschen, bringt vielleicht ganz neue Ideen und Vorschläge mit, weil er unverbraucht die Dinge noch mal von einem anderen Standpunkt aus sieht.

Ein Teilnehmer berichtet:

Unser Projekt wurde im Frühjahr 2010 aufgesetzt – nachdem bereits im Herbst 2009 es einen ersten Projektstart gegeben hatte. Aufgrund der wirtschaftlichen Lage wurde jedoch die Projektdurchführung auf das kommende Frühjahr verschoben.

Der Projektleiter wollte eine gute und harmonische Zusammenarbeit in seinem Projekt erreichen und gleichzeitig auch die entsprechende Unterstützung bei der Leistungserbringung. Deswegen entschied er sich Einzelgespräche mit den jeweiligen Arbeitspaketverantwortlichen und wöchentliche Teamgespräche (Jour fixe) zu führen. Dies führte jedoch bei zwei Mitarbeitern/Arbeitspaketverantwortlichen zu Frust. Sie fühlten sich stark kontrolliert und unter Druck gesetzt. Kein anderer Arbeitspaketverantwortlicher musste seine Arbeitsergebnisse in einer solchen Art und Weise vorstellen bzw. verteidigen. Dies hatten sie in einem der Gespräche mit dem Projektleiter auch direkt angesprochen. Die Situation eskalierte, da der Projektleiter diesen Einwand nicht gelten ließ. Daraufhin verließen die beiden Verantwortlichen wortlos das Büro des Projektleiters. Da sich das Klima der Zusammenarbeit dadurch deutlich verschlechtert hatte, wurde eine unabhängige dritte Person durch den Projektleiter zu Rate gezogen. In einem darauffolgenden Gespräche mit dem Projektleiter, dem unabhängigen Dritten und den beiden Arbeitspaketverantwortlichen konnte dann gemeinsam eine Lösung erarbeitet werden, mit der alle Parteien leben konnten. Die Lösung sah wie folgt aus: Die wöchentliche Präsentation der Arbeitsergebnisse vor dem Projektleiter sollten weiterhin erfolgen. Jedoch sollte die Präsentation der Ergebnisse im wöchentlichen „Jour fixe Meeting" gegenüber dem Projektteam entfallen. Die Ergebnisse aus der Arbeitspaketverantwortung wurden jetzt im wöchentlichen Newsletter „Freitagsmail" dem Projektteam zur Verfügung gestellt – analog der Verfahrensweise mit den anderen Projektmitarbeitern. Durch diese Lösung hatte keine der beiden Parteien ihr Gesicht verloren.

8.5.6 Konfliktkultur entwickeln

Konfliktkultur beschreibt in der Summe die Fähigkeit der Personen sowie die Regeln, die im Arbeitsprozess bestehen, wie man mit Konflikten umgeht. Jede Personengruppe hat somit ihre eigene Konfliktkultur – die Frage ist: Hat sie auch eine gute/konstruktive Konfliktkultur? Oder anders: Welche Regeln und Fähigkeiten bestehen, um gut miteinander streiten zu können?

Dass es in einem Projektteam in höherem Maße zu Streit und Konflikt kommen kann, als in einer Linienarbeit, hatte ich bereits dargelegt. Das bedeutet aber nicht, dass es in den Projekten tatsächlich mehr zu Konflikten kommen muss. Die Fähigkeit gut streiten zu können, ist vielleicht gerade auch eine Fähigkeit, wie man präventiv vor dem Konflikt miteinander umgeht bzw. wie man gelernt hat Konflikthinweise bei den anderen zu erkennen.

Was kann ein Projektleiter tun, wenn er die Konfliktkultur in seinem Projektteam stärken möchte? Was gehört dazu, im Projektteam eine bewusste und konstruktive Konfliktkultur aufzubauen? Sicherlich vieles von dem, was im vorangegangenen Kapitel dargelegt wurde! Vieles trifft nämlich nicht nur auf den Projektleiter zu (Konflikthinweise frühzeitig erkennen, Konflikte deeskalieren, nach Win-Win Lösung Ausschau zu halten etc.) sondern betrifft. jedes Teammitglied. Jede Kulturentwicklung braucht einen Initiator, einen Vorreiter, eine Leitfigur, braucht aber auch die Gefolgschaft, damit die Idee zum Leben erweckt wird. Daher folgender Vorschlag:

- *Konfliktfähigkeit fördern:* Machen Sie das Thema Stress und Konflikt in einer frühen Phase zum Thema eines kleinen Workshops – vielleicht auch zusammen mit dem Thema Best Practice: Erfahrungen aus früheren Projekten im Umgang mit Konflikten. Bei dieser Gelegenheit können Sie z. B. eine Liste der typischen Konflikte zusammenstellen und gleichzeitig auch entsprechende Frühwarnzeichen zusammentragen
- *Konfliktlösung einüben:* Überlegen Sie zusammen mit den Teammitgliedern, wie man als Einzelperson und/oder als Gruppe mit diesen Konflikten umgehen möchte – wenn nötig „trainieren“ Sie hilfreiches Verhalten/Formulierungen etc. ein. Dies kann gerade für den Umgang mit schwierigen externen Stakeholdern hilfreich sein. Vielleicht muss man sich auch einen Krisenplan zurechtlegen.
- *Kompetenzen und Grenzen definieren:* Legen Sie Kompetenzen für bestimmte Konfliktfälle fest: Wer kann was wann tun, wie weit kann er gehen, wann kann er sich zur Unterstützung an jemand anderes wenden?

- *Teaminterne Stressknöpfe identifizieren:* Machen Sie noch vor der Hälfte der Projektlaufzeit das Thema Konflikt und Zusammenarbeit wieder zum Besprechungsgegenstand – jetzt vielleicht in der Form, dass man sich darüber austauscht, welche Stressknöpfe jeder hat – und welche Stressknöpfe er bei den anderen entdeckt hat. Dies kann durchaus in einer sehr lockeren und humorvollen Atmosphäre geschehen.
- *Konflikte nachbereiten:* Nutzen Sie eine passende Gelegenheit, um mit den Mitarbeitern einen Konfliktfall nachzubereiten – nicht im Sinne, wer Schuld hatte etc., sondern konstruktiv: Wer, was hat dazu beigetragen, dass der Konflikt sich nicht verschärft hat, welche Überlegungen begleiteten die Konfliktlösung, was kann man daraus für allgemeine Schlüsse ziehen etc. Wichtig ist es hier, eine klare Blickrichtung nach vorne in die Zukunft zu haben.

Konfliktkultur entwickelt sich nicht über Nacht. Sie ist sicherlich eine Entwicklung, die ihre Zeit braucht – die aber auch durch den Projektleiter beschleunigt werden kann, wenn es ihm und den Mitarbeitern wichtig ist!

8.6 Projektkrisen managen

Hatten wir uns bis jetzt noch mit relativ harmlosen Themen beschäftigt, dann wird es bei dem Thema Krise richtig ernst: Unter Krise wird die Zuspitzung eines Konfliktes verstanden: Krise ist der Gipfel des Konfliktes – oder das tiefste Loch, in das man fallen kann. Schon beim Thema Konflikt hatten wir gesehen: Ein Konflikt entwickelt sich z. B. aus einem harmlosen Missverständnis bis zu tiefen Gräben, die man nicht mehr überbrücken kann. Dann wäre eine Krise die höchste Eskalationsstufe eines Konfliktes. Im Privaten sind Krisen häufig heftige Tragödien: Die Scheidung vom Partner oder der Tod eines nahen Angehörigen, der Verlust des Arbeitsplatzes. Man spricht von Lebenskrisen, Sinnkrisen und ähnlichem. Im Wirtschaftlichen spricht man z. B. von einer Wirtschaftskrise, die ein Unternehmen zu ruinieren droht, einen Standort oder Arbeitsplätze gefährdet. Man merkt an diesen Beschreibungen, dass auch im Alltagssprachgebrauch der Begriff mit einer bestimmten Wertigkeit verbunden ist.

Wie reagieren Menschen in Krisen? Da die Krise für viele Menschen ein Gefühl der Machtlosigkeit, des Ausgeliefertseins verursacht, reagieren viele Menschen zunächst mit dem Gefühl der Ohnmacht, einer Starre, die sich aber auch schnell in ein Gefühl von Trotz „und jetzt erst recht“

entwickeln kann. Dann wird es richtig schwierig: Trotz ist kein guter Berater, er macht in der Regel alles noch viel schlimmer.

Beispiel:
Die Verantwortliche eines Projektmanagement-Büros, deren Aufgabe es war, geeignete Trainer für interne Schulungsmaßnahmen einzukaufen, hatte nach anfänglicher Unterstützung ihrer Tätigkeit durch ihren Vorgesetzten zunehmend einen Rechtfertigungsdruck von diesem Vorgesetzten: Trotz der Trainings waren nämlich viele Probleme im Managen der einzelnen Projekten noch vorhanden. Nach Ansicht eines Kollegen, mit dem ich sprach, warf man der Verantwortlichen vor, den falschen Trainer beauftragt zu haben oder zumindest habe dieser Trainer nicht die geforderte Leistung gebracht. Außer Spesen nichts gewesen? Auf Grund des Drucks ergriff die unter Beschuss geratene Mitarbeiterin zu der Maßnahme, die Honorar-Rechnungen des beauftragten Trainers nicht zu bezahlen. Nach außen wurde zunächst von ihr Klärungsbedarf geltend gemacht, Emails, die von Seiten des Trainers eintrafen nicht oder nur mit längerer Verzögerung beantwortet. Dies führte wiederum auf Seiten des Honorar-Trainers zu zunehmenden Ärger, der Ton seiner Emails und Anrufe wurde schärfer, er schrieb Mahnungen, drohte mit Klage etc.

Das Beispiel zeigt: Aus einer Drucksituation, die die Mitarbeiterin hatte, entwickelte sich der Konflikt mit einer anderen Person, was letztlich in einer Krise eskalierte. Ihr Trotz im Sinne der Verweigerung der Honorarzahlung brachte vielleicht ihr das Gefühl von Stärke, führte aber immer weiter in eine destruktive Sackgasse. Nur durch das Einschreiten eines unbeteiligten, sprich emotionslosen Dritten, konnte die Wogen geglättet werden und eine weitere Eskalation verhindert werden. Der Trainer bekam mit Verspätung 80% seine ihm zustehenden Honorare, die Mitarbeiterin konnte sich intern als konsequente Verfechterin der Unternehmensinteressen präsentieren

Damit eine Krise nicht zum endgültigen Absturz, sprich zur Katastrophe wird, braucht es entweder die eigene Fähigkeit zum Krisenmanagement oder tatsächlich einen „Krisenmanager“: Man sagt im Alltag: „Da kann ich als Laie auch nicht mehr helfen, da muss ein Profi ran!“ Je nach Art der Krise, gibt es professionelle Helfer: Bei einer Unternehmenskrise braucht es einen Sanierer, der das Unternehmen wieder auf Kurs bringt, bei persönlichen Krisen gibt es Beratungsstellen und therapeutische Einrichtungen. Die Krise ist also eine zugespitzte Entscheidungssituation, die professionell gemanagt werden muss.

Eine Krise ist kaum mehr ohne die Unterstützung von einer „neutralen“ Seite zu lösen. Vielleicht haben sich auch schon bestimmte Personen, bei dem Versuch eine sich anbahnende Krise zu vermeiden, verbrannt. Wer also eine Krise lösen soll, muss als neutral, kompetent und vertrauenswürdig gelten. Gerade bei teaminternen Krisen ist meist der Projektleiter „vorbelastet". Aber auch bei Krisen mit externen Stakeholdern gilt der Projektleiter meist nicht als der richtige Mann – sonst wäre ja die Krise gar nicht entstanden.

Krise ist aber nicht gleich „Katastrophe". Die Krise kann der Wendepunkt sein, an dem sich alles „zum Guten" wendet. Ursprünglich stammt das Wort Krise aus dem Griechischen „Krisis" und bedeutet Entscheidung. Hier entscheidet sich also etwas. Die Krise ist eine Weichenstellung. In meinen Projektmanagement-Seminaren unterscheide ich beim Begriff Krise daher zwischen einer ungewollten und einer geplanten Krise (letzteres ist ja ein wenig ungewöhnlich): Manchmal braucht es eine Krise, die man bewusst herbeiführt, um zu einer bestimmten Entscheidung zu kommen. Ein Phasen-Meilenstein im Projekt kann z. B. eine solche absichtliche Krisenfunktion übernehmen: Hier muss sich entscheiden, ob alle Ergebnisse so vorliegen, wie man sie geplant und angestrebt hatte und man die nächste Phase starten kann – oder ob man an dieser Stelle das Projekt beendet!

Was gilt es zu beachten, wenn man eine Krise klären will?

- *Kommunikationsbereitschaft herstellen:* Krisen sind die zugespitzten Konflikte: D. h. viel Emotionen wurden aufgewühlt, viele Verletzungen sind passiert. Man hat sein Bild über den/anderen/die andere geformt und die Bereitschaft mit den anderen noch zu reden, ist meist gering. Deswegen ist häufig entscheidend, in einem ersten Schritt, erst.einmal wieder die Kommunikationsbereitschaft der Parteien herzustellen.
- *Lösungssicht konsequent und ausdauernd beibehalten:* Konflikte haben in der Regel eine lange Entwicklungsgeschichte, bevor sie zu einer Krise wurden. Entsprechend wichtig ist es zwar diese Vorgeschichte zu kennen – ohne aber sich bei der Suche nach einer Lösung in dieser Rückschau zu verlieren. Die Lösung des Konfliktes liegt darin, konkrete und konstruktive Entscheidungen für die Zukunft zu treffen. Aber: Manchmal sind die Betroffenen einer Krise so in ihre eigenen Gefühle verstrickt, dass sie nicht aus eigener Kraft diesen gordischen Knoten zerschlagen können und weiter auf die alte, unfruchtbare Art und Weise die Krise betreiben. Hier braucht es entweder eine so große eigene Souveränität, über die eigenen Befindlichkeiten zu stehen oder den neutralen Makler. In der Regel sind alle froh, wenn die Krise zu Ende ist – manchmal sogar egal wie!

- *Krisengipfel haben ihr eigenes Szenario:* Wenn es darum geht, eine Krise zu lösen, sollte das ganze Ambiente danach ausgerichtet sein. Konkret: Bei einem Krisengipfel muss im Vorfeld sichergestellt sein,
  1. dass alle Konfliktparteien anwesend sind,
  2. dass alle Parteien sich entsprechend vorbereiten können, um für sich mögliche Kompromiss-Linien zu überlegen
  3. dass alle Lösungen möglich sind: Die endgültige Trennung bzw. das endgültige Ende oder aber der Turnaround, das wieder zusammenkommen
  4. dass, eine klare Zustimmung von allen Beteiligten vorliegt, in diesem Gespräch eine wie auch immer geartete Lösung zu finden; d. h. z. B. auch die Verabredung, erst dann das Meeting zu beenden, wenn eine Entscheidung getroffen ist. Eine solche „Open End Sitzung" kann daher auch mal bis tief in die Nacht dauern
  5. dass für alle Beteiligten klar ist, dass man später nicht hinter die getroffenen Vereinbarungen wieder zurück geht.

Man sieht an diesen wenigen Hinweisen: Die Krise als zugespitzter Konflikt verlangt manchmal einen ebenso zugespitzten Lösungsweg.

8.7 Fazit

Projekte bergen Konflikte – ja, sie sind von ihrer ganzen Veranlagung hoch konfliktträchtig: Fehlende Ressourcen, unpassende Ressourcen, Kompetenzgerangel in der Zusammenarbeit mit der Linie, nicht abgestimmte Arbeitsprozesse oder persönliche Spannungen sind häufig sichtbare Zeichen davon. Diese Probleme nicht zu Konflikte auswachsen zu lassen, ist manchmal schier nicht möglich. Ob das Problem ein Konflikt ist, zeigt sich darin, wie sehr die Beteiligten dabei Ärger, Frust oder sogar Aggression empfinden. Diese negativen Stimmungen zu erkennen und rechtzeitig – sogar vielleicht präventiv- damit umzugehen, ist das Konfliktmanagement im Projekt.

Konflikte im Projekt zu erkennen und diese konstruktiv zu lösen, erfordert ein hohes Maß an sozialer Kompetenz unter allen Beteiligten – besonders vom Projektleiter wegen seiner Modellfunktion für andere. Nichts tun oder nur zu beobachten ist dabei in den seltensten Fällen die richtige Reaktion. Konflikte adäquat ansprechen und kontinuierlich darauf achten, dass ein bestimmtes Maß an Umgangsformen, Respekt und Wertschätzung im Projekt herrscht, ist dagegen ein Teil der Projektkultur.

Eine gute Projektkultur fällt nicht vom Himmel. Gerade in schwierigen wirtschaftlichen Zeiten oder wenn die eigene Organisationseinheit durch andere Faktoren unter Druck steht, kommt es darauf an, ein Klima des konstruktiven Arbeitens zu schaffen. Richtig streiten zu können gehört dazu. Es ist eine Fähigkeit, die man lernen kann. Wenn der Projektleiter dieses Verhalten selbst lebt, wenn er es den Teammitgliedern vorlebt, trägt dies auf jeden Fall zu einer entsprechenden Kultur bei.

Manchmal bringt es die Rolle mit sich, dass der Projektleiter nicht „Everybody´s Darling" sein kann. Projektmitglieder erwarten, dass der Projektleiter konfliktbereit ist, um das Projekt gegen äußere Widerstände voranzutreiben. Sie erwarten, dass der Projektleiter für seine Sache kämpft und dabei auch nicht vor Konflikten zurückscheut.

Schwieriger wird es für die Mitarbeiter aber dann, wenn der Konflikt die unmittelbare Zusammenarbeit im Projektteam betrifft. Konflikte innerhalb des Projektteams oder der Projektorganisation sind für viele wesentlich unangenehmer, weil man selbst daran beteiligt ist. Auch da ist häufig die Erwartungshaltung, dass der Projektleiter solche Situationen klärt – ohne dass sich jemand dabei am Ende schlecht fühlt. Und noch kritischer ist sicherlich, wenn der Projektleiter selbst Teil des Konfliktes ist. Aber auch hier gilt die Regel: Konflikt thematisieren und das Thema Richtung Lösung vorantreiben. Das Gleiche gilt für die Situation der Krise. In diesen zugespitzten Situationen zeigt sich, in wieweit der Projektleiter tatsächlich über notwendige persönliche Souveränität verfügt, die für die Krisenbewältigung notwendig ist.

9 Steuern

9.1 Relevanz: Warum manche Menschen mit Kritik und Kontrolle nicht umgehen können

Bestimmt ist Ihnen schon mal aufgefallen, dass manche Menschen mit Kritik offensichtlich schlecht umgehen können. Schnell verteidigen sich manche Menschen bei Kritik, müssen „die Dinge richtig stellen", müssen „erklären, warum oder was die eigentliche Ursache oder der Hintergrund war oder versuchen sogar „die Schuld" auf Dritte zu schieben, Verbesserungsvorschläge abzublocken, einen Gegenangriff starten oder die festgestellte Abweichung verniedlichen! Ähnliches gilt auch für das Thema „Kontrolle". Kontrolle hat offensichtlich einen ähnlich negativen Geschmack, da es meistens mit Fremdkontrolle in Verbindung gebracht wird: Jemand kontrolliert (und überwacht) jemand anderen. Und gleichzeitig verbindet sich für viele der Gedanke der Konsequenzen damit: Was passiert, wenn entdeckt wird, dass von den Vorgaben abgewichen wurde?

Aber was meint denn Kritik und Kontrolle eigentlich? Gibt es denn nicht auch eine positive Seite davon? Das englische „Controlling" wird im Deutschen manchmal fälschlicherweise mit „Kontrolle" übersetzt. Controlling (Steuerung) ist aber mehr als Kontrolle: Es geht zunächst sachlich darum, den IST-Stand des Projektes zu ermitteln, mit den Soll-Daten zu vergleichen und die Abweichungen zu analysieren. Die Ergebnisse der Abweichungsanalyse können dann in Form von Berichten an die verschiedenen Verantwortlichen zurückgemeldet werden und zu entsprechenden Gegenmaßnahmen führen. Im äußersten Fall muss es zu Planrevisionen und/oder Zielkorrekturen kommen.

Neben diesen sachlich-methodischen Aspekten spielt aber auch der menschliche Faktor in diesem Zusammenhang eine wichtige Rolle: Kritik ist eine gewünschte Verhaltensbeeinflussung aber entscheidend für die Akzeptanz einer Steuerungsmaßnahme im Projekt ist die Art und Weise, wie diese Verhaltenskorrektur kommuniziert wird. Die sachliche Abweichungsanalyse verbindet sich für manche Mitarbeiter mit einer Kritik an ihrer Leistung. Wird diese sachliche Kritik persönlich (miss)verstanden, droht der Zusammenarbeit im Projekt eine Krise.

In diesem Kapitel geht es mir nicht um das Thema Projektcontrolling, sondern wieder schwerpunktmäßig um die menschlichen Aspekte dieses

Prozesses. Wie kann der Projektleiter bei seinen Mitarbeitern ein anderes Verhalten erreichen? Wie kann er diese Korrektur kommunizieren? Mit welchen Widerständen und Begrenzungen ist dabei zu rechnen? Und: Wie kann er mit diesen Widerständen besser umgehen?

9.2 Die Normen

9.2.1 Was findet sich in der ICB/NCB 3.0. zu diesem Thema?

Unter Führung versteht man die Anleitung und Motivation anderer bei der Erfüllung ihrer Funktionen oder Aufgaben im Dienst der Projektziele. Es handelt sich um eine für Projektmanager ausschlaggebende Kompetenz.

Führung ist während der gesamten Projektdauer erforderlich. Sie ist besonders dort wichtig, wo ein Projekt auf Probleme stößt, eine Änderung erforderlich wird oder Ungewissheit über die weitere Vorgehensweise besteht. Führung ist erforderlich, um alle Projektmanagementkompetenzen auf eine für das Team annehmbare Art und Weise auszuüben.

Abgesehen von der Führung der Mitarbeiter des Projektteams muss der Projektmanager auch bei der Vertretung des Projekts gegenüber der Geschäftsleitung und anderen betroffenen interessierten Parteien als Führungspersönlichkeit auftreten.

Der Projektmanager muss die verschiedenen Führungsstile kennen und darüber entscheiden, welcher Stil in welcher Situation für ein bestimmtes Projekt, bei der Leitung des Teams und im Umgang mit der Geschäftsleitung und den betroffenen interessierten Parteien angemessen ist. Der angenommene Führungsstil schließt bestimmte Verhaltensmuster, Kommunikationsmethoden, Verhalten gegenüber Konflikten und Kritik, Methoden der Verhaltenskontrolle von Teammitgliedern, Entscheidungsprozesse und den Umfang und die Art von Delegation mit ein[1].

9.2.2 Was sagt der PMBOK Guide 4.0?

Kritik wird im PMBOK Guide nur indirekt im Themengebiet „Personalmanagement“ thematisiert. Ein sinnvolles Personalmanagement beinhaltet neben der Frage woher die Projektteammitglieder kommen, ob sie ver-

---

[1] ICB – IPMA Competence Baseline – in der Fassung als Deutsche NCB – National Competence Baseline Version 3.0 der PM-ZERT Zertifizierungsstelle der GPM e.V. S.96.

fügbar sind und ob sie die notwendigen Kompetenzen haben, auch die Frage welche Formen der Anerkennung und Prämien es gibt, um ihren Einsatz zu fördern und das gewünschte Verhalten zu erreichen. Es wird betont, dass diese Formen von Verstärkung so geplant sein müssen, dass sie in der Kontrolle der entsprechenden Person liegen müssen, d. h. Lob und Anerkennung müssen auf das Tun der eigenen Person direkt zurückgeführt werden können. Wer aufgrund von echter Motivation mehr leistet, soll auch belohnt werden – wer jedoch aufgrund von schlechter Planung mehr leistet, wird nicht belohnt. Auch im Blick auf den Teamentwicklungsprozess muss das wünschenswerte Verhalten erkannt und belohnt werden: Mehrleistung des gesamten Projektteams und dessen Belohnung fördert die Teamleistung. Wie üblich gibt es eine Einschränkung hier im PMBOK Guide: Motivation muss immer auch den kulturspezifischen Aspekt beachten.

9.2.3 Was sagt PRINCE2

PRINCE2 stuft die Fähigkeit des Führens und Leitens im Projektmanagement als besonders bedeutend ein. Da es unterschiedliche Führungsstile gibt, die in unterschiedlichen Situationen mehr bzw. weniger Erfolg bringen, wird dieses Element bei PRINCE2 nicht direkt im Projektmanagement hinzugefügt. Demnach gibt es genügend theoretische Grundlagen zu Führungsmodellen und Ausbildungsprogrammen, welche diese Anforderung erfüllen.[1]

In allen drei Normen wird das Thema Kritik eng in den Kontext von Führung und Motivation gestellt. Dies ist sicherlich richtig. Zusätzlich macht die ICB auf die enge Verbindung zu Themen wie Kommunikation und Wertschätzung aufmerksam. Dass Kritik auch immer eine kulturspezifische Komponente hat, ist wieder ein Focus, der bei der PMI Erwähnung findet. Insgesamt bleiben hier aber die Aussagen aller Normen m. E. sehr dürftig.

In meinen Seminaren erläutere ich immer die Wortbedeutung von „Kritik“. Kritik stammt aus dem Griechischen und bedeutet – etymologisch betrachtet (krínein) – die Fähigkeit, das 'Gute' vom 'weniger Guten' zu scheiden. Kritik ist also nicht gleich das, was heute viele darunter verstehen, nämlich Kritik als etwas Negatives. Man müsste vielleicht eher sagen: Kritik bedeutet zu differenzieren zwischen Negativem und Positives. Man könnte auch von negativer und positiver Kritik sprechen – neutral wird heute gerne Feedback dazu gesagt.

[1] Vgl. Managing Successful Projects with PRINCE2, 1.6 Related OGC Guidance, S. 7)

Auf die Unterscheidung von positiver und negativer Kritik wird zurückzukommen sein, wenn es in der Folge darum geht, wie man praktisch mit diesem Thema umgeht. Zunächst geht es aber um die Frage, warum manchmal Kritik falsch verstanden werden kann und welche weiteren Begrenzungen oder Stolpersteine es bei diesem Thema gibt.

9.3 Kritik, Selbstbild und Selbstwertgefühl

Worin liegt der Grund, wenn Menschen Kritik ablehnen? Bestimmt haben Sie dies auch schon erlebt: Sie wurden kritisiert und fanden die Kritik nicht gerechtfertigt. Viele Menschen akzeptieren Kritik, wenn diese in ihren Augen gerechtfertigt ist – ungerechtfertigte Kritik wird aber als unfair abgelehnt. Offensichtlich spielt für viele Leute die Tatsache, ob sie sich durch die Kritik fair behandelt fühlen, eine wichtige Rolle dabei, ob sie Kritik annehmen können oder nicht. Neben Fairness können noch andere Aspekte eine Rolle spielen, wie z. B., ob der Handlungskontext, in dem man sich damals befand, ausreichend gewürdigt wurden – die Zwänge der Situation etc.

Schlecht formulierte Kritik führt aus dem Blickwinkel des Kritisierten dazu, dass diese Personen die Kritik als einen Angriff auf ihre Person bzw. auf ihr Selbstwertgefühl verstehen – und nicht – wie vielleicht beabsichtigt – auf die Veränderung der Schlechtleistung. Der Kritisierte hat aus einem bestimmten Grund so gehandelt, es war aus seiner Sicht in der Situation richtig. Dass jemand anderes vielleicht einen anderen Blickwinkel hat, eine andere Sicht der Situation, war ihm nicht klar. Die Kritik ist dann für den Betroffenen nicht nachvollziehbar – vielleicht ärgerlich – oder im schlimmsten Falle verletzend.

Für die Projektarbeit ist dies ein sehr wichtiger Hinweis: Der Mitarbeiter hat sich in der Vergangenheit ein Verhalten angewöhnt, mit dem er bisher in der Zusammenarbeit mit seinem Vorgesetzen klar gekommen ist. Er hat sich auf den Stil des Vorgesetzten, auf das, was diesem wichtig ist, entsprechend eingestellt. Jetzt, im Projekt, werden vom Projektleiter andere Prioritäten gesetzt, im Extremfall sogar ganz andere. Da tut sich so mancher Projektmitarbeiter schwer, sich auf dieses veränderte Führungsverhalten einzustellen.

In der Psychologie ist bekannt, dass Menschen sich in ihrer Selbstwahrnehmung als tendenziell kompetenter wahrnehmen und dazu tendieren, andere Personen tendenziell abzuwerten. Ähnlich in der Psychoanalyse: Dort geht man davon aus, dass jeder Mensch nach Aufwertung strebt (Narzismus-Theorie). Durch sein Handeln seine Arbeit, will er sich selbst größer machen, über sich hinauswachsen. Das ist völlig gesund, so lange dieses Streben nicht auf Kosten anderer geht. Kritik jedoch stört diese Selbstüberhöhung und wird aus diesem Grunde abgelehnt.

Selbstwertgefühl lässt sich bildlich in Form einer Waage darstellen, mit den positiven und negativen Selbstbewertungen in den verschiedenen Waagschalen. Personen, deren innere Waagschalen, mit den positiven Selbstbewertungen auf der einen Seite und den negativ bewerteten Aspekten auf der anderen Seite, dazu tendieren, dass die Waagschale mit den negativen Aspekten deutlich nach unten zieht, haben ein entsprechend schlechtes Selbstwertgefühl. Jegliche Kritik wird als persönlicher Angriff verstanden und drückt diese innere Balance weiter ins Negative. Entsprechend werden diese Personen eine Kritik oder Korrekturmaßnahme, die sie auf ihre Person beziehen, abwehren.

Das gleiche Phänomen tritt aber auch bei manchen Menschen auf, wenn sie gelobt werden. Scheinbar können manche Menschen ebenso nicht mit Lob umgehen. Geäußertes Lob wird abgewertet, als „nicht der Rede wert“ kommentiert oder gleich wieder weitergegeben („entscheidend war nicht ich, sondern XY“). Was auch immer im Hintergrund für die Tatsache steht, auffällig ist, dass offensichtlich das Lob bei manchen Menschen nicht dazu ausreicht, dass ihre innere Waage in ein Gleichgewicht schwenkt!

Der Projektmanager ist nicht der Psychotherapeut seines Teams. Wir sind als Projektleiter nicht dafür da, das Selbstwertgefühl unserer Mitarbeiter zu entwickeln. Im Übrigen wäre dies ein Prozess, der im Blick auf Zeit und Aufwand mehr umfassen würde, als ein Projekt zur Verfügung stellen kann. Trotzdem mag es für den Projektleiter wichtig sein, diesen Aspekt zu kennen und in seiner Art, wie er mit den Mitarbeitern umgeht bzw. mit ihnen kommuniziert, zu berücksichtigen.

9.4 Stolperstein 2: die Person des Kritisierenden

Wenn (negative) Kritik misslingt, ist dies nicht nur ein Problem des Empfängers, sondern auch ein Problem des Senders. Es ist nicht nur eine Frage, wie die Kommunikation der Kritik aufgenommen wird, sondern auch eine Frage, wie sie gesendet wird. Nicht nur der Empfänger ist manchmal nicht in der Lage Kritik richtig annehmen zu können – manchmal ist auch der Sender unfähig seine Kritik adäquat zu äußern. So wie beim Empfänger der Kritik, durch Stress und Belastung, die Kritikaufnahme schief gehen kann, so kann auch durch Stress und Belastung die Äußerung von Kritik beim Sender schief gehen.

Gerade in bestimmten Projektphasen ist manchmal die Belastung für alle Beteiligten hoch. Der Projektleiter muss vielen Anforderungen und Erwartungen gerecht werden und genau dann kann es auch passieren, dass er Kritik nicht so formuliert, wie es für die Empfängerseite adäquat wäre.

Ich kann hier zunächst aus meiner eigenen Erfahrung bzw. Selbstbeobachtung berichten:

Als Trainer und Berater bin ich vielfach unterwegs. Tagsüber bin ich beim Kunden, abends vielleicht schon wieder auf der Fahrt zur nächsten Veranstaltung. Der Stresspegel ist sicherlich anders als der einer Verwaltungskraft im Büro. Natürlich erwarte ich, dass auch die Mitarbeiter im Büro so exakt, korrekt und verbindlich arbeiten wie ich. Allerdings ist die Arbeitsatmosphäre einer Verwaltung nun mal anders, als draußen an der „Kundenfront". Dieser unterschiedliche Energiefluss verursacht bei mir eine Spannung, die sich als Ärger ansammelt und auch entzünden kann ...

Haben Sie schon mal beobachtet, wie Sie sich verhalten, wenn Sie im Stress sind? Oder hat Ihnen vielleicht schon mal ein Kollege ein Feedback dazu gegeben? Jeder Mensch zeigt für sich typische Verhaltensformen, wenn er entspannt ist und wenn er im Stress ist – er erlebt dies nicht nur persönlich, quasi aus seiner Innensicht – er zeigt auch für die anderen ein typisches Verhalten.

Die Frage also ist: Wie gehe ich selbst mit Stress und Anspannung um, um dabei nicht meine eigene kommunikative Beweglichkeit zu verlieren. Den Begriff der kommunikativen Beweglichkeit lernte ich in meiner Ausbildung kennen: Sie bezeichnet die Fähigkeit des Therapeuten, sich zwar mit den Problemen und Anliegen des Klienten zu identifizieren, sich aber darin gleichzeitig nicht zu verlieren. Ich hatte diesen Begriff lange Zeit fast vergessen, bis ich ihn wieder im Rahmen eines Führungskräfteseminars neu entdeckt habe. Was tue ich, um meine Führungsbeweglichkeit zu erhalten, auch und gerade in Stressphasen?

Was könnte helfen, die notwendige innere Ruhe und Gelassenheit zu erlangen, die notwendig ist, um Kritik gut üben zu können? So individuell das eigene Stressverhalten ist – so individuell ist auch der eigene Umgang damit: Manche gehen abends joggen, manche beten, manchen brauchen die eigene Familie, um auf andere Gedanken zu kommen, manche surfen im Internet oder telefonieren mit guten Freunden. Ich selbst gehe gerne in einen Baumarkt (weil man da ungestört ist!).

Im Grunde wird im Projekt vom Projektleiter erwartet, dass er sich schnell einarbeitet, schnell die Zügel in die Hand nimmt etc. Wer schnell auf Touren kommt, sollte auch die Fähigkeit haben, schnell wieder davon runter zu kommen. Ich denke, dass es wichtig ist, auch sich selbst mental richtig zu lenken und zu leiten: Aus der Psychologie ist seit den 60iger Jahren bekannt, dass unsere Gefühle (und unser Verhalten) sehr stark von unserem Denken abhängen: Wer sich stressige Gedanken macht, wird auch Stress in seinem Körper erleben; unser geistiges Glaubens- und Wertesystem bestimmt durchaus, wie wir uns fühlen und verhalten. Und: Wir sind nicht Sklaven unseres Denkens! Wir können unsere Denkschablonen ändern – auch wenn dies vielleicht manchmal schwierig und nur längerfristig zu funktionieren scheint. Welche inneren Haltungen und Werteeinstellungen können einem Projektleiter helfen, seine eigenen Stressgedanken ins Positive auszupendeln? Wieder aus meiner Selbstbeobachtung:

- Den größeren Kontext seiner eigenen Arbeit sehen
- In schwierigen Phasen darüber nachdenken, was bereits erreicht wurde
- Bewusst an Erfolge denken oder ganz einfach:
- Abstand – auch zeitlichen Abstand – nehmen und mindestens eine Nacht darüber schlafen

9.5 Kritik richtig äußern

Welche allgemeinen Regeln lassen sich als Hilfestellung formulieren, damit ich als Projektleiter Kritik richtig äußern kann? Grundsätzlich gilt: Ein richtiges Kritikgespräch ist immer ein Gespräch „unter vier Augen". Es sollte daher nicht zwischen „Tür und Angel", oder in einer Stress-Atmosphäre geführt werden. Manchmal ist es gut, erst mal eine Nacht darüber zu schlafen, um so mit etwas mehr Sachlichkeit an das Thema am nächsten Tag heranzugehen. Weitere allgemeine Empfehlungen sind:

- *Kritikregeln/Kritikverständnis im Projekt definieren:* Üben Sie mit den Projektmitarbeitern den sachlichen Umgang mit Kritik und Kontrolle ein: Machen Sie deutlich, dass es nie um die Person geht sondern immer um ein Ergebnis/eine Sache. Erklären Sie, welches Verständnis Sie von Kritik haben.
- *Sache und Person trennen:* Vermitteln Sie, dass Sie in der Lage sind, zwischen einem schlechten Ergebnis und einer „schlechten" Person unterscheiden zu können, d. h. auch wenn Sie ein Ergebnis kritisieren, bedeutet dies nicht zwangsläufig, dass die gesamte Person deswegen schlecht ist.
- *Kritik nach dem Austauschbarkeitsprinzip Machen Sie Steuerung/Kontrolle wechselseitig:* Lassen Sie sich auch in die Karten schauen, stellen Sie sich selbst den Ergebnissen der Kritik und Kontrolle der Mitarbeiter.

- *Ermöglichen Sie mehr Selbstkontrolle/Steuerung:* Geben Sie den Mitarbeitern die Möglichkeit, alle Informationen zu bekommen, damit sie selbst in der Lage sind, Abweichungen rechtzeitig zu entdecken.
- *Korrekturmaßnahmen definieren:* Besprechen Sie vermehrt im Team einzuleitende Korrekturmaßnahmen bei Planabweichungen; beziehen Sie die Mitarbeiter aktiv mit ein, um Gegenmaßnahmen zu realisieren.
- *Zeitnahe Kritik:* Geben Sie möglichst sofort nach dem beobachteten Verhalten (negativ oder positiv) Ihr persönliches Feedback. Sofort heißt aber nicht unmittelbar, sondern zeitnah – es kann also durchaus hilfreich sein, seinen unmittelbaren Ärger erst einmal zu verdauen und dann mit mehr Ruhe die Kritik zu formulieren.
- *Konkreten Bezug herstellen:* Berichten Sie konkrete Beobachtungen, keine Schlussfolgerungen und auch keine Generalisierungen. Gerade, wenn sich Kritik aufgestaut hat, versuchen viele den Generalnenner zu benennen und werden dadurch wieder unkonkret.
- *Reden Sie in der „Ich-Form" – Kritik ist immer subjektiv. Die Kritik ist Ihre Kritik:* Machen Sie dies klar. Es geht nicht darum, wie „andere", oder „man" etc. die Sache sieht: Es ist Ihre Unzufriedenheit, die Sie äußern. Berücksichtigen Sie auch, dass Sie etwas falsch beobachtet haben könnten. Wenn Sie Ihre Kritik in der Ich-Form benennen, können Sie auch später die Einsicht, dass Sie etwas anders verstanden haben, an sich selbst zurückbinden. Dann ist es auch einfach, sich für eine persönlich falsche Wahrnehmung beim anderen zu entschuldigen, was wiederum Ihre Souveränität steigert.
- *Gefühle sind erwünscht:* Manchmal wird gesagt, Kritik soll sachlich formuliert werden – das geht aber nicht immer, gerade dann, wenn man sich sehr geärgert hat. Bringen Sie Ihre Gefühle über das beobachtete Verhalten durchaus deutlich ein, indem Sie beschreiben, wie das Ereignis auf Sie gewirkt hat („Das hat auf mich gewirkt ...").
- *Folgen transparent machen:* Machen Sie Ihren Gesprächspartner auf die Folgen/Konsequenzen des beobachteten Verhaltens aufmerksam. Manchmal ist dem Angesprochenen nicht klar, welche Folgen sein Handeln hat – Folgen, die sein Handeln für das Projekt (nachfolgende Arbeitspakete, Terminplan, Kostenplanung etc.), für andere Projektmitarbeiter oder auch für ihn selbst hat. Es geht hier nicht darum offen oder versteckt zu drohen, sondern Zusammenhänge aufzuzeigen, die durch die vernetzte Arbeit im Projektkontext besteht.
- *Beweggründe verstehen wollen:* Erfragen Sie bei Ihrem Gesprächspartner dessen Eigenbeobachtung und Beweggründe (warum?). Durch Fragen nach Beweggründen, aber auch nach möglichen Alternati-

ven, können Sie Ihre Wertschätzung über die Person des anderen zum Ausdruck bringen und auch besser verstehen, was den anderen bewogen hat, so zu handeln. Teilen Sie Ihrem Gesprächspartner Ihre Wertschätzung mit.

- *Erfragen Sie Vorschläge für alternative Verhaltensmöglichkeiten und/oder schlagen Sie ggf. selbst Handlungsalternativen vor:* Suchen Sie gemeinsam nach Wegen, wie der Betroffene in Zukunft besser mit einer vergleichbaren Situation umgehen kann. Suchen Sie nach einer Alternative, die aus der Sicht aller akzeptiert werden kann.
- *Vereinbaren Sie für die Zukunft messbare Erfolgskriterien:* Hier kommt es auf jedes Wort an: „Vereinbaren" heißt nicht „einseitig vorgeben", „messbar" bedeutet, dass „alle Beteiligten einen gleichen Maßstab haben", an dem sie sich orientieren.
- *Vereinbaren Sie einen gemeinsamen Lernzeitraum für das „neue" Verhalten:* Bedenken Sie: Ist erst mal „falsches" Verhalten erlernt, braucht es auch einige Zeit, sich das neue Verhalten anzugewöhnen. Die Erkenntnis, dass etwas nicht gut lief, ist da, vielleicht auch der Wille, dies zukünftig besser zu machen – aber manchmal braucht es auch Zeit zum Umlernen!
- *Stellen Sie bei sich selbst sicher, dass nach der Aussprache der Kritik nicht nachgekartet wird.* Mit der geäußerten Kritik und der getroffenen neuen Arbeitsabsprache sollte das Thema für alle Beteiligten erledigt sein.

Es gibt sicherlich noch eine ganze Reihe weiterer, allgemeiner Regeln für die Kritik an anderen Personen. Diese Empfehlungen sind nicht spezifisch auf den Projektkontext zugeschnitten; sie sind in der Tat „Allgemeingut". Eine Empfehlung, die ich von einem Seminarteilnehmer bekam, möchte ich in diesem Kontext nicht vorenthalten:

Kritik nicht am Morgen, sondern am Abend bzw. vor dem Wochenende üben! Warum? Ganz einfach: Der Mitarbeiter soll die Kritik nicht den ganzen Tag mit sich (grollend) herumschleppen. Vielmehr soll er die Kritik mitnehmen und abends oder am Wochenende in Ruhe darüber nachdenken, was auch aus seiner Sicht an der Kritik berechtigt ist.

Aber noch ein zweiter Umstand ist wichtig: Durch Kritik soll beim Gegenüber eine Korrektur seines Verhaltens erreicht werden. Aber ist die Kritik beim Gegenüber auch richtig angekommen – ist sie richtig aufgenommen und verstanden worden? Ich sagte es schon: Der Mitarbeiter ist vielleicht von seinem Linienvorgesetzten etwas anderes gewohnt – der Projektleiter setzt ganz andere Erwartungen und Maßstäbe an. Er „versteht" vielleicht die Kritik von ihren Hintergründen, von ihrem Ausmaß oder ihrer Relevanz noch gar nicht. Das Problem besteht darin, dass der Projektleiter auch sicher sein will, dass der Projektmitarbeiter die Kritik „richtig" verstanden hat. Wer segelt weiß: Die Kurskorrektur des Steuermanns muss vom Vorschoter wörtlich wiederholt werden. Im Kritikgespräch fühlt sich manchmal der Angesprochene angegriffen, hat das Gefühl, sich verteidigen zu müssen. Die Frage ist dann, wie Sie erkennen können, dass die Kurskorrektur beim anderen richtig angekommen ist. Hier einige Hinweise:

- Hört der andere zu, wenn er kritisiert wird? Für manche Menschen ist das extrem schwierig!
- Kann der andere sachliche Irrtümer korrekt stellen? Es geht nicht darum, sich zu verteidigen, jedoch müssen falsche Informationen korrigiert werden.
- Erfragt der Angesprochene Vorschläge für alternative Verhaltensmöglichkeiten bzw. schlägt er selbst Handlungsalternativen vor? Die zeigen die konstruktive Haltung des anderen!

Wenn es sich nicht so alt und abgedroschen anhören würde: Kritik soll so formuliert bzw. vom Angesprochenen so verstanden werden, dass sie als Chance wahrgenommen wird. Die Empfehlungen in Sachen „Kritik" lassen sich natürlich auch wieder in eine Formel zusammenfassen: Hier die Kurzfassung als die sogenannte POWER-Regel:

- **P**ositiv formulieren
- **W**ahrnehmung, Wirkung, Wunsch ausdrücken
- **E**rfolg/Vorteil benennen

In der Psychologie ist es immer schwierig „Regeln" zu definieren. Der Mensch und die Situationen sind zu komplex, als dass sie sich auf Regeln reduzieren ließen. Ich möchte es so ausdrücken: Die Kunst besteht darin, Kritik so zu formulieren, dass sie das Selbstwertgefühl des anderen von sich selbst nicht verletzt und gleichzeitig ihn dazu animiert, ein bestimmtes Verhalten zu zeigen. Wie das geht? Schwierig zu sagen.

Aber vielleicht verdeutlicht folgendes Beispiel etwas davon, was ich meine. Eine Seminarteilnehmerin erzählte:

Ein Projektmitarbeiter, der für ihr Projekt sehr wichtig war, sich in der Zusammenarbeit aber als schwierig erwies. In der Vergangenheit versuchte sie mehrmals, diesen Mitarbeiter dahin zu motivieren, Aufgaben fristgerecht und v.a. in der erwarteten Qualität zu erledigen. Jedoch war sie immer wieder daran gescheitert. Nach ihren Angaben wäre die letzte Eskalationsmöglichkeit ein Gespräch mit der eigenen Geschäftsleitung gewesen, um eine Ablösung des Mitarbeiters aus dem Projekt zu erreichen! Die Sache stand also auf Messers Schneide. Nun stand ein neues Meeting mit den Vertretern des Kunden an. Vor dieser wichtigen Besprechung sagte sie spontan zu dem Mitarbeiter: „Ich wünsche mir, dass Sie sich in der Besprechung als charmant und kompetent präsentieren". Diese – in der Tat unüberlegte – Äußerung führte dazu, dass der Mitarbeiter knallrot anlief, sich zugleich aufrichtete und tatsächlich in der Besprechung konstruktiv und kompetent verhielt.

Was motivierte den Mitarbeiter in dem Beispiel zur Verhaltensänderung? Nicht die viele Kritik, die in der Vergangenheit ausgesprochen wurde, sondern das „Magic Word" Charme! Dieses Wort beschrieb treffend das Bild, wie der Projektmitarbeiter gesehen werden wollte. Das Wort Charme erzeugte eine Anziehungskraft: Er wollte, dass er von den anderen als kompetent und charmant angesehen wird!

Das Beispiel zeigt aber auch noch einen anderen Aspekt auf: Kritik bezieht sich häufig auf bereits erbrachte Leistung. Der Kritisierte kann aber die Vergangenheit nicht ungeschehen machen. Hat die geäußerte Kritik also nur die Vergangenheit im Blick, kann dies wiederum zu dem (nicht gewünschten) Gefühl der Ohnmacht führen. Besser wäre: Wenn die Kritik sich auf die Zukunft bezieht, auf Handlungsmöglichkeiten, die vom Kritisierten noch beeinflussbar sind. Also: Statt Feedback ein Feedforward.

9.6 Richtig Loben!

Vielleicht mag jetzt jemand einwenden: Aber das ist doch kein Problem! Loben kann doch jeder – aber stimmt das? Ich hatte eingangs darauf hingewiesen, dass es manchen Menschen schwer fällt, Lob überhaupt anzunehmen. Andere Personen scheinen aber auch ein Problem damit zu haben, andere loben zu können. Vielleicht kennen Sie ja auch den Spruch: Nichts gesagt – ist genug gelobt. Meistens wird davon ausgegangen, dass es „normal" ist, wenn jemand die von ihm erwartete Leistung bringt. Loben als Führungsinstrument wird dann verkürzt auf die Situationen, in denen außergewöhnliches stattfindet.

Wer Kinder hat, weiß allerdings auch: Von Lob können Kinder nicht genug bekommen. Zu loben ist eine Maßnahme, die selbst bei Alltäglichem eingesetzt werden kann. Psychologisch betrachtet ist das Lob eine Verstärkung, die darauf abzielt ein Verhalten in seiner Auftretenswahrscheinlichkeit zu erhöhen. Damit ist das Lob aber nicht auf außergewöhnliche Situationen beschränkt! Es dient dazu, dass das Verhalten auch langfristig gezeigt wird, dass das Verhalten beibehalten wird. Bleibt Lob aus, droht die Gefahr, dass ein gezeigtes Verhalten sich wieder abschwächt.

Loben hat also nicht nur die Wirkung, dass ein bestimmtes Verhalten gezeigt wird, loben hat auch die Wirkung, dass ein bestimmtes Verhalten erhalten bleibt. Vielleicht ist der Unterschied zwischen Kindern und Erwachsenen der, dass sich Erwachsene mehr/besser selbst belohnen/verstärken können. Dennoch gilt auch bei Erwachsenen: Ein Lob kann auch einen Erwachsenen dazu ermuntern, ein bestimmtes Verhalten zu zeigen. Und auf die Frage, welche Maßnahme zur Steuerung von Verhalten bevorzugt wird, antworten die allermeisten meiner Seminarteilnehmer: Das Lob! Frage: Gibt es auch hier Empfehlungen, wie man das Lob richtig einsetzen kann?

- *Lob soll aufrichtig und nicht strategisch sein:* Nichts ist so schädlich für die Wirkung eines Lobes, wenn es nicht echt wirkt. Wird dem Lob unterstellt, dass es einem anderen Zweck dient als dem, was behauptet wird, wird der Gelobte das Lob schnell abwerten – und zwar zu Recht!
- *Lob in seiner Intensität und seiner Ausdrucksform variieren:* Das Lob kann reichen von einem dankbaren Lächeln bis zur ausgesprochenen Belobigung der Person vor anderen.
- *Lob den Umständen und der Person des Empfängers anpassen:* Undifferenziertes Lob wirkt nicht –Lob dagegen, das die Situation und die Person berücksichtigt dagegen schon: Kleine Besonderheiten im Verhalten können anders beachtet und belohnt werden, als außergewöhnliche Leistungen. Und: Jeder Mensch ist anders: Intensität und Ausdrucksform sind also auch immer der Person anzupassen.

9.7 Feedforward: Gesprächsführung auf der Suche nach Lösungen

Gespräche können ihren Schwerpunkt entweder in Richtung der Problemanalyse oder in Richtung der Problemlösung haben. Oftmals wird bei der Verbesserung der Zusammenarbeit von Menschen der Schwerpunkt zu lange auf die Problemanalyse gelegt und zu wenig Zeit und Aufmerksamkeit auf die Suche nach Lösungen gelegt. In der Psychologie wird hier – im Gegensatz zum Feedback – vom Prinzipien des Feedforward gesprochen, um zu betonen, dass es ein zentrales Anliegen z. B. des Projektleiters sein müsste, die Zusammenarbeit, Qualität der Arbeit etc. in der Zukunft zu verbessern.

- *Fragen nach bisherigen Erfolgen, die auch in der Zukunft genutzt werden können:* Die Fragen zielen auf Ausnahmen in der Vergangenheit, als das Problem nicht gegeben war: Was war anders? Was kann davon in der Zukunft wieder genutzt werden und wie wird man es erkennen?

- *Prioritäten setzen:* Setzen Sie sich und ihrem Mitarbeiter realistische Ziele. Ordnen Sie diese nach Wichtigkeit und Dringlichkeit. Erzielen Sie mit dem Mitarbeiter einen Konsens über die Prioritätensetzung.
- *Positiv und konstruktiv agieren: Potenzial und Ressourcen zusprechen:* Sprechen Sie über die Stärken des Mitarbeiters und darüber, wie eine positive berufliche und persönliche Weiterentwicklung in Gang gesetzt werden kann, wenn er sich den anstehenden Aufgaben stellt etc. Suchen Sie gemeinsam nach Zeiten und Orten, zu denen der Mitarbeiter in der Lage war, mit ähnlichen Problemen besser umzugehen.
- *Gespräche Ergebnis- und verbesserungsorientiert führen:* Versuchen Sie das Gespräch auf konkrete zukünftige Ergebnisse, Meilensteine und Ziele zu lenken, die der Mitarbeiter anzupacken hat (Feedforward-Fragen). Achten Sie darauf, dass dieses Ergebnis von beiden Gesprächspartnern gleich verstanden wird. Seien Sie bereit, nach den kleinstmöglichen Veränderungsschritten zu suchen.
- *Motivierendes Sprechen:* Nutzen Sie gezielt Worte, die beim Gesprächspartner eine positive Bewertung auslösen. Gerade wenn es darum geht, unnötigen Widerstand beim Gesprächspartner zu vermeiden, bietet sich das positive Sprechen an. Beispiele für „negative“ Worte/Frustwörter: Müssen, nicht erlaubt, gezwungen sein, ohne Alternative, es ist entschieden worden; Beispiele für „positive“ Worte/Lustwörter: Dürfen, ausprobieren, spielen, experimentieren, eigene Ideen einbringen, entdecken, vielleicht, neu – nützlich – praktisch sein, bewährt, selbst entscheiden.

9.8 Streit- und Kritikkultur aufbauen

Das beste Mittel um zu verhindern, dass Kritik falsch verstanden wird und zu Frust, Ärger oder Aggression führt, ist es, schon im Vorfeld dafür zu sorgen, dass es gar nicht zu diesen Missverständnissen kommt. Aus der Lehre der Gruppendynamik sind einige Handlungsempfehlungen bekannt, die dazu dienen sollen, unnötige Konflikte zu vermeiden. Im Zentrum steht die Überlegung, dass neben den Arbeitszielen, die Gruppenbedürfnisse und die Bedürfnisse des Einzelnen in einem ausgeglichenen Verhältnis zueinander stehen sollen. Gelingt dieser „Dreiklang“ aus „Ich“, „Thema“ und „Gruppe“ auf harmonische Weise, wird dies sowohl auf der Seite dessen, der kritisiert wird, als auch auf der Seite dessen, der die Kritik ausspricht, (und auch von Seiten eines unbeteiligten Dritten) für die nötige Entspannung und Gelassenheit sorgen. Folgende Empfehlungen lassen sich geben:

- *Störungen, Spannungen oder Probleme auf der persönlichen und zwischenmenschlichen Ebene haben Vorrang vor der Sachebene:* Der zugrunde liegende Gedanke dieser Empfehlung besagt, dass man nicht „vernünftig“ über etwas reden kann, wenn die Stimmung unter den Akteuren schlecht ist oder wenn man sich nicht wohl fühlt. Manchmal wird bei dieser Regel befürchtet, dass sich die Beteiligten nur noch um das Wohlfühlen kümmern. Ich kann hier aber aus meiner Erfahrung Entwarnung geben: Bei den Gruppen, in denen die persönlichen Befindlichkeiten großen Raum einnahmen, war tatsächlich das Miteinander sehr gestört. Meistens machen die Personen im Projekt den gegenteiligen Fehler: Sie achten zu wenig auf die emotionale Balance!
- *Jeder ist mit seinen Gefühlen und Gedanken autonom und ist in erster Linie für sich selbst verantwortlich*: Man kann nicht vorschreiben, wie sich jemand fühlen soll, selbst wenn man seine eigene Art zu fühlen und zu denken für besser hält und der Ansicht ist, dass der andere genau so fühlen müsste. Meine Gefühle und Gedanken sind eben meine Gefühle und Gedanken und so wie ich erwarte, dass der andere diese respektiert, sollte ich dies auch dem anderen zubilligen.
- *Statt „man“ oder „wir“ ist es eindeutiger mit „ich“ zu formulieren.* Und: Es kann immer nur einer sprechen. Zwei einfache Kommunikationsregeln, die aber gerade dann, wenn es stressig wird, häufig nicht gelebt werden. Besser wäre also, eine solche Empfehlung in ruhigeren Phasen einzuüben, um dann in Zeiten der Hektik und Anspannung darauf zurückgreifen zu können.
- *Es ist wichtig, andere direkt anzusprechen, anstatt über sie zu reden.* Und: Es geht darum, die eigene Meinung offen darzutun und sich nicht hinter Fragen zu verstecken. Wer Fragen stellt, soll auch sein Motiv für die Frage nennen. Beide Kommunikationsregeln wollen erreichen, dass direkt miteinander gesprochen wird und nicht irgendwelche Spielchen gespielt werden. Statt sich hinter Fragen zu verstecken, gilt es, eine eigene Position zu beziehen, anstatt über Personen zu reden, die nicht anwesend sind (und sich nicht verteidigen können). Also: Achten Sie auf diese „Kleinigkeit“ – es ist auch ein Gebot der Fairness.

Diese Empfehlungen wollen zu einer offenen Kommunikationskultur beitragen, in der individuelle Sichtweisen einer Sache diskutiert werden können – im gegenseitigen Respekt der beteiligten Personen. Man könnte noch viele weitere Regeln und Verhaltens-Empfehlungen auflisten. Aber letztlich geht es darum, die grundsätzliche Einstellung, mit der man zusammenarbeitet, positiv auf den anderen auszurichten.

9.9 Zusammenfassung

Wenn Projektarbeit im wesentlichen Arbeit von Menschen und für Menschen ist, dann ist auch Projektcontrolling im Sinne von Projektsteuerung im wesentlichen Steuerung des menschlichen Verhaltens. Steuern heißt hier, durch positives und negatives Feedback Einfluss zu nehmen auf das Verhalten von anderen. Diese Verhaltensbeeinflussung wird immer wieder an Grenzen und Widerstände stoßen: Fehlendes Wissen und Können des Mitarbeiters verhindern, dass er ein anderes Verhalten zeigt, aber auch sein Selbstbild und sein Selbstwertgefühl sind hier zu nennen. Begrenzungen für diese Verhaltensbeeinflussung kommen aber auch von dem, der steuert.

Im Projektteam treffen Mitarbeiter zusammen, die in dieser Form vielleicht noch nie zusammengearbeitet hatten. Man weiß nicht, wie die anderen auf Kritik reagieren, man weiß auch nicht, in welcher Form die Anderen Kritik ausdrücken. Man weiß auch nicht, wie der Projektleiter mit diesem Thema umgeht. Als „Führungskraft auf Zeit“ sollte der Projektleiter auch sein Verständnis von Projektsteuerung verständlich machen: Wann können Mitarbeiter selbständig entscheiden, wann erwartet der Projektleiter informiert zu werden bzw. letztlich die Entscheidung zu treffen? Klar sollte immer sein, dass die Kritik sich auf die Erreichung der Projektziele bezieht und nicht auf die Person des Mitarbeiters.

10 Projektmanagement lernen

10.1 Relevanz

In diesem Buch berichte ich immer wieder von meinen Erfahrungen mit meinen Seminarteilnehmern. Als Trainer und Berater versucht man ja seinen Teilnehmern etwas zu vermitteln (und lernt immer wieder von seinen Seminarteilnehmern!). Die Frage ist aber: Was vermittle ich? Was brauchen die Teilnehmer, was erwarten sie? Was erwarten die Auftraggeber oder die Personen, die die Teilnehmer in ein Seminar schicken? Die scheinbar einfachste Antwortet lautet nach der Input-Output-Regel: Der Kunde schickt unwissende/unfähige Personen in eine PM-Schulung und danach kommen wissende/kompetente Projektmanager heraus. Anspruchsvoller ist schon diese Antwort: Der Kunde schickt unwissende/unfähige Personen in eine Schulung und nach der Schulung kommt eine in Projektmanagement kompetente Organisation heraus. Merken sie etwas? Das funktioniert nicht! Nach der Input-Output-Regel müsste die Gleichung so lauten: Es kommt ein unfähige Organisation in die Schulung und nach der Schulung kommt eine in Projektmanagement kompetente Organisation heraus.

In einem ersten Schritt geht es in diesem Kapitel zunächst darum, was in Sachen Projektmanagement eigentlich gelernt werden soll oder kann. Handelt es sich hier um einen Wissensgegenstand oder um eine Fähigkeit? Ist Projektmanagement ein Wissen, dann ist die kognitive Auseinandersetzung und damit das Einspeichern von neuen Informationen in unser Gedächtnis wichtig – oder ist Projektmanagement eine Handlungsfähigkeit, dann ist das praktische Ausprobieren wichtig. Ist es eine Frage der intellektuellen Auseinandersetzung oder sieht man das ganze Thema stärker unter einem Persönlichkeitsaspekt? Im ersten Fall könnte man viele Themen des Projektmanagements als Lesestoff anbieten, im anderen Fall wären dann sicherlich ein Lern-Konzept der Reifung oder der Persönlichkeitsentwicklung wichtig.

Je nachdem, wie man den Lerngegenstand sieht, entscheidet sich dann in einem zweiten Schritt auch die Frage nach der Lernmethode: Handelt es sich um einen Wissenserwerb, dann kann man Lernkarteien, Übungsaufgaben etc. einsetzen, handelt es sich um Erfahrung und Handlungsfähigkeit, ist es wichtig, die Erfahrung zu reflektieren und seine Konsequenzen daraus zu ziehen. Ist es eher ein Lernprozess, den eine Person für sich durchläuft –also ein individuelles Lernen – dann muss für sich der Lernende auch entsprechende Lernzeiten einrichten – oder ist es eher eine Form des sozialen Lernens, dann ist eine teamorientierte Lernmethode, in Form einer Gruppenarbeit, wichtig.

Und schließlich ist die Frage nach der Rolle und Aufgabe des Lehrenden zu stellen: Welche Rolle spielt der Lehrer/Trainer etc.? Ist er Wissensvermittler, Lernbegleiter/Coach, Supervisor? Wie soll er sich verhalten oder einbringen, damit der Lernende einen möglichst großen Nutzen hat? Welche Rolle spielen andere Instanzen, die im Kontext des Lernprozesses stehen? Welche Rolle hat die Organisation, das Unternehmen, in dem der Lernende arbeitet? Kann das Unternehmen etwas zum Gelingen des Lernens beitragen? Bei einem firmeninternen Seminar übernimmt das Unternehmen die Kursgebühren – aber ist das schon alles? Sie sehen also: Die Frage „Wie lernt man am besten Projektmanagement?“ ist sehr vielschichtig und muss am besten wie ein Projekt konzipiert werden.

Strategien des Lernens: Oder vom Verhältnis der Theorie zur Praxis (und umgekehrt)

Kann man das Managen von Projekten lernen – oder ist diese Kompetenz nicht ein „Nebenprodukt“ der eigenen Praxis? Für die Antwort auf diese Frage gibt es für beide Seiten gute Argumente. Die einen argumentieren: Gutes Projektmanagement ist häufig zu einem Großteil das „richtige Bauchgefühl“, das sich nur durch wiederholte Erfahrung herausbildet. Durch bewusste und vielleicht unbewusste Prozesse gelangt man zu einer Erfahrung, durch die man sich gegenüber Unerfahreneren unterscheidet – Projektmanagement ist ein Reifungsprozess! So wie ein guter Winzer erkennt, wann der Wein zur Verkostung fertig ist, so ist auch Projektmanagement in erster Linie die Erfahrung, die über viele Jahre reift. Bauchgefühl lässt sich nicht im Labor trainieren, Papier und Bleistifttests sind kein geeignetes Medium, Multiple-Choice-Aufgaben erfragen nur passives Wissen, das aber im täglichen Handeln nicht aktiviert werden kann. Die Vertreter der anderen Richtung argumentieren: Projektmanagement ist ein Wissen, das man erlernen kann: Projektmanagement ist über viele Bereiche eine Sammlung von Methoden und Arbeitstechniken, die man kennenlernen kann. Dieses Wissen oder diese Kenntnisse kann ein Dozent vermitteln und lehren. Entsprechend ist es auch möglich, dieses Wissen z. B. in Prüfungen abzufragen. Die Frage ist allerdings, ob dieses Wissen immer aktiv ist – oder ob es für eine Prüfung erlernt wird und später dann wieder vergessen wird. Aber selbst das Vergessen zeugt davon, dass es eben erlernt wurde – und später nicht mehr verfügbar ist.

In dieser Gegenüberstellung wird der klassische Gegensatz vom „Mann der Praxis" gegen „Buchgelehrtsamkeit" bedient. Er entspricht im Grunde dem Gegensatz von induktiver (entspricht hier: Von der Erfahrung auf das Allgemeine schließen) und deduktiver (vom Allgemeinen auf das Besondere) Lehr/Lernstrategie. Was ist nun „richtig", wenn es um das Erlernen von Projektmanagement geht? Fragen wir zunächst, was erlernt werden muss und anschließend wie dieses Lernen funktioniert.

10.2 Projektmanagement als Lerngegenstand

10.2.1 Wissen erlernen

Projektmanagement ist eine Sammlung von verschiedenen Konzepten, Betrachtungsweisen und Methoden, die man erlernen kann. Neben „Wissen" über bestimmte Methoden, sind grundlegende Konzepte zu Betriebswirtschaft und zu gesetzlichen Normen eine wichtige Basis für die Projektarbeit. Projekte gut zu leiten, verlangt nach einem Wissen über Bedingungen, die unsere menschliche Leitungsfähigkeit, unser soziales Miteinander und unsere persönliche Stabilität beeinflussen.

Beispiel:

Ein Projektassistent muss – laut GPM – über gute Kenntnisse (Kennen + Wissen) in allen Projektmanagement-Bereichen verfügen und ist fähig, diese Kenntnisse anzuwenden (Können). Die Person ist in der Lage, als Teammitglied in einem Projekt in jedem Projektmanagement-Bereich zu arbeiten. Entsprechend testet die GPM, wie die APM Group, und auch die PMI mit Multiple Choice Tests bzw. Testteilen das vorhandene Wissen. (*Organisationales Lernen wurde in der ICB 3.0 nicht als eigenes Kompetenzelement beibehalten).

In der ICB 2.0 hieß es noch zum organisationalen Lernen: „Ein angemessener Stand des allgemeinen Wissens und der Erfahrung sowie das persönliche Verhalten und die Erfahrungen aus den anderen Projekten und der Branche sind eine Bedingung für die Leistungsfähigkeit des Projektpersonals. Zudem hat jedes Projekt eine eigene Charakteristik und spezifische Mittel. Somit müssen projektspezifische Kenntnisse als Voraussetzung für die Erledigung der konkreten Aufgaben aufgebaut und bei sich änderndem Umfeld aufrecht gehalten werden. Schließlich soll die Projektorganisation bei festgelegten Mängeln, Lücken und Hindernissen (Qualitätsmanagement) mittels gezielter Vorwärtskopplung den Weg zu Verbesserungen finden. Es kann sich dabei um neue externe Entwicklungen und Erkenntnisse handeln oder um projektspezifische Bedingungen, Chancen und Erfahrung. Aufgrund von Anforderungsbeziehungen und verschiedenen Fähigkeiten beziehungsweise deren Veränderungen wegen neuen Erkenntnissen wird der Weiterbildungsbedarf erfasst. Die Lücken beim Projektmanager selbst und seinen Mitarbeitern werden mit didaktischen Methoden behoben. Lerneffekte werden bei der phasenweisen, zyklischen Bearbeitung und bei repetitiven Arbeiten gezielt genutzt. Bei neuartigen Problemen können Prototyping, Probeläufe, Muster und Prüfungen verwendet werden. Bei mangelnder Eignung kann Personal ausgewechselt werden." (ICB 2.0, S.58)

In meinen Kursen bin ich manchmal erstaunt, wie wenig manche Menschen über grundlegende Konzepte aus Wirtschaft und Gesellschaft wissen: Wie funktioniert ein Unternehmen? Wie ist ein Unternehmen ablauf- und aufbauorganisatorisch aufgebaut? Welche kaufmännischen Konzepte für unternehmerische Entscheidungen gibt es? Welche grundlegenden (sozialen, arbeitsrechtlichen) Rahmenbedingungen bestimmen unser Zusammenleben? Welche Methoden zum Managen gibt es – zum Managen seiner eigenen Arbeit, von sich selbst, von anderen?

Dieses Wissen kann in verschiedenen Kursen und bei verschiedenen Veranstaltern/Bildungsträgern erworben werden. Deutlicher Unterschied zwischen einem Projektmanagement-Novizen und einem Projektmanagement-„Experten" ist jedoch, dass der Neuling die gelernten Methoden und Konzepte häufig eher statisch anwendet oder versucht diese Konzepte aus dem Kurs eins zu eins in der Praxis umzusetzen. Was ihm fehlt, ist die Fähigkeit, sie auf die konkrete Anforderung anzupassen, sie mal grob, mal fein anzuwenden. Diese Fähigkeit kommt mit der Zeit und reift mit zunehmender Erfahrung.

Um es klar zu sagen: Das Wissen muss vorhanden sein, damit es reifen kann. Das Gegensatzpaar Wissen vs. Erfahrung greift nicht. Gerne werden diese Gegensatzpaare gebildet in dem Sinne: Wissen alleine reiche nicht, Erfahrung sei doch die entscheidende Größe. Im Extremfall wird von manchen Personen dann der Wissenserwerb sogar abgelehnt, da er unnötig oder behindernd sei. Man könnte dies sogar als eine Vermeidungsstrategie bezeichnen! Erfahrung als reflektiertes Wissen setzt zunächst Wissen voraus. Beides steht in Bezug miteinander: Die Erfahrung braucht die Verstehenskategorien von Wissen; Erfahrung reflektiert das vorhandene Wissen, kann in einem Fall das Wissen bestätigen, im anderen Fall sich davon auch emanzipieren.

10.2.2 Projektmanagement als individuelle Schlüsselkompetenz

Als Schlüsselkompetenzen werden Handlungsfähigkeiten verstanden, die ein Erfahrungswissen darstellen und durch deren Anwendung erst ein weiteres Wissen/Können erschlossen wird. In der Praxis bedeutet dies: In der Regel haben jüngere Menschen weniger Erfahrungswissen, ältere Personen verfügen dagegen über einen größeren/reiferen Erfahrungsschatz. Der Anwender dieses Erfahrungswissens ist sich dieses Erfahrungsschatzes manchmal gar nicht bewusst, sondern setzt dieses Wissen „unreflektiert“ um.

Ein erfahrener Seminarteilnehmer beschrieb dies ein Mal so:
„Bei der ersten Konzeption eines neuen Projektes greife ich mal auf die eine, mal auf die andere Erfahrung zurück, mische das ganze miteinander und heraus kommt eine Konzeption, die für dieses neue Projekt hoffentlich passt.“

Der dahinter liegende Lernprozess zum Erwerb dieses Erfahrungsschatzes, „wie ich etwas richtig anpacke“, ist ein Prozess der Reifung oder der zunehmenden Ausdifferenzierung. Dieser Anreichungsprozess verlangsamt sich im Laufe des Lebens, wenn die Person auf diesem Gebiet weniger gefordert wird. „Wer rast, der rostet“ sagt das Sprichwort. Oder anders: Erfahrungen, die nicht immer wieder benötigt werden, treten allmählich in den Hintergrund. Aber auch die Art des Lernens ändert sich im Laufe der Jahre: Während in jüngeren Jahren das Lernen häufig ein Erstlernen oder Neulernen darstellt, ist man in späteren Jahren häufig damit konfrontiert, vorhandenes Wissen/Können umzulernen sprich: Anzupassen, Neues zu integrieren, zu vernetzen. Dieses Umlernen kann sich darauf beziehen, persönliche Verhaltensweisen oder Gewohnheiten zu ändern und anzupassen. Dazu muss altes Können aufgegeben werden und verändertes Können gefestigt werden.

Ein Problem von Schlüsselkompetenzen als persönliche Erfahrung ist, dass man Erfahrungen nicht einfach durch die Lektüre eines Buches lernen kann. Man kann über die Erfahrungen anderer lesen, kann sich diese Erfahrungen anhören, aber man muss sie für sich als richtig bewerten, ihnen innerlich zustimmen, sie sich zu Herzen nehmen, oder letztlich die gleichen Erfahrungen selbst machen. Ein weiteres Problem könnte sein, dass Erfahrungen manchmal sogar hinderlich sind für die Lösungssuche neuer, anstehender Probleme. Erfahrungen per se müssen also nicht immer nur konstruktiv sein – negative Erfahrungen können jemanden genauso davon abhalten, die richtige Entscheidung zu treffen. Soll die persönliche Erfahrung als Schlüsselkompetenz dienen, muss sichergestellt sein, dass die Erfahrungen konstruktiv eingesetzt werden.

Ich plädiere dafür, Erfahrungen besser und tiefer zu reflektieren, als es häufig in unserer schnelllebigen Zeit geschieht, um sie dadurch für sich und für andere nachhaltiger zu machen. Wir leben in einer Kultur, die wenig auf Tradition und Übernahme von Erfahrungen setzt. Kennen Sie

Personen, die eigene oder fremde Erfahrungen nicht wert schätzen können? Ich sage immer: Das Thema, das im Projektmanagement am häufigsten zu kurz kommt, ist das Thema der Lessons learned – der gemachten Erfahrungen, die am Ende einer Phase oder eines Projektes gesammelt werden können, damit sie in Zukunft bei einem neuen Projektstart quasi als Erfahrungsschatz verfügbar sind.

Dies hängt sicher zum einen damit zusammen, dass das, was man in der Praxis unter „Projekt" und „Projektmanagement" versteht, sehr breit bzw. sehr unscharf definiert ist – und damit ist Projekterfahrung eben nicht gleich Projekterfahrung. Aber auch dort, wo ein klares Verständnis von Projektmanagement besteht, bedeutet es noch lange nicht, dass die Erfahrungen, die durch die Teilnehmer im Raum vertreten sind, als wichtig wertgeschätzt werden. Gemachte Erfahrungen anderer Seminarteilnehmer werden nicht selten (vorschnell) als nicht adäquat für die eigene Arbeitssituation abgelehnt. Auch dies zeigt: Projektmanagement als Schlüsselkompetenz bedeutet, dass die Person willens ist, auf neue Anforderungen aufgrund ihrer früheren eignen und auch mitgeteilter Erfahrungen, flexibel zu reagieren.

10.2.3 Den Umgang mit kritischen Projekt – Situationen lernen

Neben reinem Wissen als Lerngegenstand bzw. dem Erwerb von Schlüsselkompetenz, ist häufig in vielen Projektmanagement-Trainings der Umgang mit kritischen Situationen ein anderer Fokus. Aus vielen Bereichen kennt man diesen Ansatz: Im Verkaufstraining wird der Umgang bei der Kundenakquise, bei der Terminvereinbarung, beim Umgang mit Gegenargumenten seitens des potentiellen Kunden oder das Preisgespräch geübt. In der Fahrschule wird das rückwärts Einparken, das Einfädeln auf der Autobahn, das Wenden auf der Straße etc. geübt. In der Psychologenausbildung wird die Eröffnungssequenz für das Klientengespräch, das Geben einer Intervention, der Umgang mit Widerstand, der Umgang mit einem Tränenausbruch seitens des Klienten etc. geübt. Man sieht: Es gibt in vielen Berufsgruppen und Arbeitsfeldern solche kritischen Situationen.

Unter kritischen Situationen kann man zwei verschiedene Dinge verstehen: „Kritisch" meint „etwas ist für jemand kritisch" – was für die Definition so viel bedeutet, als dass kritische Situationen für Personen individuell verschieden sind: Was für die eine Person kritisch ist, muss noch lange nicht für eine andere Person kritisch sein. Kritisch wird dann häufig verstanden als „individuell schwierig". Kritisch kann aber auch bedeuten: eine Situationen ist für den Erfolg einer Maßnahme wichtig, d.h. erfolgskritisch bzw. erfolgsentscheidend. In der Psychologenausbildung kennt man den Ansatz von „change-events", d.h. von Momenten, die für den weiteren Therapieverlauf entscheidend sind. Wird die Chance eines solchen change-events verpasst, kann in der Folge die Therapie unter Umständen länger dauern als nötig bzw. vielleicht sogar ohne Erfolg bleiben. Wenn man kritisch im Sinne von erfolgsentscheidend versteht und zugleich auch als schwierig für manchen einzelnen, dann bedeutet dies nicht, dass dies willkürlich oder ohne jeglichen gemeinsamen Nenner wäre. Was sich zeigt, ist, dass es immer wieder die gleichen Dinge sind, die für viele Personen schwierig sind. Entsprechend wird dies auch in der Fahrschule immer wieder und wieder geübt.

„Was sind kritische Situationen für Sie im Projekt?" „Welche Situationen im Umgang mit anderen Personen im Projekt sind für Sie schwierig?" oder „ Wenn dieses Training zu Ende ist: Mit welchen Situationen im Projekt wollen Sie dann in Zukunft besser umgehen? So bzw. so ähnlich stelle ich die Eingangsfrage in einigen meiner Seminare. Und interessanterweise tauchen immer wieder die gleichen Fragen auf:

- Was mache ich, wenn ich einen Aufwand schätzen soll, aber keine Ahnung habe?
- Was mache ich, wenn ich von den Vorgesetzten keine ausreichende Unterstützung bekomme?
- Was tue ich, wenn ich vom Lenkungsgremium nicht die notwendigen Entscheidungen bekomme, die ich brauche, um weiterzumachen?
- Wie gehe ich mit Personen in meinem Projektteam um, die nicht motiviert sind zur Mitarbeit?
- Wie gehe ich in Projektbesprechungen damit um, wenn z. T. Ranghöhere nicht bei der Sache sind?
- Wie moderiere ich zielorientiert eine Projektbesprechung?

So und anders lauten immer wieder die Fragen, die im Seminar auftauchen. Es sind immer wieder die gleichen „Klassiker", die für viele Personen als schwierig und dennoch als wichtig für den Projekterfolg angesehen werden.

Man kann davon ausgehen, dass bestimmte Situationen also nicht nur für eine einzelne Person, sondern in ihrer Verallgemeinerung für viele andere als schwierig betrachtet werden. Gerade die zwei letzten obigen Fragen eignen sich bei der Suche nach einer Lösung durchaus für die klassische Rollenspielmethode – wobei darauf zu achten ist, dass die „schwierige Situation" noch konkretisiert werden muss und dass immer klar ist, dass die Rollenspielsituation sich der realen Situation nur annähern, aber nie adäquat wiedergeben kann. Außerdem neigen manche Personen in Rollenspielen zu Übertreibungen, sprich, die dargestellte Situation wird meist sehr ins Extreme überzeichnet (Unmotivierter Mitarbeiter wird zu einem Verweigerer, Projektbesprechung ist ein einziges Chaos etc.)

Der Umgang mit kritischen Situationen bedeutet wiederholt durchzuspielen, wie man mit dieser Situation am besten umgehen kann. Neben dem Feedback durch Beobachter aus der Seminargruppe, ist hier auch die Videoaufzeichnung mit anschließender Auswertung häufig eine gute Unterstützung. Gelernt werden können hier einzelne Formulierungen, aber auch Beobachtungskategorien, um zu erkennen, wie das eigene Verhalten bei einer anderen Person für Wirkungen erzeugt – und auch wieder auf einen selbst „abfärbt". Ich kann mich noch gut an eine Spiel-Situation erinnern, in der ein Teilnehmer, der die Rolle des Projektleiters übernahm, sich als sehr mitarbeiterorientiert sah – im Videofeedback aber erkennen musste, dass er in dieser Situation ca. 80% Gesprächsanteile hatte – also den Mitarbeiter an die Wand geredet hatte.

10.2.4 Projektmanagement als Erinnerungen für die Zukunft

Die Gretchenfrage, was für das Erlernen von Projektmanagement wichtig ist, kann nicht abschließend geklärt werden, ohne die moderne Gedächtnispsychologie heranzuziehen: Das menschliche Gedächtnis ist – anders als lange Zeit angenommen – kein starres, unveränderliches Erinnerungsprogramm. Für das Abspeichern von Gedächtnisinhalten sind eine große Anzahl unterschiedlicher Hirnareale aktiv. Unterschieden wird in der Regel zwischen einem semantischen Gedächtnis und einem episodischen Gedächtnis. Im semantischen Gedächtnis werden Begriffe und Konzepte gespeichert und im episodischen Gedächtnis eher ganze Szenen und Abfolgen von Ereignissen. Das episodische Gedächtnis speichert z. B. die räumlichen und zeitlichen Kontexte einer Szene. Außerdem zeichnet es episodische Erinnerungen aus, dass sie bewusst sind. Sie können also von der Person gezielt abgerufen werden. Und schließlich besteht ein weiteres Merkmal darin, dass das Erinnerte sich auf die eigene Person bezieht.

Das episodische Gedächtnis spielt also für das Erinnern einer Person eine wichtige Rolle – welche Rolle spielt dieses Gedächtnis für die Zukunft? Jeder Mensch blickt auch in die Zukunft: Er schmiedet Pläne, denkt Alternativen durch, fantasiert und malt sich seine Wünsche aus. Und auch dabei arbeitet er an seiner Identität. Lange Zeit wurde das Gedächtnis allerdings für Zukunftsaspekte vernachlässigt.

Hirnforscher fanden nun Gehirnareale, die offensichtlich gleichermaßen aktiv waren, wenn die Versuchspersonen in die Vergangenheit und in die Zukunft reisten. Das ist nur möglich, wenn man das episodische Gedächtnis in einen größeren Zusammenhang stellt. Es sei nur ein Bestandteil eines größeren Systems, das die Selbstprojektion ermöglicht. Selbstprojektion spielt zum Beispiel auch eine Rolle, wenn wir uns räumlich orientieren: Wir projizieren uns dann in Orte und Wege hinein.

Ergebnisse der Hirnforschung bestärken die These, dass ein generelles System für Selbstprojektionen existiert. Mehrere Hirnareale sind gemeinsam aktiv, wenn wir uns an etwas erinnern, in die Zukunft denken, uns räumlich orientieren, in andere Menschen hineindenken oder Tagträumen. Die Forscher, die sich mit diesen Hirnarealen beschäftigen, bezeichnen sie als das „Kernnetzwerk“. Neuere Indizien sprechen dafür, dass Gedächtnis und Selbstprojektion eng zusammengehören: Je einheitlicher ein Selbst ausgebildet ist, desto leichter kann sich ein Mensch in die Vergangenheit und in die Zukunft hineinprojizieren – und umgekehrt.

Es scheint inzwischen genügend Belege dafür zu geben, dass das Gedächtnissystem gleichermaßen für Erinnerungen wie für Zukunftsgedanken verantwortlich ist. Aber funktioniert die Erinnerung an etwas vergangen Reales gleich wie die Gedanken über Zukünftiges? Und: Wie sehen wir uns selbst darin? Gerade für den Selbstbezug scheint es noch ein zweites System zu geben: Es gibt das Kernnetzwerk, das Szenen erzeugt. Das ist gleichermaßen notwendig für die Orientierung im Raum, für die Grundlagen der Erinnerung oder für fiktive Zukunftsgedanken. Aber für das wirkliche episodische Gedächtnis, das ein Gefühl der Identität des Selbst in der Zeit beinhaltet, benötigt man dann noch zusätzliche Hirnregionen. Scheinbar sind diese Hirnregionen nur dann aktiv, wenn es darum geht, dass ein Selbstzug und Vertrautheitsgefühle entstehen. Das sind die Hirnregionen, die wirklich mit Selbstprojektion zu tun haben. Es gibt also offensichtlich zwei Subsysteme, die gelegentlich miteinander zusammen arbeiten.

Diese Erkenntnisse der Hirnforschung zeigen, dass das episodische Gedächtnis, Fantasie und Antizipation enger miteinander verbunden sind, als bisher gedacht. Ich bin auf diesen Zusammenhang gestoßen, als ich von einem Kunden die Anfrage bekam, ob man die Intuition von Projektleitern, ihr Bauchgefühl, trainieren könnte. Manche Personen scheinen ein bestimmtes Gefühl dafür zu haben, dass im Projekt gerade irgendetwas schief geht, sie ahnen es, ohne konkrete Belege dafür liefern zu können. Die Grundlagenforschung der modernen Neurologie ist sicherlich noch nicht so weit, um dies in ein Trainingsprogramm übertragen zu können. Aber ein erster Ansatz im Rahmen von Projektmanagement-Lernen könnte darin bestehen

- Die Lessons learned am Ende eines Projektes ernster zu nehmen: Statt ihrem rückwärtsgewandten Teil könnten die Lessons learned als Lessons to learn verstanden werden: Man könnte vergangene Episoden in Erinnerung rufen und fragen, woran man in der Zukunft wieder eine solche kritische Situation erkennen könnte.

- Die Lessons learned als Zeitreise anlegen: z. B. im Rahmen von wichtigen Meilenstein-Meetings könnte man als gemeinsame Übung versuchen, eine Zeitreise zu machen, in der die Beteiligten – z. B. in einer Tiefenentspannung – sich in kommende konkrete Situationen hineinprojizieren und sich bewusst ihre möglichen Handlungsalternativen klar machen – Handlungsalternativen, die sie von irgendwoher aus ihrer bisherigen Vergangenheit mit sich bringen.

Ich hatte damals den Auftrag für das Intuitionstraining nicht bekommen. Stattdessen wurde vom Auftraggeber ein anderes Institut beauftragt und ein Verhandlungstraining aufgesetzt, das es den Projektleitern erleichtern sollte, den inhaltlichen Rahmen gegenüber Auftraggebern besser abgrenzen zu können. Sicherlich war dies für den Auftraggeber damals „greifbarer", als sich mit dem Konzept des episodischen Gedächtnisses auseinanderzusetzen.

Was lässt sich im Blick auf den Lerngegenstand „Projektmanagement" festhalten?

Projektmanagement ist zunächst ein Wissen, das mit zunehmender Erfahrung auch immer reichhaltiger und differenzierter wird. Projektmanagement ist auch eine Schlüsselkompetenz, mit deren Hilfe man sich weitere Themengebiete erarbeiten kann. Dabei gibt es gerade in der Praxis der Projektarbeit auch immer Momente, die dem einzelnen mal mehr, mal weniger schwer fallen. Projektmanagement zu lernen bedeutet in diesem Fall zu lernen, wie man am besten mit solchen schwierigen Situationen am besten umgeht. Dabei gilt es natürlich nicht nur zurückzuschauen und auszuwerten, sondern die gewonnene Erkenntnis in sein zukünftiges Handeln so gut wie möglich zu integrieren. Also:

- *Lernen Sie Arbeitstechniken kennen und anwenden:* Projektmanagement ist eine Arbeitstechnik, wie Lesetechnik, individuelles Zeitmanagement und viele andere Wissensgebiete. Manche Arbeitstechniken sind manchem Mitarbeiter schlicht unbekannt. Erlernt er diese, so hat er jetzt die Möglichkeit diese Techniken in der Folge anzuwenden – und erleichtert sich dadurch vielleicht sogar den Zugang zu anderem Wissen!
- *Lernen Sie Arbeitstechniken adäquat anzupassen:* Arbeitstechniken sind häufig Arbeitsgewohnheiten, die mit eigenen anderen Verhaltensweisen abgestimmt sein müssen. Und: Sie müssen auch immer auf die Verhaltensweisen der anderen Kollegen und Kolleginnen sowie Vorgesetzte abgestimmt werden. Projektmanagement ist eine teamorientierte Arbeitstechnik und deswegen bedeutet Projektarbeit auch immer das Erlernen und Vereinbaren von gemeinsamen Arbeitsverabredungen.

- *Lernen Sie mit den schwierigen Projektsituationen besser umzugehen:* Im Projekt kommt es immer wieder für den einzelnen zu unangenehmen bzw. schwierigen Situationen. Diese schwierigen Situationen kann man gezielt durch Rollenspiele und andere Übungen lernen besser zu bewältigen.
- *Lernen Sie Situationen zu reflektieren und ihre eigenen Lessons to be learned für die Zukunft zu antizipieren.* Projektmanagement ist häufig zu einem Großteil ein Erfahrungswissen, das sich aus der Erinnerung an frühere Situationen speist. Ist man in der Lage, diese Erinnerungen als wichtig zu wertschätzen, diese Erinnerungen systematisch für sich auszuwerten und schließlich auch auf zukünftige Situationen hin zu übertragen, sind diese Erinnerungen ein wertvoller Schatz für die Zukunft.

10.3 Formen des Lernens (WIE)

10.3.1 Lehr-Lernmodelle

Aus der klassischen Ausbilderpraxis gibt es zahlreiche Lehr-Lernmodelle, die ein Ausbilder kennen sollte, wenn er seinem Auszubildenden eine neue Fertigkeit vermittelt. Ich habe dieses Lehr-Lernmodell, zum leichteren Memorieren immer abgekürzt mit „2VNÜ“ (= Vorbereiten-Vormachen-Nachmachen-Üben (lassen)). Man sagt, dass diese gestufte Herangehensweise, bei der sich der Lehrende immer mehr zurückzieht und der Lernende immer mehr an Verantwortung übernimmt, gerade bei Berufseinsteigern, bzw. Personen, die keine oder nur sehr geringe Vorkenntnisse (z. B. sog. Computernovizen) besitzen, die richtige Vorgehensweise ist.

Ein anderes Modell PITT (= Problematisieren-Informieren-Trainieren-Transferieren) zielt eher auf die Situation von erwachsenen Lerner ab. Es handelt sich hier um einen Personenkreis, der bereits Berührung/Erfahrung mit dem Lerngegenstand hatte, also mit einem bestimmten Vorwissen in die Lernsituation kommt. Vielleicht hat der Anwender bestimmte Fragen, die er hofft, bei dieser Gelegenheit für sich klären zu können. Hier muss der Lehrende eher an den Problemstellungen der Lernenden anknüpfen (Problematisieren), seinen Input liefern, diesen dann einüben und abschließend wieder auf die Anwendungssituation übertragen.

Wenn ich hier ein persönliches Statement abgeben darf: Ich selbst gehe als Trainer immer wieder auf Weiterbildungsseminare. Nicht nur lehren, sondern auch lernen gehört zu meinem beruflichen Selbstverständnis: Der Besuch von anderen Seminaren ist eine Lernerfahrung, die ich nicht missen möchte. Dabei geht es mir weniger darum, von anderen Dozenten etwas abzuschauen, als vielmehr wirklich etwas zu lernen. Was mir dabei aufgefallen ist: Ich habe die Dozenten am besten in meiner Erinnerung, die mich emotional angesprochen haben. Emotional bedeutet hier eine große Spanne an Emotionen: Manche Dozenten haben mich wirklich fasziniert, manche haben mich ziemlich geärgert: Aus manchen Seminaren bin ich mit dem Gefühl gegangen, dass ich einen „Draht zu demjenigen hatte" (und er/sie zu mir), bei manchen dachte ich: „Hoffentlich sehe ich den/die nie wieder". Natürlich sind die positiven Erinnerungen wichtiger! Und von einem Lehrer habe ich am meisten profitiert: Ich studierte für ein Jahr in Amerika, als ich die Möglichkeit bekam „directed study" zu erleben. Ursprünglich war geplant, drei Studenten aus drei Kontinenten an einen Tisch zu einem bestimmten Thema zu bekommen. Am Ende fand der Dozent die zwei anderen Studierenden aber nicht – so bekam ich Einzelunterricht. Jedes Mal gab mir der Dozent am Ende des Seminars vier bis fünf Bücher als Hausaufgabe für die nächste Seminarstunde in einer Woche. Als er mir beim ersten Treffen diese Bücherstapel gab, war ich erschrocken, versuchte mir aber nichts anmerken zu lassen: Wie sollte ich dieses Lese-Pensum je schaffen – plus all den Lese- und Lernstoff, den ich für die anderen Vorlesungen abzuarbeiten hatte? Natürlich schaffte ich es nicht! Also versuchte ich beim nächsten Seminartreffen mit dem Dozenten, möglichst lange und intensiv über die zwei Bücher zu reden, die ich geschafft hatte zu lesen. Die anderen sollten einfach vergessen werden. Aber natürlich bemerkte der Dozent sehr schnell, welche Strategie ich versuchte umzusetzen. Was mir bis heute in Erinnerung blieb, war sein Reaktion: Er brach die Veranstaltung nicht ab, er erniedrigte – „bestrafte" mich nicht, sondern erklärte mir Lesetechniken ... und gab mir wieder fünf Bücher für die nächste Seminarveranstaltung in einer Woche mit! Die Lesetechniken sind das Eine – das Gefühl, dass da jemand an meine Leistungsfähigkeit glaubte, ein Anderes – und das wesentlich Entscheidendere.

Was ich hier am eigenen Leib erlebt habe, ist natürlich eine in der Lernpsychologie weit verbreitete und akzeptierte Erkenntnis: Lernen ist kein rein kognitiver Akt, der keiner Emotionen bedarf – im Gegenteil: Lernen ist immer emotional: Was interessant, spannend, faszinierend ist, wo ein Bezug zu einer Person und zu einem konkreten persönlichen Erlebnis da ist, da lernt es sich viel schneller und besser. Der Weg in unser Gedächtnis geht nun mal über Gehirnstrukturen, die verantwortlich sind für unsere Gefühle. Schafft es der Lehrende diese Emotionen wachzurufen, diese Bezüge herzustellen, dann hat er einen Großteil seines Jobs gut erledigt.

10.3.2 Lernen als Erwerb neuen Wissens

Lernen ist zunächst ein Prozess der Aufnahme von neuem Wissen. Der Lehrer muss die entsprechenden Wissensinhalte darstellen und verständlich erläutern. Dies geschieht zumeist in der Unterrichts- oder Seminarform, wobei bei „offenen" Seminaren die Teilnehmer aus unterschiedlichen Firmen/Institutionen stammen, d. h. sie kennen sich i. d. R. vor Seminarbeginn nicht. Auch der Referent/Trainer kommt häufig von außerhalb und ist zunächst den Teilnehmern unbekannt. Bei „internen" Seminaren kennen sich zumeist die Teilnehmer untereinander.

Variiert und ergänzt werden kann dieses Seminarraum-Lernen durch „Distance-learning Options". Nach dem Seminar haben die Teilnehmer die Möglichkeit, die Lehrinhalte sich von einem Server herunter zu laden, sich in virtuellen Chatrooms oder virtuellen Klassenzimmern zu treffen. Manchmal gehören hierzu aber auch reale oder virtuelle Kamingespräche mit sogenannten Experten.

Die Vorteile solcher klassischen Seminare sind, dass viele Teilnehmer gleichzeitig zu einem Thema geschult werden können, dass man aber auch als Teilnehmer erfährt, wie andere Personen Projekte lenken und leiten (Blick über den Tellerrand), ja, dass vielleicht auch die eigenen Probleme gar nicht so individuell und einmalig sind, sondern dass auch andere Personen von den gleichen Problemen konfrontiert sind. Als Lerninteressierter kann man aus einer große Auswahl an Anbietern wählen – für den Veranstalter wiederum kann es ökonomisch sinnvoll sein: Zu einem spezifischen Thema mehrere Personen zusammenzufassen.

Die Kehrseite ist jedoch ebenfalls vorhanden: Manche Ausschreibungstexte in den Seminarankündigungen versprechen mehr, als sie halten können, der erhoffte Anwendungsbezug auf eine konkrete Situation kann aufgrund der Heterogenität der TN-Struktur kaum geleistet werden. Die eigentlich notwendige Bedarfserhebung geschieht häufig nur durch Abgleich der Seminarausschreibung mit dem Bedarf, den die Teilnehmer in der Eröffnungssituation eines Seminars benennen. Findet die Schulung als Veranstaltung in den Räumen des Auftraggebers statt (kostengünstig: Mehrere Personen aus unterschiedlichen Unternehmensbereichen werden zu einem Thema geschult) droht in der Praxis häufig das Problem, dass die Mitarbeiter während des Seminars an den Arbeitsplatz zurückgerufen werden (Kollegen respektieren Schulungszeit nicht).

Welche didaktisch-methodischen Konzepte werden in dieser klassischen Lehrsituation eingesetzt? An erster Stelle ist hier wohl der Lehrvortrag zu nennen, der via Flipchart und/oder Folienform erfolgt. Ein solches Lernen zielt v. a. auf die Wissensvermittlung ab, geht aber in der Regel bei den Teilnehmern nicht „unter die Haut“. Als Teilnehmer kann man sich hier „berieseln lassen“ – mal mehr, mal weniger.

Schon besser gelingt diese Wissensvermittlung, wenn der Dozenten durch Spaß und Spiel das Lernen den Teilnehmern erleichtert. Edutainment? Ja warum nicht? Vielleicht können wir Deutsche hier etwas von anderen Ländern abschauen. Aber Edutainment reicht nur bis zu einem bestimmten Punkt: In einer Zeitschrift fand ich dafür die Bezeichnung „Comfort-Zone“: Die Emotionen reichen bis zu einer bestimmten Grenze, der Grenze unseres sozialen Ichs, mit dem wir uns nach außen den anderen gegenüber präsentieren. Keiner wird bei diesem Lernen dabei gezwungen, diese Grenze wirklich an zu testen, ja gar vielleicht zu überschreiten. Maximal ist der Lernende peinlich berührt, behält dies aber für sich und kein anderer wird dies ansprechen.

10.3.3 Lernen als (kritische) Begleitung (Coaching und Supervision)

Ein Teilnehmer berichtete:

Vor etlichen Jahren wurde ich von meinem damaligen Abteilungsleiter gebeten ein bereits vor Monaten gekauftes Programm (Tool) einzuführen, um einen kritischen Upgrade einer Anwendungssoftware durchführen zu können. Der Upgrade sollte in 18 Monaten erfolgen. Das neue Tool sollte ein Programm ablösen, das vor Jahren im Hause selbst entwickelt wurde.

Ich selbst hatte zu diesem Zeitpunkt nur eine halbjährige praktische Erfahrung als Projektteammitarbeiter – der Beginn eines firmeninternen Projektleiterkurses hatte sich leider verzögert. Die Anwendungsentwickler, die später das Tool benutzen sollten, waren einem anderen Abteilungsleiter unterstellt.

Der ursprüngliche Tool-Hersteller war in der Zwischenzeit von einem großen IT-Unternehmen aufgekauft worden. Mit Mühe kam ein Workshop mit einem technischen Berater des Tool-Herstellers zustande. Danach war klar, dass das Tool mit der Originaloberfläche nur von Experten fehlerfrei bedient werden konnte. Zudem setzte das Tool im Unterschied zum eigenentwickelten Tool, einen stringenten Prozess voraus – den wir aber zu diesem Zeitpunkt nicht hatten ... Jetzt wurden Folge-Workshops vereinbart, um einen Prozess zu definieren und zu prüfen, inwieweit sich die Software diesem Prozess anpassen ließe. Leider gestalteten sich die Terminabsprachen schwierig und kurze Zeit danach war der Berater nicht mehr erreichbar. Nach einer Eskalation über die Abteilungsleitung stellte sich heraus, dass der Berater beim Hersteller gekündigt hatte und auch kein anderer Berater im Moment zur Verfügung stand. Inzwischen waren nur noch zehn Monate bis zum geplanten Endmeilenstein.

Seitens des Herstellers wurde jetzt ein Freelancer, welcher bereits ein ähnliches Projekt bei einem anderen Unternehmen unterstützt hatte, vermittelt.

Der Freelancer sagte zu, dass sich seine Erfahrung problemlos auch auf unsere Arbeitsumgebung übertragen ließe. Leider gab es wieder Terminverzögerungen, so dass sechs Monate vor dem Endmeilenstein seitens des Managements entschieden wurde, dass („eine kleine Lösung") der geplante Upgrade nun doch auf der Basis des eigenentwickelten Tools durchgeführt werden sollte. Der Freelancer sollte weiterhin unterstützen.

Jetzt machten sich alle ans Werk – leider lieferten die Akzeptanztests sehr viele Fehler und schließlich wurde das Vertragsverhältnis mit dem Freelancer beendet. Danach übernahm ein neuer Kollege innerhalb der Linie die Betreuung. Der Termin für den Endmeilenstein war zu diesem Zeitpunkt um sechs Monate überzogen.

Jetzt fand im Rahmen von Kosteneinsparungsmaßnahmen eine unternehmensweite Umstrukturierung statt: In diesem Zusammenhang wurde die Verantwortung für das Tool dem Abteilungsleiter für die Anwendungsentwicklung unterstellt. Die Einführung des neuen Tools als zentrales Werkzeug für die anderen Anwendungen wurde als monetäres Abteilungsjahresziel definiert, das Projekt wurde neu aufgesetzt. In vier Stufen wurde innerhalb eines Jahres das Tool erfolgreich ausgerollt.

Was war passiert? Aus meiner Sicht: Eine Mischung aus ungelösten verdeckten Konflikten (Warum liegt eine teure Software monatelang im Schrank? Warum wurde die Notwendigkeit einer Anpassung an Prozesse nicht vor dem Erwerb erkannt? Warum hatte man sich nicht darum gekümmert, dass ein qualifizierter Berater rechtzeitig verfügbar ist?) Dies alles und vieles mehr führten in Kombination mit der Unerfahrenheit der Projektleitung letztendlich zu der Projektkrise mit Projektabbruch. Die Situation zeigt aber auch, wie wichtig eine solide Projektmanagementausbildung ist. Die erste Projektleitung sollte idealerweise von einem Coach begleitet werden. Bereits im Projektstart-Brainstorming waren im beschriebenen Fall die Risiken benannt. Entsprechend früh hätte ich nach Eskalationswegen suchen können – hätte dafür sorgen können, dass Verantwortlichkeiten geklärt sind. Ein Coach mit PM-Erfahrung hätte mir hier geholfen, diese Anfängerfehler zu vermeiden.

Für Projektmitarbeiter und Projektleiter ist es in manchen Fällen eine Selbstverständlichkeit, heute nicht mehr zu wissen, wo sie in ein oder zwei Jahren eingesetzt werden. Eine hohe Flexibilität auf Seiten der Mitarbeiter und des Projektleiters wird eingefordert. Hinzu kommt, dass Projektteams nach Sichtweise der Verantwortlichen einfach schnell „funktionieren" müssen und in zunehmendem Maße durch den Einsatz z. B. von Coaching auch unterstützt werden.

Für einen Coach heißt dies, dass er/sie als Veränderungsbegleiter im Unternehmen auf Seiten der individuell erforderlichen Veränderungen gesehen wird. Das Unternehmen erwartet von seinem Einsatz eine rasch verbesserte Adaptionsmöglichkeit der neuen Strukturen und Herausforderungen auf Seiten des Mitarbeiters. Im Zentrum steht dabei nicht die Person des Mitarbeiters als Ganzes, d. h. mit seinen beruflichen und privaten Facetten, sondern das Coaching fokussiert auf die im Unternehmen relevanten Perspektiven und zieht private Aspekte insoweit mit ein, wie sie sich für das berufliche Handeln des Coaches als tragend erweisen. Coaching stellt aber auf keinen Fall einen Therapieersatz für den Mitarbeiter auf Kosten des Betriebes dar. Entscheidend für die Zufriedenheit des Auftraggebers eines Coachings wird es also sein, wie sehr sich das Coaching förderlich auf die Leistung des Mitarbeiters im Betrieb auswirkt.

Coaching kann in diesem Sinne nur erfolgreich sein, wenn die individuelle Veränderung in ein konzeptionellen Rahmen der Entwicklung innerhalb einer Organisation eingebunden ist. Im Gegensatz zur Supervision berücksichtigt ein Coaching auch immer ausdrücklich die Interessen und Ziele der Organisation und unterscheidet sich in diesem Anspruch von Supervisionskonzepten. Supervision kann zwar auch vom Unternehmen beauftragt werden, ist aber von der Veranlagung wesentlich unabhängiger als Coaching. In der Supervision steht der Supervisand mit seinen Bedürfnissen und Zielen im Vordergrund; die Organisation ist davon gänzlich unberührt. Entsprechend verbietet es sich irgendeiner Person außerhalb, über die Gespräche Auskunft zu geben.

Sowohl im Coaching als auch bei der Supervision ist es Aufgabe dessen, der die Unterstützung bekommt, die Gesprächsagenda festzulegen. Er kann den Termin dazu nutzen, vergangene Situationen nachträglich gedanklich zu verarbeiten, ein aktuelles Problem zu besprechen oder sich auf eine zukünftige Situation vorzubereiten. In der Regel handelt es sich beim Coaching wie bei der Supervision um sehr kleine Gruppen (Kleingruppe von ein bis zwei Coaches und ein Coach), in denen ein enges Vertrauensverhältnis besteht.

Ich selbst war in verschiedenen Projektteams als Coach oder Supervisor aktiv. Meist wurde ich gebeten einzugreifen, wenn die Probleme bereits seit längerem zu Tage getreten waren und schließlich auch den Verantwortlichen nicht länger verborgen blieben. Im Grunde wurde ich gewissermaßen als „psychologischer Feuerwehrmann" eingesetzt, der übrigens auch manchmal selbst „Brandwunden" davontrug. Konkret erinnere ich mich an:

Eine eigene Erfahrung:

Über längere Zeit supervidierte ich einen Projektleiter. Er kam auf mich zu, weil er jemanden „Neutrales" benötigte, um sich über verschiedene Dinge klar zu werden. Wir trafen uns unregelmäßig alle 3-4 Monate in unserem kleinen Besprechungsraum. Das wesentliche Arbeitsinstrument war das Flipchart, auf dem wir uns die aktuelle Beziehungen (und Verstrickungen) in seiner Projektarbeit aufmalten, um uns diese klar zu machen. Die spontanen Grafiken waren oftmals so hilfreich, dass er mich bat, diese Zeichnungen als Erinnerungsstütze mit nach Hause nehmen zu dürfen.

Von einer Organisation wurde ich beauftragt, einen IT-Projektleiter über drei Termine hinweg zu coachen: Konkret ging es bei ihm um eine Auseinandersetzung mit einem Teammitglied: Dieser wollte ursprünglich ebenfalls die Projektleitung übernehmen. Man hatte sich aber dazu entschieden, dem anderen Kollegen die Verantwortung zu übergeben – und den „Rivalen" zum stellvertretenden Projektleiter zu ernennen. Dahinterliegendes Kalkül: Der „stellvertretende" Projektleiter hatte hohes fachliches Knowhow, auf das man in dem Projekt nicht verzichten zu können glaubte. Um die Rivalität destruktiv werden zu lassen, entschied man sich, dem Projektleiter zusätzlich ein Coaching durch mich an die Hand zu geben ...

Ein hilfreicher Umstand war, dass der Projektleiter sehr reflektiert war. Er besuchte in seiner Freizeit für seine persönliche Entwicklung verschiedene Selbsterfahrungsseminare, die ihn zu einem aufmerksamen Beobachter seiner persönlichen und beruflichen Umwelt hatten werden lassen. Auf diesem hohen Niveau ließ sich sehr differenziert über die emotionalen Beziehungsfallstricke diskutieren, in der er sich befand. Und auch hier war nach drei Terminen mit teilweise 4-6 Wochen Abstand eine deutliche Entspannung der Situation und eine konstruktivere Arbeitsbeziehung erkennbar.

Coaching und Supervision sind zwei hervorragende Lern-Konzepte, wenn es darum geht, dass eine Einzelperson oder eine Kleingruppe sich Zeit nimmt, über ihr „Anteile" am Zustandekommen von bestimmten Situationen zu reflektieren. Coaching und Supervision wollen dabei nicht einfach nur den anderen in seiner Haltung bestärken – genauso wichtig ist es, dass der Coach eine kritische Haltung innehat, um scheinbare Selbstverständlichkeiten zu hinterfragen, um zusätzliche, weiterführende Impulse geben zu können etc. Ein Coach, der mir nur nach dem Mund redet, ist für mich wertlos. Ich erwarte von ihm Resonanz!

Was lässt sich festhalten im Blick auf den Projektmanagement-Lernweg?

Grundsätzlich gilt: Vorwissen des Lernenden berücksichtigen: Neu lernen: Ist Projektmanagement ein Neu-Lernen und vielleicht noch dazu das Erlernen eines bestimmten Wissens, dann ist das Vormachen-Nachmachen lassen ein guter Lernweg. Je mehr jedoch eigene Erfahrung im Spiel ist, umso wichtiger ist es, dies auch als Ausgangssituation zu berücksichtigen.

10.4 Teamorientiertes Projektmanagement-Lernen

Teamorientiertes Projektmanagement-Lernen berücksichtigt die Tatsache, dass nicht einzelne Personen im Projektteam etwas lernen müssen, sondern dass alle Projektmitglieder einem Lernprozess unterworfen sind. Sind Projekte erfolgreich, dann ist das nicht nur der Verdienst eines Einzelnen, es tragen immer alle Teammitglieder etwas dazu bei.

Dieses teamorientierte Lernen passiert häufig unbewusst, wenn Projektmitarbeiter anfangen Begriffe und Definitionen anderer Projektmitarbeiter einfach zu übernehmen. Das Bilden einer gemeinsamen Sprache, das Herausbilden von bestimmten Verhaltensregeln in der Kommunikation bei Besprechungen etc. weist auf einen Lernprozess hin. Manch einer mag diese Prozess nicht als einen Lernprozess verstehen, sondern eher von einem Gewöhnungsprozess sprechen – aber spätestens dann, wenn mit anderen Personen über Inhalte des Projektes geredet wird, wird erkennbar, dass sich doch eine gemeinsame Sprache herausgebildet hat.

Neben dem rein begrifflichen Lernen geht einher, dass auch ein gemeinsames Prozessverständnis erarbeitet wird: Wie läuft die Arbeit im Projekt ab? Welche Regeln und Prozesse haben wir? Projekte können manchmal nicht einfach Arbeitsprozesse aus der Linie übernehmen – es müssen erst die Prozesse definieren werden. Umgekehrt ist es aber manchmal der Fall, dass Arbeitsweisen der Linie so stark oder dominant sind, dass sich das Projekt diesen Regeln unterstellen muss. Gerade QM-Regeln sind in vielen Firmen so stark etabliert, dass das Projektteam nicht einfach um diese Regeln „herum arbeiten" kann. Daher ist es wichtig, dass alle Beteiligten die Regeln kennen, ihren Hintergrund und Nutzen einsehen. Dieses gemeinsame Prozessverständnis ist mehr, als nur eine gemeinsame Sprache zu sprechen!

Neben dem gemeinsamen Lernen von Begriffen und einem gemeinsamen Prozessverständnis, geht es aber noch um mehr: Es geht darum, eine gemeinsame Haltung zu entwickeln. Die gemeinsame Haltung ist nicht zu verwechseln mit dem gemeinsamen Prozessverständnis bzw. der Verwendung einer gemeinsamen Sprache. Vielmehr geht es um die Einstellung, mit der man in dem Projekt involviert ist. Was ist mein Beitrag, der zum Gelingen des Projektes beiträgt? Bin ich nur „Stuhlbeschwerer" oder wirklich bereit mitzudenken, über meinen Tellerrand hinaus mich zu engagieren?

Ein Beispiel:

Zusammen mit einem internen Mitarbeiter setzten wir bei einem kleinen IT-Dienstleister ein PM-Trainingsprogramm über mehrere Module auf. Ziel war es, alle Projektleiter aber auch alle anderen Mitarbeiter, die überwiegend in Projekten eingebunden waren, durch die kontinuierliche Beschäftigung mit Projektmanagement zu verbessern – und zugleich vertriebliche Vorteile durch eine PM-Zertifizierung für das Unternehmen zu erbringen.

Der erste Schritt des Trainings bestand darin, die erforderlichen Tätigkeiten (Teilprozesse) für Projekte im Unternehmen zu identifizieren und die projektbegleitenden Dokumente der PM-Ausbildung so aufzubereiten, dass sie den Erfordernissen des Unternehmens entsprachen. Parallel zur PM-Ausbildung sollten diese Dokumente im Unternehmen eingeführt werden.

Im zweiten Schritt – 2-tägige Schulungsblöcke als Präsenzveranstaltungen im Rahmen der PL-Ausbildung – sollte eine Weiterbildungsveranstaltung pro Quartal stattfinden, um eine regelmäßige Beschäftigung mit dem Stoff und den Prozessen zu gewährleisten. Wir gaben den Veranstaltungen den Charakter von Workshops, in denen die Anpassungen diskutiert und Feedback zu bereits umgesetzten Dokumenten und Teilprozessen gegeben werden konnte Die Ausarbeitung der Prozesse und der notwendigen Dokumente wurde dabei zu einem großen Teil von dem internen Mitarbeiter übernommen – wobei es eigentlich gewünscht wurde, dass die Ausarbeitung von Teilprozessen oder Dokumenten auch von den Teilnehmern der Ausbildung geleistet werden sollte. Diese Ausbildungsblöcke waren über zwölf Monate verteilt.

Dritter Schritt: Zwischen den Schulungsblöcken wurde jeweils einmal abends ein Online-Tutorial durchgeführt, in dem die theoretischen Inhalte der PM-Ausbildung vertieft wurden. Außerdem waren die Mitarbeiter angehalten, die Prozesseinführung auch zwischen den Veranstaltungen zu unterstützen.

Der Vorteil dieser Vorgehensweise lag darin, dass die erforderliche konstante Beschäftigung mit Projekt Management Themen im Rahmen der Ausbildung zugleich für die Umsetzung der theoretischen Lerninhalte in unternehmensspezifischen Prozessen genutzt werden konnte.

Ein anderes Beispiel:

Bei einem anderen Unternehmen ging es darum, über verschiedene Teilprojekte hinweg die Beteiligten besser zu vernetzen. Man arbeitete nicht schlecht zusammen, was aber fehlte, war im Grunde, dass sich das Projektteam als Gemeinschaft verstand. Deswegen wollte man jetzt aber nicht einfach nur ein unterhaltsames Teamevent veranstalten, sondern entschloss sich, die Teilprojektmitarbeiter durch eine Vielzahl kleinerer Inputs besser miteinander in Kontakt zu bringen. Grundgedanke dabei war, dass erst über einen gewissen Zeitraum echte Beziehungen entstehen können. Daher wurden u. a. folgende Maßnahmen (je maximal 0,5 Tag) durchgeführt:

Weiterbildungseinheiten: Wie entstehen Vorurteile und Stereotypen? Selbstanalyse: Was sind meine Stärken/Schwächen? Wie drücke ich anderen meine Wertschätzung aus? Was ist mein Selbst (Archetypus, Schatten), wie kann ich meine Schwächen durch andere ergänzen?

Selbstreflexion: Feedback geben/nehmen von den anderen

In Kontakt kommen: Gemeinsames Malen im Seminarraum, Video drehen über das Unternehmen/Projekt/Teilprojekt, gemeinsames Kochen

Wichtig an der Konzeption war mir immer, dass es den Beteiligten Spaß macht, denn durch gemeinsames Lachen findet man immer schneller zueinander; bei jedem Termin wurde die Gruppen wieder neu zusammengewürfelt, damit jeder mit so viel unterschiedlichen Personen in Kontakt kam wie möglich.

In beiden Fällen war der Erfolg sehr gut – bei dem Unternehmen aus dem letzten Beispiel sogar besonders gut. Grund war sicherlich hier, dass der emotionale Anteil – sprich Spiel und Spaß – nicht zu kurz kam – und sicherlich auch, dass in diesem Unternehmen sehr viel Wert auf eine generell kollegiale Stimmung gelegt wurde.

10.5 Mentoring/Arbeitsprozessorientierte Weiterbildung

In vielen Unternehmen gibt es qualifizierte Mitarbeiter, die eine Rolle als Projektleiter übernehmen könnten: Sie haben vielleicht noch kein Projekt geleitet und vielleicht wird ihnen alleine die Leitung eines Projektes (noch) nicht zugetraut. Wenn diesen Mitarbeitern jedoch ein erfahrener Kollege als Mentor zur Seite gestellt wird, könnten diese Mitarbeiter Projekte leiten und sich im Arbeitsprozess das weitere notwendige Wissen sowie die notwendige Handlungskompetenz aneignen. Bereits nach einigen wenigen Projekten könnten sie dann selbstständig Projekte leiten. Je nach Umfang des Projektes und aktuellem Wissens- und Erfahrungsstand des Qualifikanten kann der Coach ein, zwei oder mehr Tage in der Woche für die Betreuung zur Verfügung stehen, eventuell mit abnehmender Tendenz. Dies ist die Idee/der Grundsatz der arbeitsprozessorientierten Weiterbildung.

Die Qualifizierung von Projektmanagern bräuchte einen arbeitsprozessorientierten Coach, der neben fachlicher Kompetenz auch über die notwendigen pädagogisch-psychologischen Kompetenzen verfügt. Die GPM hat dazu in den letzten Jahren das Konzept des „Projektmanagement-Qualifizierungscoach“ entwickelt, der zur Begleitung und Anleitung dem neuen Projektleiter an die Seite gestellt wird. Die wesentliche Aufgabe für diesen Coach ist es, auf dem Hintergrund von aktuellen Projekten für die fachliche und persönliche Unterstützung der Projektleiter zu sorgen. Dazu sind zum einen Projektmanagement-Kompetenzen notwendig, Wissen/Können von Lehr/Lernmodellen, aber auch die Konzepte von Coaching, Beratung und Begleitung. Mit anderen Worten: Der Focus des Qualifizierungscoaches ist es, Personen „ganzheitlich" zu Projektleitern zu entwickeln, er ist also ein „Personenentwickler".

Wer wäre in der Lage die Rolle eines Qualifizierungscoaches auszufüllen? In erster Linie sind hier ältere, erfahrene Projektmanager zu nennen, die diese Rolle übernehmen und damit zur Weitergabe ihres Erfahrungswissens beitragen könnten.

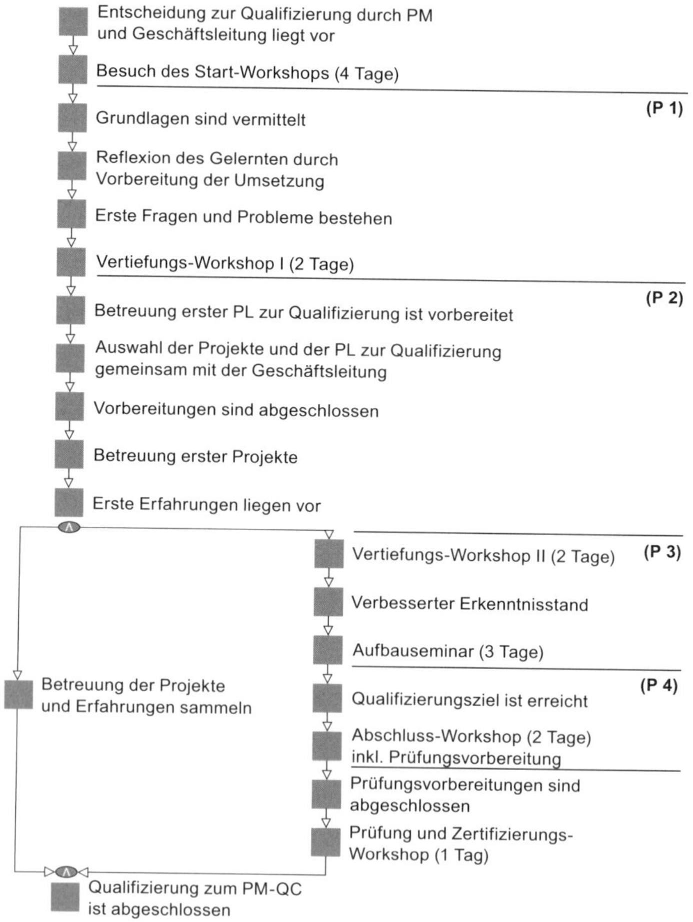

Bild 12 Ablauf der Ausbildung zum Projektmanagement-Qualifizierungscoach

Sie haben die natürliche Autorität, die dafür notwendig ist, bzw. die Souveränität im Projektalltag als Leuchtturm den neuen Projektleitern zu dienen. Umgekehrt bietet die Rolle des Projektmanagement-Qualifizierungscoaches einem erfahrenen Projektleiter die Chance und die Herausforderung, die eigene Rolle im Beruf und im Unternehmen neu zu definieren. Die Coaches, die ich im Rahmen des GPM-Ausbildungscurriculums kennenlernte, waren daher Projektleiter, die in großen Unternehmen tätig waren und sich mit dieser Funktion selbständig machten –natürlich wieder mit dem Vorteil des Unternehmens, sich in seiner Personalstruktur zu flexibilisieren ...

Die Ausbildung bei der GPM ist stark praxisorientiert und findet auch für die Teilnehmer arbeitsprozessorientiert statt. D.h.: Jeder Teilnehmer/ Coach hat auch Klienten/Coaches, die er in der Zeit zwischen den Seminaren betreut. Die eigene Erfahrung spielt also eine wesentliche Rolle. Jede der Praxisphasen dauert ca. vier Wochen. In den Workshops berichten die Teilnehmer ihre Erfahrungen, tauschen sich und unter der Anleitung eines erfahrenen Seminarleiters aus und erarbeiten sich Lösungen für die aufgetretenen Probleme und Situationen.

10.6 Die Inhalte der Ausbildung zum Projektmanagement-Qualifizierungscoach[1]

10.6.1 Start-Workshop

Die Rolle eines Lernprozessbegleiters, seine Instrumente und das Konzept der Lernprozessbegleitung stehen im Fokus des ersten Teils des Workshops. Themen sind: Wie fördere ich andere? Was heißt Eigenverantwortung, welche Modelle und Verhaltensmuster gibt es dazu? Es werden unterschiedliche Formen von Gesprächstechniken und Feedback geübt. Außerdem werden die Grundlagen der Kompetenzermittlung und deren Beschreibung vermittelt. Weiterhin wird die Thematik der Zielvereinbarungen mit dem Auftraggeber besprochen und dazu passende Modelle vorgestellt und diskutiert. Wesentlicher Schwerpunkt ist es, das eigene pädagogische Rollenverständnis (Aufgabenschwerpunkte und Verantwortlichkeiten) der Teilnehmer im Hinblick auf die verschiedenen Rollen, die ein Lernprozessbegleiter innehaben kann, zu vermitteln. Am Ende dieses

[1] Die folgende Beschreibung entstammt bzw. ist angelehnt an die Lehrgangsbeschreibung der GPM zum Projektmanagement-Qualifizierungcoach

Workshops werden aus der Gruppe kleinere Lerngruppen gebildet, die ihren nächsten Praxisschritt planen und verabreden.

10.6.2 Vertiefungsworkshop I + II

Die Lerngruppen treffen sich zweimal für einen Vertiefungsworkshop. Im Mittelpunkt stehen die konkreten Themen und Praxisprobleme, die die Teilnehmer/-innen einbringen. Begleitungsthemen dazu sind: Herausarbeiten der personalen und sozialen Kompetenzentwicklung, Umgang mit Konflikten, Entscheidungssituationen usw.; als Lernprozessbegleiter kritische Situationen erkennen und dem Lernenden helfen, diese zu untersuchen. Diese Workshops sind vornehmlich als Intervisionen angelegt.

Das Thema Coaching-Prozess wird weiter vertieft und die Prinzipien der Intervision und Supervision besprochen und durch Übungen verdeutlicht. Die Konflikt- und Krisenbewältigungsstrategien werden vertieft. Ein wesentliches Thema für den PM-QC ist der gleitende Übergang der Projektverantwortung vom PM-QC auf den neuen Projektleiter. Die darauf basierenden Probleme und die besten Vorgehensweisen dafür sind weitere Themen des Workshops sowie Methoden zum Aufbau einer stabilen Lernpartnerschaft. Im Rahmen der Thematik Verantwortungsübergang wird das Thema der Eskalation bis hin zur temporären bzw. vollständigen Übernahme der Projektleitungsverantwortung zur Krisenbewältigung durch den PM-QC besprochen. Grundlegende Techniken des Wissenstransfers und das Thema Interkulturelle Kompetenz/Sensibilität runden die Vertiefungsworkshops ab.

10.6.3 Aufbauseminar

Die persönliche Wirkung ist das stärkste Instrument, über das ein Lernprozessbegleiter verfügt: Andere zu motivieren und zu inspirieren bleibt von der eigenen Person abhängig. Im Seminar werden Self-Assessment-Instrumente, um die eigene Wirkung bewusster zu erkennen und zu befassen vermittelt. Für den Begleitprozess werden weitere und ergänzende Arbeits- und Gesprächsführungstechniken vermittelt. Zur Abrundung der PM-QC-Kompetenz werden ergänzend die Themen Beratung, Verhandlungen, Teamarbeit sowie die begleitenden Themen Verlässlichkeit, Wertschätzung und Ethik behandelt.

Weitere Themen sind die kompetenzbezogene Diagnostik: Fachwissen, Methodenwissen, soziale Kompetenz im Projektmanagement sowie die Analyse von Lern-/Entwicklungshemmnissen. In der abschließenden Betrachtung werden dann nochmals die Erfahrungen mit dem Verantwortungsübergang sowie mit Konflikten und Krisen besprochen.

10.6.4 Abschlussworkshop

Die Arbeitsergebnisse aus der Praxisumsetzung werden präsentiert und ausgewertet. Der eigene Lernertrag wird gesichert. Hilfen zum Sichtbarmachen und Reflektieren individueller Lernfortschritte und erworbener Kompetenzen werden geübt. Zum Abschluss erhalten die Teilnehmer eine qualifizierte Teilnahmebestätigung mit einer Beschreibung der Bildungsmaßnahme und des Qualifizierungsweges.

Für Teilnehmer, die eine Zertifizierung im Rahmen des GPM-Zertifizierungssystems anstreben, wird die Vorbereitung auf die Zertifizierung angesprochen, Hinweise und Hilfestellungen werden angeboten.

10.6.5 Praxisphasen

Zwischen den Seminaren und Arbeitstreffen liegen jeweils ca. 4 Wochen, in denen Praxiserfahrungen mit der Begleitung von Lernenden gesammelt werden, die Bestandteil des Lernprozesses sind.

Man sieht: Das Konzept der GPM ist sehr durchdacht und stellt an die Beteiligten entsprechend hohe fachliche und zeitliche Anforderungen. Die Qualifizierung bietet älteren und erfahrenen Projektleitern die Möglichkeit, ihr Erfahrungswissen an die nächste Generation weiterzugeben – Unternehmen, die ein solches Erfahrungswissen schätzen und es nicht „zum alten Eisen werfen", werden ebenfalls davon profitieren. Schwierig wird es sein, wie häufig bei diesen Themen, den betriebswirtschaftlich messbaren Erfolg zu definieren – die Nützlichkeit wird aber sicherlich keiner bestreiten.

10.7 Organisationales Projektmanagement-Lernen

Das vorangegangene Beispiel zeigt, wie einzelne Personen, ihre PM-Erfahrung an andere, jüngere Projektleiter weitergeben können. Die andere Frage ist aber: Was kann/muss das Unternehmen selbst dazu beitragen, dass Projektmanagement gelernt wird? Bitte nicht gleich antworten: Mitarbeiter auf ein Seminar schicken oder einen Trainer engagieren!!! Denn die Frage nach dem organisationales Lernen reicht weiter: Wie kann die Organisation selbst Projektmanagement lernen?

Zunächst: Können Organisationen lernen? Die Frage nach dem organisationalen Lernen fragt zum einen nach den Rahmenbedingungen, die eine Organisation schaffen muss, um Lernen zu ermöglichen, d. h., was sie tun kann, um das Lernen den Organisationsmitgliedern zu ermöglichen.

Faktor	**Allgemein**	**Auf Projektmanagement-Lernen bezogen**
Selbstdisziplin/ individuelle Reife	Durch persönliche Entwicklung reift der Einzelne: Selbstwahrnehmung und Selbstentwicklung gehören zusammen.	Welchen Wert messe ich meiner Person bei? Wie gehe ich mit Belastungen im Projekt um? Wie unterstütze ich andere, damit diese effektiv und effizient arbeiten können?
Denkmodelle über die Welt	Welche Vorstellung haben wir über das „Wie" und „Was" unseres Wirtschaftsystems bzw. unseres Unternehmens? Welche Annahmen über das, was „diese Welt" zusammenhält, haben wir? Haben wir bei unserer Arbeit eine gemeinsame „Denke"? Zum Gestalten von Lernen brauchen wir ein gemeinsames Verständnis darüber, wie das Leben/Arbeiten/Lernen für uns funktionieren soll, damit wir es als richtig oder als geglückt empfinden.	Können wir erkennen, wie Projektmanagement die Erfordernisse der heutigen Arbeitswelt am besten abbildet? Haben wir ein Verständnis davon, wie Unternehmensprozesse und Projektmanagementprozesse mit einander interagieren (und sich dadurch ergänzen)? Gibt es eine gemeinsame Vorstellung, wie Projektmanagement bei uns im Unternehmen funktioniert (Roadmap?) Haben wir eine gemeinsame Denke, warum wir Projektmanagement als Arbeitsmethode einsetzen, was davon für uns die Vor- und Nachteile sind? Haben wir ein Verständnis dafür, wo die Grenzen dieser Methode liegen? Lernziel: Wie sieht das Arbeiten im 21. Jahrhundert aus? Wie passt Projektmanagement dazu?
Gemeinsame Vision	Welche Vorstellung haben wir über das „Warum"/"Wozu"? Welche übergeordneten Wertvorstellungen zu, dem, was wir machen, haben wir? Lernen und Veränderung braucht immer eine klare Zielstellung und eine positive Begründung	Verstehen wir, wie wir mit Projektmanagement unseren Unternehmenszweck voranbringen können, wie diese Methode dazu passt? Klären Sie auf den verschiedenen Hierarchie-Ebenen des Unternehmens, welchen Stellenwert das Thema Projektmanagement hat Lernziel: Wann ist Projektarbeit nützlich für uns? Was kann jeder dazu beitragen?
Teamlernen (Prozesse)	Welche Lernformen gibt es in meinem unmittelbaren Arbeitskontext? Wie wird das Lernen auf kollegialer Basis verstanden? Änderungen in Arbeitsprozessen brauchen auch eine Veränderung/Anpassung in den Zuständigkeiten und Abläufen auf der Teamebene	Klären Sie die Rollen, Ihre Zuständigkeiten und Verantwortlichkeiten, die im Rahmen von Projektprozessen notwendig sind; sorgen Sie dafür, dass alle Beteiligten für sich und für die anderen ein klares Verständnis von dessen Funktion haben und auch alle Beteiligten einverstanden sind.
Denken in evolutionären Systemen	Entwicklungen verlaufen meist nicht geradlinig, sondern entwickeln sich mal mehr, mal weniger schnell, „Fehlentwicklungen" bleiben nicht aus, müssen korrigiert werden.	Projektmanagement ist „Segeln und nicht Bahn fahren". Lernziele: Wie gehen wir mit Instabilität bei Rollen und Prozessen im unmittelbaren Arbeitsumfeld um? Wie sichern wir Lern-/Erkenntnisfortschritt? Welche Querverbindungen zwischen Akteuren bestehen, die vielleicht erst durch Ihr Zusammenwirken zu ganz neuem führt?

Organisationales Lernen fragt aber auch nach den Konsequenzen, die sich in der Folge von individuellen Lernprozessen auf eine Organisation, ihre Prozesse und Strukturen, auswirken, wenn einzelne Mitarbeiter lernen.

Lernen der Organisationsmitglieder: Meistens ist Lernen mit einer Verlangsamung verbunden: Wer Neues lernt braucht Zeit und muss Mühe aufwenden, dieses neue Wissen umzusetzen. Wer vom Fahrrad aufs Auto umsteigt, wird dies bestätigen. Die Komplexität des Autofahrens führt in den ersten Fahrstunden dazu, dass man fast von Radfahrern überholt wird! Erst allmählich gewinnt man Routine, wird fließender in seinen Bewegungen und dadurch schneller.

Lernen der gesamten Organisation: Hier lässt sich unterschieden, auf welche Prozesse und Prämissen das Lernen der einzelnen Organisationsmitglieder Einfluss haben kann: Sind die (Lern)Erfahrungen der Mitarbeiter begrenzt auf die Handlungsmaximen des Projektmanagements, wie sie z. B. im Projektmanagementhandbuch hinterlegt sind oder haben sie einen grundlegenderen Einfluss auf die Ausrichtung und den Aufbau der Gesamtorganisation? Anders ausgedrückt: Findet nur eine Optimierung der Prozesse im Rahmen eines bestehenden oder sich im Aufbau befindlichen PM-Systems statt oder wird das ganze System optimiert? Organisationales Lernen kann viele Auswirkungen haben und viele Kreise ziehen ...

Peter Senge[1] hat in seinem richtungweisenden Werk „Die fünfte Disziplin“, von den fünf Rahmenbedingungen gesprochen, die eine „lernende Organisation“ begleiten. Ich nehme diese fünf Aspekte zum Anlass, um sie auf den Kontext des Projektmanagements zu übertragen.

[1] Peter M. Senge, „Die fünfte Disziplin: Kunst und Praxis der lernenden Organisation“ 9. Auflage. Klett-Cotta Verlag, Stuttgart 2003

10.8 Key-Contributoren oder der Aufbau eines Wissensmanagements in einem Unternehmen

Firmen leben vom Know-how der Mitarbeiter. Je mehr es gelingt, diese Know-how den Kollegen und auch den Nachfolgern zugänglich zu machen, desto mehr Synergieeffekte können für die Tagesarbeit der Mitarbeiter, aber auch für das Unternehmen entstehen. Im Focus muss dabei stehen, die entscheidenden Wissensträger im Unternehmen (Key Contributoren) zu identifizieren und ihr – in der Regel nicht schriftlich vorliegendes – Erfahrungswissen dem Unternehmen und allen anderen Mitarbeitern zur Verfügung zu stellen.

Zunächst: Wer sind Key-Contributoren? Key-Contributoren sind Mitarbeiter, bei denen einige der folgenden Kriterien zutreffen:

- Erfahrene Mitarbeiter, die als Wissensträger oder Wissensverantwortliche einen nicht dokumentierten Wissensvorsprung haben
- Mitarbeiter, die Spezialwissen mit zentraler/hoher Bedeutung besitzen
- Mitarbeiter, von denen andere Personen/Zielgruppen abhängig sind
- Mitarbeiter, bei denen durch kurzfristige ungeplante Fehlzeiten nachhaltige Terminprobleme auftreten und auf Folgetermine Anderer erhebliche negative Auswirkungen haben
- Mitarbeiter, die in der Lage sind, andere Mitarbeiter zu qualifizieren und somit „teuren Einkauf“ verhindern können
- Mitarbeiter, die auf Grund ihrer hohen spezifischen Fachkompetenz ihre eigene Entwicklung blockieren, da sie schwer zu entbehren sind, und deshalb nicht in anderen Bereichen/Aufgaben eingesetzt werden
- Mitarbeiter, bei deren Ausfall/Wegfall wichtiges Know-how verloren gehen würde
- Mitarbeiter, die zu bestimmten Problemen/Themen immer wieder befragt bzw. hinzugezogen werden oder unentbehrlich sind, obwohl sie keine Entscheider sind
- Mitarbeiter, deren Wissen/Kompetenz auf dem Markt nicht oder nur sehr schwer zu erwerben ist

Zum einen können Key-Contributoren selbst wichtige, noch unerkannte Ressourcen für Projekte und das Projektmanagement sein – und zum anderen könnte Key-Contributoren zu entdecken und zu fördern, ein lohnendes Ziel eines organisationalen Lernprozess-Projektes sein! Wie ein mögliches Key-Contributoren-Projekt aussehen könnte, habe ich hier skizziert:

<table>
<tr><td colspan="4">Projektauftrag</td></tr>
<tr><td rowspan="2">Projektname:</td><td rowspan="2"></td><td>Projektnummer:</td><td></td></tr>
<tr><td>Datum:</td><td></td></tr>
<tr><td>Zweck:</td><td colspan="3">Was ist der Grund für das Projekt, welches der strategische Zweck?</td></tr>
<tr><td colspan="4">Wer die „Schlüsselpersonen“ im Unternehmen kennt, kann versuchen sich von einer versteckten drohenden Abhängigkeit zu befreien.
Das Unternehmen kann einerseits positive und anschauliche Beispiele für die anderen Mitarbeiter schaffen und andererseits das Know-how der Key-Contributoren auch den anderen Mitarbeitern zugänglich machen.
Unternehmensintern kann die Zusammenarbeit im Unternehmen erleichtert werden und die Key-Contributoren entlastet werden.
Nach außen kann das Unternehmen seine Wettbewerbssituation (Konkurrenzkampf der Talente auf dem Markt) stärken und damit wiederum der zunehmenden Verflechtung Rechnung zu tragen …</td></tr>
<tr><td>Projekt-Ziel:</td><td colspan="3">Was soll das Ergebnis sein/nicht sein, welchen Nutzen soll es für wen stiften?</td></tr>
<tr><td colspan="4">Key Contributoren identifizieren und diese motivieren, ihr Wissen zu dokumentieren und zu kommunizieren,
Verdeutlichung der Verflechtung von Organisationsprozessen und Unternehmens-Erfolg,
„Angstabbau“ und Betonung der Wichtigkeit des Einzelnen,
Motivation/Einsicht zur Notwendigkeit der Dokumentation und Pflege in einer Datenbank (DB) erreichen, Aufbau der Erfahrungsdatenbank/Wissensdatenbank</td></tr>
<tr><td>Organisation:</td><td colspan="3">Wer ist wofür verantwortlich und hat welche Kompetenzen?</td></tr>
<tr><td>Auftraggeber:</td><td colspan="3">Geschäftsleitung</td></tr>
<tr><td>Ausschüsse:</td><td colspan="3">Projektlenkungsausschuss</td></tr>
<tr><td>Projektleiter:</td><td colspan="3">N.N.</td></tr>
<tr><td>Projektteam:</td><td colspan="3"></td></tr>
<tr><td>Termine:</td><td colspan="3">Wann beginnt bzw. endet was?</td></tr>
<tr><td>Start Projekt:</td><td colspan="3">01/2010</td></tr>
<tr><td>Meilensteine:</td><td colspan="3">M0: Kick-Off Projektvorbereitung (01/2010)
M7: Inbetriebnahme ist erfolgreich durchgeführt (10/2010)
M9: Projektabschlussfeier hat stattgefunden (11/2010)</td></tr>
<tr><td>Ende Projekt:</td><td colspan="3">12/2010</td></tr>
<tr><td>Ressourcen:</td><td colspan="3">Welche Ressourcen stehen zur Verfügung?</td></tr>
<tr><td>Budget Projekt:</td><td colspan="3">200.000 €</td></tr>
<tr><td>Personal Projekt:</td><td colspan="3">Interne und externe Personalressourcen</td></tr>
<tr><td>Restriktionen:</td><td colspan="3">Welche Randbedingungen/Auflagen/Schnittstellen sind zu berücksichtigen?</td></tr>
<tr><td colspan="4">Gesetzliche Rahmenbedingungen</td></tr>
<tr><td>Planung:</td><td colspan="3">Wie sieht die Grobplanung des Projekts (Phasenplanung) aus?</td></tr>
<tr><td colspan="4">1. Projektvorbereitung, 2. Engineering, 3. Behördenverfahren, 4. Beschaffung, 5. Abriss, Neubau, Montage, 6. Inbetriebnahme, 7. Abnahme, 8. Abschluss</td></tr>
<tr><td>Berichtswesen:</td><td colspan="3">Wem wird wann worüber in welcher Form Bericht erstattet?</td></tr>
<tr><td colspan="4"></td></tr>
<tr><td colspan="2">Auftraggeber:</td><td colspan="2">Projektleiter:</td></tr>
<tr><td>Datum:</td><td></td><td colspan="2">Datum:</td></tr>
<tr><td>Unterschrift:</td><td></td><td colspan="2">Unterschrift:</td></tr>
</table>

Ein Beispiel für einen Misserfolg:

Für ein Unternehmen, das einen Zertifizierungskurs für seine Mitarbeiter durchführte, wies ich noch vor der endgültigen Auftragsvergabe meine Gesprächspartner darauf hin, dass ein solcher zehntägiger Kurs mit einer abschließenden Prüfung erfahrungsgemäß für die Teilnehmer eine hohe zusätzliche Belastung darstellt. Gerade die Prüfung am Ende des Kurses ist für viele Teilnehmer, die seit Jahren an keiner Prüfung mehr teilgenommen haben, eine zusätzliche Hürde.

Für mich als Trainer ist dieser Hinweis deswegen wichtig, da auch meine Leistung korreliert mit der Motivation und dem Spaß der Teilnehmer: Motivierte Teilnehmer machen es dem Trainer leichter und dies wiederum ist auch für die Teilnehmer von Nutzen. Mein Gesprächspartner und zugleich Auftraggeber sicherte mir zu, dass er zumindest während der Phase der Prüfungsvorbereitung darauf achten werde, die Belastung der Mitarbeiter durch die Arbeit zu reduzieren. Und was war das Ende der Geschichte? Als es nach ca. vier Monaten zu der letzten Phase und damit zur Prüfungsvorbereitung kam, waren die Arbeitsbelastungen eher gestiegen als reduziert – auf jeden Fall in keiner Weise für die Teilnehmer spürbar, dass in der Zeit des Prüfungsstresses weniger Arbeitsstress bestand!

Unternehmen, ihre Führungskräfte und die entsprechenden Vorgesetzten können Rahmenbedingungen schaffen, dies den einzelnen Teilnehmern erleichtern zu lernen. Sie können Freiräume schaffen, die für das Lernen genutzt werden können, in dem sie Arbeiten umschichten und so die Belastungen für den Lernenden entsprechend reduzieren. Die Unternehmensleitung kann aber noch mehr leisten: Sie kann Lernen als eigenständigen Wert vermitteln.

Ein Beispiel für einen gelungenen organisationalen Lernprozess:

Ein Beispiel für gelungenes organisationales Lernen ist die Erfahrung, die ich in einem Ingenieurbüro machen durfte. Der Geschäftsleitung war es wichtig, dass die Projektleiter mehr denn je die Verantwortung – auch kaufmännischer Art- für ihre Projekte übernehmen sollten. Grundsätzliches Problem: Die Projektleiter begriffen sich vielfach mehr als Projekt-INGENIEURE, d. h. waren mit Leib und Seele Ingenieure und weniger Projektleiter, die im Sinne des Unternehmens kaufmännische Verantwortung (Rendite, Gewinn) übernahmen. Als eine der ersten Maßnahmen wurde daher eine zweitägige Schulung durchgeführt, bei der die Projektleiter und die Geschäftsleitung anwesend waren. In einer Brainstorming-Sitzung kamen eine Reihe von Kritik, aber auch Verbesserungspunkte, die ich unten als Ausschnitt aufgelistet habe:

Grundsätzlich: Jedes Projekt muss gesteuert werden. Diese Steuerung muss angemessen sein. Kriterien für Angemessenheit: Bedeutung des Auftrages/ Auftraggebers: Neukunde/Bestandskunde, Zeitlicher Umfang/Aufwand, Komplexität

Schnittstelle Projektübergabe vom Vertrieb zur Projektsteuerung: Klärung, was ist in diesem Projekt dem Kunden, der Geschäftsleitung und dem Vertrieb wichtig; dies muss die Kalkulationsgrundlage sein.

Projektteam informieren/Schnittstelle zu Mitarbeitern: Es ist sinnvoll, mit den Mitarbeitern regelmäßig eine Projektbesprechung zu machen, um die Wichtigkeit einzelner Aspekte zu verdeutlichen, Projekttiefe nach Leistungsphase zu klären, Änderungen zu kommunizieren etc. Aufgrund der verteilten Arbeit ist es aber nicht immer leicht, alle Personen zu einer Besprechung zusammen zu bekommen. Eventuell gibt es noch weitere Hilfsmittel (z. B. Aufgabenliste).

Monatliche Besprechung PL-GL (Auswertungsgespräch): Es muss geklärt sein, was die kritischen Parameter sind. Dies ist die Grundlage der Steuerung.

Übergreifende Projektsteuerung: Abstimmung der einzelnen Projektpläne mit den anderen Projektplänen (Synchronisierung auf „Multiprojekt-Ebene") Problem: Werden Daten von den Projektleitern zu spät geliefert, wird die abgestimmte Gesamt-Planung, die zu Beginn des Monats wichtig ist, nicht bzw. zu spät möglich.

In den folgenden Wochen wurden jetzt die Projektleiter unterstützt, die PROJEKTLEITER-Seite stärker zu leben: In Einzelgesprächen und gemeinsamen Besprechungen wurde immer wieder daran gearbeitet, das Projektmanagement weiter zu verbessern. Dabei war es wichtig, dass nicht die einzelnen Projektleiter nur ihre Fähigkeiten erweitern mussten, sondern dass auch die Geschäftsleitung eingebunden und aufgefordert war, die Rahmenbedingungen der Arbeit zu verbessern.

Aber ich will auch ehrlich sein: Der Prozess der Verbesserung war sehr mühselig, viele angesetzte Besprechungen des Veränderungsprojektes wurden aufgrund dringender Kunden-Projektaufgaben verschoben ... Vieles war häufig wichtiger und letztlich zog sich der Projektabschluss immer wieder in die Länge.

10.9 Fazit

Um Projektmanagement-Kompetenzen zu erwerben, gibt es eine Vielzahl von Ansätzen und Methoden. Neben dem klassischen Methodentraining in Kompaktform gibt es auch Seminare zum Training der sozialen Kompetenzen. Wie wichtig gerade das letztere ist, wird als Thema dieses Buches ausführlich dargestellt. Immer wieder machte ich deutlich, dass psychologische Projektmanagement-Kompetenzen sich von den arbeitsmethodischen Aspekten unterscheiden. Und dann ist auch klar: Psychologisches Projektmanagement lässt sich nicht wie eine Arbeitsmethode lernen.

Die hier vorgestellten Konzepte zeigen, dass dort, wo der Kern des Managens gelungen ist zu vermitteln, mehr denn je auch die Person des Lernenden im Mittelpunkt stand: Was sind seine Einstellungen bzgl. Mitarbeiter, Erfolg/Misserfolg, wie definiert er seine eigene Rolle, wie kann er persönlich mit Stress und Belastung umgehen? Oder: Wie wird Ehrlichkeit, Aufrichtigkeit, Authentizität von mir verstanden und wie vermittele ich dies nach außen, so dass es dort erlebbar wird – und nachgelebt werden kann? Wenn das die wichtigen Lernthemen sind, dann kann dies nicht durch ein dreitägiges Kompaktseminar erreicht werden – und schon gar nicht im Rahmen einer Zertifizierungsvorbereitung.

Reflexivität als die Fähigkeit sich auf schwierige Situationen einzustellen, als Fähigkeit seine eigene innere Haltung für sich stimmig zu gestalten, ist etwas, das man sicherlich auf vielfältige Art lernen kann: Hier gibt es sicherlich keinen Königsweg. Man kann durch kurze, gezielte Inputs die Personen zum Nachdenken bringen, man kann durch Rollenspiele und Übungsbeispiele versuchen bestimmte Verhaltensweisen einzuüben, man kann durch Mentoring und Supervision beim anderen den einen oder anderen „Aha-Effekt" auslösen.

Projektmanagement zu lernen hängt aber auch – und das versuchte ich auch zu zeigen, von den organisationalen Rahmenbedingungen ab. Lernprozesse laufen in der Regel viel langsamer ab, als man denkt, Lernprozesse sind nicht geradlinig, sondern verlaufen in Schleifen, müssen wiederholt werden etc. Eine Organisation muss sowohl für die Initiierung als auch für die spätere Stabilisierung solcher Lernprozesse Rahmenbedingungen zur Verfügung stellen. Konkret bedeutet dies: Führt eine Organisation Projektmanagement als Arbeitsmethode ein, müssen Rollen und Prozesse nicht nur des Projektmanagements, sondern auch die Schnittstellen der Linien-Rollen und -Prozesse mit denen des Projektmanagements synchronisiert werden. Die neue Organisationsform des Projektmanagements verkompliziert das Zusammenarbeiten innerhalb der Gesamtorganisation. Konkret: Abteilungsleiter müssen lernen, dass Projektleiter neben ihnen Zugriff auf die Mitarbeiter-Ressourcen benötigen, dass dies aber nicht ein Mal geplant werden kann, sondern dass durch Änderungen im Projekt auch immer ein erhöhter Umplanungsaufwand besteht (der i. d. R. im Projekt höher ist als in einer reinen Linienorganisation). Die Frage ist daher berechtigt, ob die Organisationsmitglieder auf den Charakter einer solchen neuen Arbeitsform eingestellt sind.

11 Projektmanagement und Kultur

11.1 Relevanz

In den letzten Kapiteln ging es viel um den einzelnen Projektleiter: Welche Voraussetzungen muss er mitbringen, um als Projektleiter potentiell geeignet zu sein, wie geht er mit Stakeholdern um, wie kann er das Teamplay beeinflussen, wie geht er mit Krisen und Konflikten um. Und: Wie motiviert er andere, wie kritisiert er andere richtig und ... und ... und. Bei all der Betonung dieser persönlichen Aspekte, spielt aber auch das Umfeld des Unternehmens eine Rolle. Mit Umfeld ist hier nicht (nur) die räumliche Umgebung oder die Stakeholderproblematik gemeint. Es geht vielmehr um das, was quasi den Untergrund des Zusammenarbeitens ausmacht: Welche Werte und Normen begleiten Entscheidungsprozesse, die im Projekt getroffen werden, was wird in der Unternehmung als richtig oder als falsch angesehen und entsprechend im Projekt und seinen Verantwortlichen erwartet etc. Es geht letztlich um die Kultur, in der der Projektleiter und sein Projektteam aktiv sind.

Für viele Menschen ist „Kultur" etwas Besonderes, etwas „Abgehobenes". Im Alltag wird häufig davon gesprochen, dass es eine besondere Unternehmenskultur gibt, die ein Unternehmen auszeichnet. Kultur wirkt in manchen Fällen sogar künstlich oder aufgesetzt, ist also etwas, das zum „normalen" Miteinander hinzugenommen wird – und damit extra Aufwand bedeutet. Kultur ist also etwas für Reiche. Stimmt das?

11.2 Unternehmenskultur

Es existieren zahlreiche Definitionen des Kulturbegriffs! Kultur ist ein „komplexes Werte- und Kenntnissystem" (Werte, Normen, Regeln, Techniken), Kultur ist die „mentale Programmierung" eines Einzelnen, einer Gruppe oder einer Organisation, Kultur ist ein erlerntes Orientierungssystem, das dem Einzelnen, der Gruppe oder der Organisation als Mitglieder einer Gemeinschaft vertraut ist und durch Führungspersonen bestätigt und gestaltet wird. Die gelebte Kultur beeinflusst das Wahrnehmen, Denken, Werten und Handeln aller Mitglieder dieser Gemeinschaft und definiert somit deren Zusammengehörigkeit.

Häufiger als der Begriff Projektkultur, um den es mir v. a. geht, findet man in der Literatur den Begriff der Unternehmenskultur. Auch für ihn existieren verschiedene Definitionen: Ausgangspunkt bildet die Überlegung, dass eine Unternehmenskultur, wie die allgemeine Kultur, ebenfalls ein komplexes Werte- und Kenntnissystem darstellt. Jedes System, jede Organisation hat danach ihre Kultur. Die Unternehmenskultur ist die Festlegung bzw. Vereinbarung einer spezifischen Wertestruktur des Unternehmens und im Unternehmen. Manche gehen sogar so weit zu behaupten, dass eine Unternehmenskultur eindeutige Verhaltensmuster beinhalte, die als Ausdruck der unternehmerischen Identität auftreten. Eine Unternehmenskultur wird dabei häufig auch von der heimischen (lokalen, allgemeinen) Kultur getragen – kann sich aber auch genau in Abgrenzung zu der lokalen Kultur herausbilden.

Wenn also jedes Unternehmen eine Unternehmenskultur hat, so hat nicht jedes Unternehmen eine „genuine", sprich eigene oder spezifische Unternehmenskultur, mit der sie sich von der umgebenden Kultur unterscheidet. Umgekehrt: Jene Unternehmen, deren Unternehmenskultur sich abhebt von der „allgemeinen" (lokalen) Kultur oder der Mitbewerber, arbeiten mit und in einer genuinen, eigenen Kultur als Grundlage ihrer Identität. Und: Unternehmen mit einer hoher Identität haben entsprechend eine starke Unternehmenskultur. Ließe sich dieses Verständnis auch auf den Begriff der „Projektkultur" übertragen?

11.3 Projektkultur!?

Gibt es von Seiten der Verbände eine Definition von Projektkultur?

Im PMBOK Guide der PMI heißt es im Kapitel 2.4.1 Organizational Cultures and Styles, dass Kultur und Stil einer Organisation einen starken Einfluss auf die Durchführung eines erfolgreichen Projekts haben. Kultur und Stil der Organisation werden als „Kulturnormen" benannt. Auf den Projektkontext bezogen, werden darunter Kenntnisse verstanden, wie Arbeitsprozesse durchgeführt werden, welche Prozesse in der Organisation als akzeptiert angesehen werden sowie auch Kenntnisse über Personen, die Einfluss und Entscheidungsgewalt in der (Projekt-) Arbeit haben, um die Arbeit erfolgreich abzuschließen. Kultur wird in vielfacher Form widergespiegelt, die u. a. gemeinsame Werte, Standards, Überzeugungen und Erwartungen, Vorgaben und Verfahren, Umgang mit Vorgesetzten Beziehungen, Arbeitsethik und Arbeitszeit etc. beinhalten. (Vgl. PMBOK Guide, 4. Auflage, Kapitel 2.4.1 Organizational Cultures and Styles.)

In der ICB 3.0 wird der Begriff der „Kultur" nicht explizit hervorgehoben. Im Kapitel 4.2.3 wird zur Selbststeuerung des Projektleiters von der angemessenen Verhaltensweise der Förderung einer konstruktiven Argumentationskultur innerhalb des Teams hingewiesen. Im Kapitel 4.2.9 Effizienz heißt es weiter, dass Effizienz Bestandteil der Kultur der Organisation, des Projektmanagers und des Teams sein muss, um sicherzustellen, dass die Ergebnisse den Erwartungen entsprechen, Aufgabe des Projektmanagers ist nach ICB 3.0 (Kapitel 4.2.10 Beratung) u. a. die Unterstützung der Schaffung eines gemeinsamen Konsens und einer Beratungskultur innerhalb eines Teams. Als mögliche Prozessschritte wird innerhalb des ICB-Elements der Projektorientierung und der Programmorientierung (Kapitel 4.3.1 und 4.3.2) von der Berücksichtigung der Organisation, ihrer Kultur und Prozesse in Bezug auf Projekte sowie der entsprechenden Veränderung der Organisation, ihrer Kultur und Prozesse referiert.

Man sieht: Der Kulturbegriff ist bei den Quasi-Normdokumenten der Verbände nicht sehr tief reflektiert.

Kultur scheint sich auf landestypische Verhaltensweisen und Gebräuche zu beziehen und auf Arbeitsweisen, die in der Organisation typisch sind. Dazu gehört auch, dass man den informellen bzw. formalen Rang von bestimmten Personen beachtet etc. Während PRINCE2 gar nicht das Thema „Kultur" erwähnt, bleibt es bei den anderen Verbänden doch nur sehr schemenhaft

- *Ein eigener Definitionsversuch:* In beiden Definitionen wird zwar betont, dass die Kultur einen starken Einfluss auf das Ergebnis des Projektes hat, gleichzeitig bleiben die Definitionen doch sehr allgemein. Ich möchte daher einen eigene Definition vorschlagen: In Abwandlung der Definitionen von Unternehmenskultur lässt sich dann Projektkultur wie folgt beschreiben: Projektkultur ist die Kultur im Projektteam – als Fortsetzung oder in Abhebung von der sie umgebenen Unternehmenskultur. Die Kultur im Projekt ist das Wertesystem, das die unmittelbar am Projektbeteiligten Akteure einigt. Dieses Wertesystem sowie die Unternehmenskultur, in der das Projekt stattfindet, werden für die Akteure erlebbar. Aber erst, wenn sich die Gepflogenheiten des Projektteams von den Gepflogenheiten anderer Projektteams unterscheiden und auch von der des Unternehmens, in der das Projekt stattfindet, wird eine spezifische Projektkultur erlebbar. Wichtig ist mir dabei: Der Kulturbegriff ist kein Kampfbegriff, der bewusst dazu eingesetzt werden soll, um sich von anderen abzugrenzen. Dann würde der Begriff künstliche Grenzen aufwerfen und schürt vielleicht sogar Ressentiments gegen andere. Projektkultur ist die Zugehörigkeit zu einem Wertesystem, das im Projekt gelebt wird und Teil der eigenen persönlichen Identität.

- *Theorie und Praxis:* Eine Projektkultur ist erkennbar in Einstellungen und Verhalten der Mitarbeiter. Sie ist manchmal nachlesbar in programmatischen Vorgaben. Häufig klaffen aber Theorie und Praxis auseinander, gesetzter Anspruch und gelebte Wirklichkeit sind manchmal sehr unterschiedlich. Konflikte von Vorgabe und Erfüllung scheinen offensichtlich unvermeidbar. Entstehen solche Konflikte, dann zeigen diese, dass die Wertestruktur entweder unverbindlich ist bzw. dass abweichendes Verhalten sanktionslos bleibt, was zur Frustration oder zum Widerstand führt. Ich kenne eine Reihe von Unternehmen bzw. Projektleitern, deren Anspruch es ist, eine besondere Projektkultur zu schaffen bzw. in den Projekten eine bestimmte Kultur der Zusammenarbeit zum Leben erwecken zu wollen. Und: Ich kenne mindestens eine solche Zahl von Unternehmen, bei denen dieser Anspruch auf nur auf dem Papier steht – aber nie gelebt wird!
- *Subjektives „Wohlfühl"-Verständnis von Kultur:* Kultur wird von Einzelnen häufig erlebt „als das Gefühl, mit dem ich mich in dem Unternehmen wohlfühle". In meinem eigenen Unternehmen/Projekten erlebe ich dies auch immer wieder: Da wird schnell eine Kritik vom anderen persönlich genommen und dann zu einem „das macht keinen Spaß" und schließlich „hier herrscht kein wertschätzender Umgang" uminterpretiert. Kultur ist die momentan erlebte Stimmung, die vom Einzelnen in diesem Moment erlebt wird. Ist das wirklich schon gleichzusetzen mit Kultur? Ich denke, Kultur geht über das momentan erlebte Wohlfühlen hinaus. Kultur lässt sich nicht im subjektiven definieren, Kultur ist etwas, zu dem eine ganze Gruppe „Ja" sagt. Kultur ist also etwas Kollektives, das zugleich über einen längeren Zeitraum gelebt wird. Manchmal wird Kultur vom Einzelnen erst im Nachhinein erlebbar, nämlich dann, wenn er diese Kulturgemeinschaft verlassen hat …
- *Wandel der Arbeitswelt und der kulturellen Prozesse:* Lässt sich heute überhaupt noch ein in sich abgeschlossener Kulturbegriff für Unternehmen und Projekte definieren? Angesichts der Beschleunigung unserer Zeit, einer Inflation von Werten, der zersplitterten Arbeitsverhältnisse, der Vielzahl und Vielschichtigkeit der Projekte, wird es immer schwieriger noch von einer in sich geschlossenen Unternehmenskultur zu sprechen. Für Unternehmen gilt schon lange: Die Kernbelegschaft schrumpft, „Randbelegschaften" gewinnen an Bedeutung. Leiharbeiter, Mitarbeiter-auf-Zeit, projektbezogene Berater werden mehr und mehr eingesetzt. In manchen Unternehmen wird die ganze Arbeit einer Abteilung durch „Fremdarbeiter" geleistet – nur der Abteilungsleiter ist noch von der

ursprünglichen Firma. In diesem Kontext gewinnt die projektbezogene Arbeit als zeitlich befristete Arbeitskultur an Bedeutung. Ich denke nicht, dass hier ernsthaft noch von einer Unternehmenskultur, wie sie vielleicht noch vor 20-30 Jahren existierte, gesprochen werden kann. Die Unternehmenskultur ist tot, es lebe die Projektkultur! Oder noch extremer: Es lebe der Mitarbeiter als Selbst-Unternehmer. Dies bedeutet konkret: Der (externe) Projektmitarbeiter wird für ein Projekt bezahlt, er muss vielleicht aber auch gleichzeitig Folgeaufträge akquirieren und seine eigene Karrierebildung vorantreiben – weil dies niemand anderes für ihn tut. Ist in einer solch komplexen Situation davon auszugehen, dass der Projektmitarbeiter sich mit seinem Projekt identifiziert, sodass ihm die Kultur im Projekt wichtig ist? Seien wir ehrlich: In den meisten Fällen wird sich der Mitarbeiter der vorherrschenden Meinung und Verhaltensrichtlinien mehr oder weniger anpassen.

11.4 Kultur als Anpassung an eine Norm?

Normen sind konkrete Vorschriften, die das Verhalten betreffen. Sie definieren mögliche Handlungsformen einer Person. Als persönliche Normen definieren sie das individuelle Verhalten, als soziale Norm sind es die Regeln für das Verhalten in einer Gruppe – und können je nach Team verschieden sein. Normen werden meist unreflektiert übernommen und akzeptiert. Es sind akzeptierte und vertretene Vorstellungen, Handlungsmaxime und Verhaltensmaßregeln.

In welchem Verhältnis können persönliche Normen zu sozialen Normen stehen? Soziale Normen bestimmen die Erwartungen der Beteiligten in einer Situation und machen das Handeln und Reagieren in einer sozialen Situation vorhersagbar, sie reduzieren daher Komplexität im sozialen Miteinander, engen aber auch die Verhaltensmöglichkeiten ein. Anders ausgedrückt: Stimmen soziale Normen und Erwartungshaltungen mit den persönlichen Wertvorstellungen überein, wird das eigene Verhalten für Außenstehende vorhersagbar. Die Person und ihr Verhalten werden für den anderen berechenbar – bzw. das Verhalten des Teamkollegen wird für mich als Teammitglied einigermaßen berechenbar. Stimmen persönliche Normen und soziale Normen für eine Person überein, fühlt sich diese Person wohl.

Aber: Wenn Personen anders handeln als man von ihren Einstellungen erwarten würde, dann kann dies daran liegen, dass die sozialen Normen konträr und stärker sind als die individuellen Normen. Auch andere Aspekte, wie erwartete Belohnungen und Bestrafungen oder situative Einflüsse, können Ursache dafür sein, dass das praktizierte Verhalten von den persönlichen Normen abweicht. Dies zeigt: Persönliche Normen und soziale Normen müssen nicht zwangsläufig übereinstimmen – es kann zu Spannungen und Konflikten kommen – Spannungen, die mal mehr, mal weniger nach außen sichtbar werden.

Würden wir von einer Projektkultur sprechen, wenn dies bedeutet, dass persönliche Wertvorstellungen hinter die Einhaltung einer sozialen „Projekt"-Norm zurücktreten müssen? Oder würden wir von einer authentischen Kultur sprechen, wenn es zu Konflikten zwischen persönlichen Wertvorstellungen auf der einen Seite und sozialen Erwartungen auf der anderen Seite kommt? Würden wir von einer Projektkultur sprechen, wenn diese Norm mehr oder weniger unbegründet oder unreflektiert – vielleicht nur als Idealvorstellung – propagiert werden würde? Dass in der Praxis soziale Normen manchmal den Charakter eines sozialen Wunschbildes haben können, in denen mögliche Konflikte zwischen individuellen und sozialen Vorstellungen ignoriert werden, zeigt dieses Beispiel:

Erwartungen als Projektmitarbeiter an die Teammitglieder

Die Kollegen sollen fair arbeiten und Sie müssen auf jeden Fall im Team arbeiten können. Jeder Mitarbeiter sollte die Meinung anderer akzeptieren und auch Kompromisse eingehen können. Auch Konflikte sollten im Projektteam konstruktiv gelöst werden. Dazu gehört es, den anderen respektvoll und offen gegenüber zu treten. Es ist außerdem sehr wichtig, seine eigene Meinung und Ideen in die Arbeit einzubringen. Nur mit den Ideen aller kann ein erfolgreiches Projekt durchgeführt werden.

Die Teammitglieder sollten keinesfalls egoistisch handeln und nur die eigenen zugeteilten Aufgaben erledigen. Man arbeitet als Team und so sollte man auch handeln. Haben Kollegen Probleme mit ihrer Arbeit, so sollten die anderen Teammitglieder diese so weit wie möglich unterstützen und ihnen helfen. Gemeinsam können diese Probleme dann gelöst werden. Wenn das Projekt mal nicht so gut läuft, wenn es irgendwo Probleme gibt, dann ist es als Mitarbeiter sehr wichtig, seine Kollegen so weit wie möglich zu motivieren. Ein pfleglicher und freundlicher Umgang mit den Kollegen ist bei der Projektarbeit unerlässlich.

Ich glaube: Jeder könnte die oben geschilderte Vorstellung eines harmonischen Miteinanders unterschreiben. Wer möchte nicht in einer solch harmonischen Umgebung arbeiten – und weiß doch, dass unser Leben und Arbeiten von vielen konkurrierenden Ansprüchen und Erwartungen zerrissen ist.

Ich denke, damit eine echte Projektkultur bestehen kann, muss diese für den einzelnen auch nachvollziehbar, reflektiert und bejaht worden sein.

Sie muss auf ihre möglichen Widersprüche hin untersucht worden sein und mit den eigenen bereits existierenden Wertvorstellungen abgeglichen sein etc. Damit zeigt sich aber noch etwas anderes: Normeinhaltung unterscheidet sich von vernunftgemäßer Gewissensprüfung einer Handlung. Die reine Übereinstimmung des Handelns eines Einzelnen mit den sozialen Normen wird in der Regel als Compliance (Konformität) bezeichnet. Compliance ist die im Denken, Fühlen und Verhalten praktizierte Einstellung gegenüber Personen, Einrichtungen, Sachverhalte, Gegenstände. In der Regel sind diese Einstellungen aber unreflektiert, d.h. man verhält sich, ohne groß darüber nachzudenken. Hinzu kommt: Konformität ist erworben (gelernt) und auch relativ lang andauernd. Meist unterliegt die Einhaltung der sozialen Normen der sozialen Kontrolle – dies geschieht auch „informell" – im Gegensatz zu offiziellen Regelungen. So können etwa durch informelle Normen die Gültigkeit der formellen Normen in Frage gestellt werden und daraus Normenkonflikte erwachsen.

Definition Einstellung und Verhalten: Einstellungen sind relativ lang andauernde, im Verlauf des Lebens erworbene Bereitschaften, auf bestimmte Objekte aus der Umwelt mit kognitiven Vorgängen und Gefühlen sowie mit offenen Verhaltensweisen in einer beständigen Weise zu reagieren. Als Vorurteil bezeichnet dagegen eine Einstellung gegenüber Einstellungsobjekten, die nicht auf ihre Richtigkeit geprüft ist und nicht durch neue Erfahrungen oder Informationen verändert wird.

Das Ausrichten des eigenen Verhaltens an soziale Normen ist entweder durch eine eigene Erfahrung erlernt oder durch das Beobachten anderer Personen (Vorbilder) und dem anschließendem Umsetzen in eigenes Verhalten gelernt worden. Dabei kann sich das Ausrichten des eigenen Verhaltens an bestimmte Normen im Laufe eines Lebens oder in unterschiedlichen Situationen auch ändern: Aus der Sozialpsychologie ist der Einfluss der Mehrheit auf die Minderheit und die Kraft der Minderheit gegen die Mehrheit bekannt. „Gruppendruck" oder „soziale Anpassung" wird dies genannt: Menschen richten ihr eigenes Verhalten nach dem Verhalten der Mehrheit aus, wollen so „dazugehören". Dies mag an unserer Gene als Herdentier liegen oder dass wir innerlich die kognitive Spannung nicht aushalten können.

Also: Ist es schon ausreichend, um von einer Projektkultur zu sprechen, wenn von den Teammitgliedern eine unreflektierte Übereinstimmung mit einer Konvention gezeigt wird? Wahrscheinlich nicht. Spätestens im Konfliktfall mit anderen starken sozialen Konventionen droht die Konvention aufgegeben zu werden. Bei der Projektarbeit wird eine Regel, die neu im Projekt gestellt wird und sich im Widerspruch zu Konventionen aus der Linie steht, wohl den kürzeren ziehen, da die Projektregeln noch nicht so gut gelernt sind, keine richtigen Verstärker haben etc.

Dabei ist der Beitrag der Anpassung nicht gleich ausschließlich als negativ zu bewerten. Normanpassung erleichtert das Miteinander in vielen Kontexten unseres Lebens (wir gehen davon aus, dass der andere Verkehrsteilnehmer sich den Regeln der Straßenverkehrsordnung anpasst – wir fragen nicht jedes Mal, ob er die Regel „rechts vor links" für sich persönlich mit seinen anderen Werten abgeglichen hat). Aber doch zeigt dies, dass die Anpassung an eine mehr oder weniger bewusste Norm zu kurz greift, für den Aspekt einer Kultur oder kulturellen Identität.

11.5 Kultur als Wertebewusstsein

Bis jetzt ist das Fazit im Blick auf den Kulturbegriff eher enttäuschend: Die Verbände bieten nichts in ihren Darlegungen, was zu einem tieferen Verständnis des Kulturbegriffs beiträgt: Kultur im Projekt scheint v. a. auf das Wissen über zentrale Arbeitsprozesse und wichtige Personen beschränkt zu sein. Wenn ich weiß, wie etwas in einer Organisation gemacht werden kann und wer in der Organisation dies durch seine Macht oder Stellung mitträgt, dann bin ich mit der Kultur vertraut?! Mache ich dies möglichst noch in Übereinstimmung mit meinem Team, dann habe ich schon eine Kultur in meinem Team? Ich glaube, hier ist Kultur nichts anderes, als die Anpassung an eine bestehende soziale Gruppen-Norm. Zugleich bedeutet dieser Ansatz, dass ein Projektleiter eine vorhandene Kultur erkennen muss – aber nicht, dass diese durch ihn geprägt wird – und zugleich, dass diese Norm jederzeit veränderten Bedingungen unterliegt – und damit sehr relativ ist: Ändern sich die Machtverhältnisse, ändert sich auch die Kultur?

Die Darstellung der Tatsache, dass heutige Projekte vielfach von unterschiedlich zusammengewürfelten Projektmitarbeitern durchgeführt werden, zeigt die Notwendigkeit eines eigenständigen Wertbegriffs im Projektkontext:

- *Kultur im Projekt als Wertekonkurrenz:* Kultur im Projekt ist die Anerkennung der vielen Werte, die jeder einzelne aus seiner Linientätigkeit mitbringt und die vielleicht in Widerspruch zu den Wertvorstellungen der anderen Mitarbeitern aus anderen Linienbereichen besteht. Projektkultur muss anerkennen, dass sie häufig keine homogene Wertvorstellung widerspiegelt, sondern tendenziell als Charakteristikum eine gewisse Widersprüchlichkeit zeigt. Projekte sind zeitlich befristete Vorhaben, Wertvorstellungen entwickeln sich über einen längeren Zeitraum. Dies zeigt: „Projektkultur" im heutigen Sinne ist eine Wertegemeinschaft (pl.) und kann nicht von Widersprüchen frei sein!

- *Kultur im Projekt als bewusste Suche nach einer Begründung der Wertvorstellungen:* Projektarbeit im Sinne einer Projektkultur, muss sich der Vielfalt, der Vielschichtigkeit und auch der Konkurrenz der existierenden Werte bewusst werden, die von den einzelnen Mitgliedern eingebracht werden – und sie nicht einfach einem Konformitätsprinzip unterordnen. Kultur verlangt zuerst ein Bewusstsein über die in der Gruppe herrschenden Wertvorstellungen, Normen und Regeln. Durch eigenes Nachdenken/Hinterfragen der Inhalte der Norm auf Adäquatheit, durch Hinterfragen der Normträger/Vermittler (ihrer Glaubwürdigkeit, ihrer Vorbildfunktion etc.) aber auch einfach dadurch, dass andere Haltungen den anstehenden Aufgaben besser gerecht zu werden scheinen etc. differenziert sich ein eigenständiges Vorstellungsbild über die eigene Projektkultur. Jeder einzelne sollte sich selbst, seiner handlungsleitenden Regeln, Werte und Normen bewusst werden, und hinterfragen, in wie weit diese Werte in die Zusammenarbeit des Projektteams eingebracht werden können bzw. welche Werte er bewusst von den anderen Projektmitarbeitern übernehmen kann, da sie auch in sein Wertebild passen.

11.6 Projektkultur gestalten

Lässt sich eine Projektkultur als Wertegemeinschaft überhaupt gestalten? Oder anderes ausgedrückt: Lassen sich Ideen und Abstraktes, Gedanken, Gefühle und Einstellungen so gestalten und formen, dass sie nach außen sichtbar werden? Sicherlich! Ja sogar zwingend: Gefühle werden in Bildern und Analogien ausgedrückt – erst dadurch werden sie kommunizierbar:

- *Gestaltung von Kultur:* „Discounter" gestalten z. B. ihre Werbeanzeigen mit Absicht so, dass sie „billig" wirken (knallige, nicht abgestimmt wirkende Farbgebung in den Anzeigen, abgebildete Gegenstände haben unterschiedliche Proportionen). Die Absicht ist die Botschaft: Wir sparen an allem, damit wir für den Kunden so günstig sein können.
- Menschen gestalten ihre Wohnung in einer bestimmten Stilrichtung. Durch diesen Einrichtungsstil vermittelt sich ihnen Gemütlichkeit, angenehme Atmosphäre etc. Wir gestalten unsere Arbeitsplätze durch persönliche Bilder, durch die Anordnung des Mobiliars und manchmal auch durch „ die Ablageberge".

- Die Kunst zeigt uns, dass die Dinge mehr Dimensionen haben, als wir vielleicht im ersten Moment wahrnehmen. So vermag die künstlerische Gestaltung einen Bereich des Menschen anzusprechen, der nicht bis ins Letzte formulierbar ist. Genau dies macht die Faszination der Kunst aus. Die Kunst will unser Bewusstsein von den Dingen erweitern, z. B. die Musik versucht in einer anderen Dimension einen Sturm erfahrbar zu machen. Um eine Skulptur kann ich herumlaufen und sie jeweils von einem neuen Blickwinkel betrachten und etwas Neues entdecken. Kunst gestaltet unsere Wahrnehmungsformen.
- Gestaltungsvermögen ist eine urmenschliche Fähigkeit: Zu gestalten ist eine Fähigkeit, die den Menschen aller Zeiten und Zonen innewohnt. Schon in den frühen Höhlenmalereien wird durch die zeichnerische Gestaltung versucht, Gefühlen, wie z. B. Angst vor den gefährlichen Tieren oder auch zukünftigen Ereignissen wie der bevorstehenden Jagd, einen Ausdruck zu verschaffen. Diese Zeichnungen muten manchmal wie naive Kinderzeichnungen an. Hier zeigt sich in der Menschheitsgeschichte eine Parallele zur Individualgeschichte. Auch kleine Kinder malen ihre ersten Bilder naiv, malen die Dinge so, wie sie sie sehen, fragen nicht nach Proportionen oder Perspektiven. Die Vase wird so gemalt, dass „da etwas hineingestellt werden kann“. Sie wird zuerst rein funktional gemalt. Der mögliche Inhalt der Vase spielt keine Rolle. In der europäischen Kunstgeschichte war bis zur Renaissance die Religion der Inhalt, dem man durch die künstlerische Gestaltung Form gab. Diese Ausrichtung zerbrach und ist auch bis heute nicht mehr erreicht. In unserer Zeit steigert sich in der künstlerischen Gestaltung diese „pluralistische“ Bewegung bis ins Absurde und Groteske (s. z. B. Dadaismus).
- *Kultur ist nichts abstraktes, Kultur ist etwas sehr greifbares.* Oder anders ausgedrückt: Erst dadurch, dass Kultur „greifbar“ wird, wird sie auch begreifbar. Ein Experiment zur Verdeutlichung: Bei meinen Seminaren an verschiedenen Hochschulen bitte ich die Studierenden zu einem sehr frühen Zeitpunkt, sich Regeln für ihre Zusammenarbeit in den folgenden Kleingruppen-Phasen zu überlegen. Mit diesen Regeln sollen sie ihre Projektkultur „erfinden“. Üblicherweise werden von den Teilnehmern anschließend jedoch nur die „allgemeinen“ Empfehlungen für den guten Umgang definiert (ausreden lassen, jeder soll zu Wort kommen etc.). Im kürzesten Fall dauerte es nicht bis zum Nachmittag, da waren dann auch diese Regeln wieder völlig außer Kraft gesetzt: Die Teilnehmer der Kleingruppen diskutierten wild durcheinander, der Lauteste schien sich am besten durchzusetzen etc. Dies zeigt am deutlichsten: Kul-

tur ist mehr als eine (kurzfristige) Verabredung, die belanglos ist. Vereinbarungen müssen stabil, greifbar und andauernd sein, wenn sie zur Kultur werden sollen.

- *Sprache als Träger von Kultur:* Durch eine gemeinsame Sprache wird eine gemeinsame Kultur geschaffen. Hier ein Negativ-Beispiel:

Ein PRINCE2-Trainer, den ich bat, ein Training bei einem meiner Kunden durchzuführen, schrieb:

Language – all the candidates were from the Stuttgart area and spoke with a heavy accent which I could not understand easily, even after I asked them to slow down and speak Hochdeutsch. Some of the candidates wrote in their Seminarbeurteilung that my language skills were not sufficient. I understand their point but have to disagree, having run several PRINCE2 courses very successfully in other German cities.

Ich würde dem Kollegen zustimmen: Seine Sprachkenntnisse in Deutsch sind sehr gut, zumal er elf Jahre in Deutschland lebte und arbeitete. Offensichtlich gelang es dem Kollegen nicht, Teil der Gruppe zu werden.

Ein anderer Kollege schrieb dazu:

The longest 3-months of my professional life were spent as a consultant several years ago at a company in Stuttgart. In the project team was a man (who was to be my main counterpart) who refused to speak Hochdeutsch. At one heated moment, he escalated to the PM, saying that I couldn't understand German well enough to work in the project. The PM, a man from the Rheinland, said directly back to him that he was the one who didn't speak high German enough to be qualified for the project. Everyone in the room was on the floor with laughter. I am happy to say that this experience was for me a one-time thing.

Was will dieses Beispiel zeigen? Es zeigt, dass durch Sprache Grenzen gezogen werden. Wer den Dialekt nicht sprechen und verstehen kann, hat offensichtlich einen Nachteil – der sich nicht auf fachliche Aspekte bezieht, sondern auf die Frage, ob er richtig dazugehört oder nicht. Dialekt schafft eine Atmosphäre des Dazugehörens, des Vertrautseins, der Dazugehörigkeit. Ein Dialekt hat auch immer eine bestimmte Assoziation bei den Beteiligten und wer nicht zu dieser Sprachgemeinschaft gehört, ist nicht Teil der Kultur.

11.7 Kultur und Philosophie

Wenn Kultur etwas ist, das eine Gruppe lebt und zwar langfristig, wenn Kultur etwas ist, das konkret über das rein subjektive Wohlfühlen hinausgeht und wenn Kultur genuin abgrenzbar ist gegenüber anderem, dann muss es letztlich auch eine Form der bewussten Abgrenzung von anderem sein. Diese Abgrenzung erfolgt vielleicht erst später als eine bewusste Entscheidung, aber dann umso deutlicher. Mit dieser Entscheidung ist zugleich auch immer eine Entscheidung (bewusst oder unbewusst) zu einem bestimmten Wert oder einer bestimmten Werthaltung verbunden. Kultur ist damit etwas, mit dem sich der Mensch von innen heraus umgibt, ja Inneres und Äußeres stehen durchaus in einen Zusammenhang.

- *Bewusste Entscheidungen:* Der Mensch gestaltet durch bestimmte Entscheidungen, die er trifft, sein Leben, gibt ihm dadurch Wert und Richtung. Das Gestalten von Immateriellem zeichnet den Menschen gegenüber Tieren aus: Der Mensch ist in der Lage durch Introspektion seinem Leben und Arbeiten eine Form zu geben. Hier ist auch eine Brücke zur Philosophie. Die gesamte Philosophiegeschichte kreist um diese Frage: Wie gestaltet der Mensch ein geglücktes Leben? In der Neuzeit, seit Kant, ist das geglückte Leben das vernünftige Leben (rational, sozial verantwortliches Leben). In der griechischen Philosophie wurde ein geglücktes Leben häufig sprachlich gleichgesetzt mit einem ästhetischen Leben. Ästhetik meint dabei aber nicht nur äußerlich schön gestaltetes Leben (man umgibt sich mit schönen Gegenständen bzw. die der persönliche Geschmack als schön empfindet) oder mit einem ausgeglichenem Leben, („Work Life Balancing") sondern mit einem mit den grundlegenden Werten übereinstimmenden Leben.
- *Design, Lifestyle und Ästhetik:* War früher die Religion der einzige Inhalt, dem man Form gab, so erleben wir heute genau das Gegenteil davon. Durch die Vielfalt der Arbeits- und Lebensformen tritt eine Beliebigkeit auf, die einem ästhetisierendem „Schön ist, was (mir) gefällt" mündet. Die Ästhetik in ihrem heutigen Gebrauch meint häufig: Was gefällt mir? Diese Ästhetik oder auch der persönliche Geschmack, unterliegen einer Pluralität sowie einem gesellschaftlichen und kulturellen Wandel. Was heute „in" ist, kann morgen schon wieder „out" sein. Im Begriff des „Lifestyles" spiegelt sich diese Pluralität wider: Der moderne Mensch ist heute geradezu gezwungen aufgrund der Fülle der Möglichkeiten, die sich ihm anbietenden Optionen zu wählen. Wir leben im Zeitalter des Supermarktes der Sinnangebote, der Religionen und Weltanschauungen, der Patchwork-Biographie, die wir uns mühselig zusammengeflickt

haben. Die Einheitlichkeit des philosophischen Horizontes wie bei Plato oder der Stoa, gibt es nicht mehr, wir müssen uns und unser Leben immer wieder neu definieren. Lifestyle nimmt uns etwas von dieser Mühe, in dem es uns vorgefertigte Kategorien gibt. Dem gegenüber steht aber Design, als bewusste Formgebung für ein inneres Erlebnis. Ja, manchmal stehen persönlicher Geschmack bzw. Lifestyle (Ästhetik) und Design (bewusste Formsprache) geradezu in Widerspruch zueinander. Will man die in der Formsprache zum Ausdruck gebrachte Idee erleben, muss man sich manchmal über sein eigenes ästhetisches Vorurteil hinweg bemühen. Auf der einfachsten Ebene reicht dieses bewusste Formen von der Art, wie man im Projektmeeting bzw. auch in der Zeit dazwischen, miteinander umgeht, über den praktizierten und von den Mitarbeitern erlebten Führungsstil des Projektleiters bis zu bestimmten Äußerlichkeiten – z. B. ein bestimmter Projektteam-Name, Kleidung, Logos auf T-Shirts und Dokumenten etc. Jedoch: Keines dieser Elemente alleine, sondern erst ihr Zusammenspiel, werden als Kultur wahrgenommen.

11.8 Von der Projektkultur zur Projektmanager-Ethik

In den Seminaren erscheint es immer merkwürdig, wenn ich mit den Teilnehmern den Ethik-Kodex der GPM bzw. den Code of Conduct der PMI durchspreche. In der Regel wissen die Teilnehmer gar nicht, dass es diese Dokumente gibt bzw. was sie beinhalten oder dass sie – zumindest bei der PMI – sogar prüfungsrelevant sind. Was findet sich, kurz gesagt, in diesen Dokumenten?

Normen werden bei dem *Project Management Institute* im „Code of Ethics and Professional Conduct“ für ihre Mitglieder festgehalten, um ein gemeinsames Verständnis für die Praxis festzuschreiben. Hier heißt es: Das Fundament bzw. die wichtigsten Werte des Ethikkodexes sind Verantwortung, Respekt, Fairness und Ehrlichkeit.

- Unter Verantwortungsbereitschaft wird die Anforderung verstanden, Entscheidungen zu treffen und die Folgen des Scheiterns zu tragen.
- Respekt wird bei der PMI definiert als die Bereitschaft, auf sich selbst, auf andere und auf die anvertrauten Mittel Rücksicht zu nehmen. Anvertraute Mittel können Personen, Geld, Ruf und die Sicherheit von anderen und natürlichen oder Umweltgütern einschließen. Eine partnerschaftliche Atmosphäre und gegenseitiger Respekt, erzeugen nach Sicht der PMI Vertrauen, Zuversicht und letztlich auch eine

exzellente Arbeitsleistung, worin unterschiedliche Perspektiven und Ansichten verinnerlicht und geschätzt werden.

- Als Fairness wird die Aufgabe bezeichnet, Entscheidungen objektiv zu treffen. Das eigene Verhalten muss davon frei von Eigeninteressen, Vorurteilen und Bevorzugung sein.
- Ehrlichkeit ist die Anforderung, die Wahrheit und das eigene Tun auf eine ehrliche Art und Weise sowohl auf die Kommunikationen als auch im eigenen Verhalten umzusetzen.

Als Mitglied der PMI stimmt jede Person dem „Code of Ethics and Professional Conduct" zu, diesen zu unterstützen und verantwortlich umzusetzen. (Quelle: http://www.pmi.org/PDF/ap_pmicodeofethics.pdf)

Der Ethik-*Kodex der „Deutschen Gesellschaft für Projektmanagement"* (GPM) beschreibt folgende Grundwerte für Projektmanager: Verantwortung, Kompetenz und Integrität.

- Unter Verantwortung bezeichnet der Fach- und Berufsverband eine hohe Priorisierung für das Gemeinwohl, der Gesundheit und Sicherheit jedes einzelnen Menschen. Der Projektmanager trachtet nach Verbesserung der Lebensverhältnisse und der Umweltqualität und begegnet Menschen und Organisationen mit Weltoffenheit und Toleranz [...].
- Das Annehmen von Projekten, deren Komplexität und Folgen für den Projektmanager überschaubar sind, wird im Ethik-Kodex als Kompetenz beschrieben. Alternativen müssen kritisch unter Berücksichtigung gesellschaftlicher Werte abgewogen werden. Für Entscheidungen gilt Handlungsfreiheit als auch die Orientierung am Gemeinwohl [...].
- Mit Integrität wird von Mitgliedern gefordert, Gesetze und die allgemein anerkannten Werte zu achten. Es soll angestrebt werden, Schaden vom Wohlergehen der Gesellschaft abzuwehren sowie Bereitschaft zur Rechenschaft über das eigene Verhalten abzulegen.

Der Projektmanager ist loyaler Sachverwalter zum Auftraggeber, hält vertrauliche Informationen ein und schützt die Urheberrechte. Dabei übernimmt er die volle Verantwortung für seine Handlungen und Entscheidungen. Die GPM fordert das Ausrichten der Handlungen und Entscheidungen sowie die Einhaltung der moralisch-ethischen Handlungsmaximen als Wertmaßstab für alle Tätigkeiten der Projektmanager.

Interessant an beiden Kodizes ist, dass Sie keine „10 Gebote" des Projektmanagementhandelns sind, sondern bestimmte Wertvorstellungen quasi als Leitvorstellungen propagieren. Worum handelt es sich hier? Grundsätzlich wird zwischen Ethik und Moral unterschieden. Dabei wird unter

Moral die Konventionen bezeichnet, die eine Person oder eine Gruppe von Personen „lebt". Ihre Begründung stammt meist aus der praktischen Anwendung. Die Ethik dagegen versucht eine allgemein gültige Begründung der Leitsätze zu liefern.

Die Ausführungen der PM-Fachverbände zum Thema Ethik kann man am ehesten als eine Form von normativer Wirtschaftsmoral bezeichnen, die bestimmte Wertvorstellungen auf den Bereich des wirtschaftlichen Handelns (sprich auf den Projektbereich) zu übertragen versucht. Entsprechend ist auch die Begründung dafür. Konkret geht es um die Frage, welche Werte im Rahmen des wirtschaftlichen Handels als Norm für die Beteiligten gesetzt werden sollten. Als Antwort tauchen dann Werte wie Humanität, Solidarität und Verantwortung auf. Als Begründung für diese Werte wird meist der langfristige Nutzen dieser Werte ins Feld geführt. Anders ausgedrückt: Es scheint dem eigenen wirtschaftlichen Interesse, wie auch dem des anderen, am besten zu entsprechen wenn man verantwortlich, vorausschauend und pro aktiv handelt.

Dies reicht meines Erachtens aber nicht aus, von einer Ethik zu sprechen:

- Im Grund lehrt die Geschichte der Menschheit, dass Machtausübung und rücksichtsloses Handeln sich häufig durchgesetzt haben. Die Geschichte ist immer eine Geschichte der Gewinner, nicht der Verlierer in der Geschichte. Die Sinnhaftigkeit eines rücksichtsvollen Handelns wie es in der normativen Wirtschaftsethik als sinnvoll propagiert wird, kann zumindest aus der Geschichte nicht belegt werden. Diese Erfahrung werden sicherlich viele Menschen auch schon in ihrem persönlichen Leben gemacht haben.
- Das Befolgen einer normativen Vorgabe ist noch lange nicht das gleiche wie ethisch zu handeln. Beispiel: Wenn ich nur das tue, was das Gesetz verlangt, dann handele ich legal aber noch nicht ethisch! Wenn ich all die Möglichkeiten der Kommunikation, die sich z. B. im Rahmen der Stakeholderanalyse ergeben können, in Betracht ziehe und anwende, handele ich noch lange nicht verantwortlich. Wenn ich allen Anforderungen des Projektes mit meinem Sachverstand nachgehe, dann handele ich maximal vernünftig, aber noch nicht ethisch.

Ethisches Handeln ist also immer begründetes Handeln. Nicht dadurch, dass es sich auf eine Norm bezieht, sondern darauf, dass es letztlich reflektiert Verantwortung für seine Entscheidungen übernimmt, wird es zu einem ethischen Verhalten. Damit birgt es aber auch zugleich die Gefahr des Scheiterns in sich.

So wenig wie die Anpassung an eine soziale Norm mit Kultur zu verwechseln ist, so wenig ist die Anpassung an eine Wertenorm mit Ethik gleichzusetzen. Ethik, wie auch Kultur setzen Reflexion voraus, verlangen nach Diskurs und auch manchmal Widerspruch zu dem, was gilt.

Projektkultur braucht konkrete, sichtbare Formen, um begreifbar zu sein. Projektkultur ist die bewusste Formung des Handelns im Projekt. Gleiches gilt auch für eine Projektmanagement-Ethik: Die Wertebegriffe müssen für den Einzelnen in konkreten Situationen hinterfragt, erlebbar und fassbar werden, nur so werden sie letztlich auch zu einer von der Person gelebten Ethik.

Projektkultur und Ethik gehen hier Hand in Hand: Projektkultur ist die verantwortete Gestaltung des Handelns des Projektleiters im Rahmen des sozialen, kulturellen und organisatorischen Kontextes des Projektes. Projektethik ist die Gestaltung dieses Handelns durch den Projektleiter, das auf bestimmten reflektierten Werten beruht. Ich glaube, Kultur und Ethik im Projekt finden in der theoretischen Reflexion/Begründung (warum soll ich in einer bestimmten Situation so handeln) und in der konkreten Verantwortungsübernahme (deswegen handle ich so) ihren gemeinsamen Nenner. Anders ausgedrückt: Verantwortung zu übernehmen geht über das, was nur vernünftig ist, hinaus!

Im Projekt gibt es immer wieder Weichen, an denen der Projektleiter entscheiden muss. Hier geht es darum, dass der Projektleiter gezwungen ist, zwischen verschiedenen Optionen wählen zu müssen. Diese Dilemma-Situationen sind häufig der Widerspruch zwischen ökonomischen Interessen des Projektes und den (Partikular)-Interessen eines Stakeholders. In den Zertifizierungsprüfungen werden diese Art von Dilemma-Situationen dazu genutzt, einen Ethik-Kodex abzufragen. Die Fragen sind immer wieder gleich aufgebaut: Um den Projekterfolg zu gewährleisten, müssten sie kleinere oder größere Vorschriften verletzen (Bestechung, Verstoß gegen Gesetze etc.). Die Antwortmöglichkeiten sind immer wieder die gleichen:

1. Ich tue es, um den Projekterfolg nicht zu gefährden.
2. Ich tue es auf keinen Fall.
3. Ich suche mir eine mögliche Ausrede (landestypische Gepflogenheiten).
4. Ich eskaliere an den Vorgesetzen.

In der Regel ist Antwort 4 richtig! Aber ist das schon Verantwortungsübernahme, wenn ich die Fragestellung an den Vorgesetzten weitergebe? Wird „Eskalation“ so verstanden, dass ich die Frage zur weiteren Entscheidung auf die nächst höhere Führungsebene delegiere, ist es sicherlich nur eine Spielart einer normativen Ethik: „Mache das, was letztlich der Vorgesetzte entscheidet". Oder meint die Antwortmöglichkeit, dass sich der Projektleiter die Meinung und Position aller Stakeholder einholt, um dann eine Entscheidung zu treffen? Wenn letzteres gemeint ist, dann steht am Ende tatsächlich eine reflektierte Gewissensentscheidung.

11.9 Fazit

Egal ob in der Kunst oder in der Philosophie: Im Gestalten, im Form geben, wird immer eine Idee, etwas Geistiges zum Ausdruck gebracht. Ohne Form kann sich das Nicht-Materielle nicht äußern. Die Form will gestaltet sein und ist der Transport der „Message". Dem entspricht die Tatsache, dass es eine urmenschliche Fähigkeit ist, dem scheinbar Ungestaltbaren eine Form zu verleihen. Da jeder Mensch über die Gabe der Formsprache verfügt, kann es für jeden Menschen ein spannendes Erlebnis sein, nach Überwindung seines persönlichen Lifestyle – Vorurteils, hinter dem rein Materiellem die Idee, das Unbewusste oder das Faszinierende zu entdecken.

Kultur kann man nicht lernen – Kultur kann man aber spürbar machen. Kultur ist die bewusste Gestaltung der Werte, die bei der Zusammenarbeit im Projekt erlebbar wird – und die sich manchmal bewusst von der „Unternehmenskultur" für den einzelnen unterscheidet.

Kultur ist aber mehr als nur der Führungsstil, den der Projektleiter gegenüber seinen Mitarbeitern zeigt – und den Umgangsformen, die die Mitarbeiter an den Tag legen. Kultur besteht aus vielen gemeinsamen Werten und Ritualen, die man manchmal erst dann wahrnimmt, wenn man sich in einer anderen Kultur befindet. Die prägende Kraft der Kultur ist zum Teil so selbstverständlich, als gäbe es sie gar nicht.

Kultur kann man nicht schaffen, Kultur ist in erster Linie immer schon da – selbst wenn manchmal Projektmitarbeiter sagen „in diesem Projekt herrscht keine Kultur im Umgang miteinander" – aber genau dass der Umgang so anders ist, als man ihn erwartet oder ihn aus anderen Zusammenhängen kennt, ist die Kultur. Und vielleicht trägt die Summe der Ideen und Maßnahmen, wie sie in diesem Buch beschrieben sind, zu ihrer Kultur im Projekt bei. Das Ergebnis in Blick auf die Verbände ist hier sicherlich enttäuschend: Sie bleiben im Bereich der sozialen Normen stecken. Dies ist zwar sehr redlich, greift aber zu kurz: Kultur ist mehr als eine soziale Einstellung des Einzelnen.

In meinem Verständnis ist Projektkultur die bewusste Auseinandersetzung mit den Werten, die aus der Linie kommen und im Projekt aufeinander prallen. Eine genuine Projektkultur ist die Vielfallt der Werte, mit denen sich das Projektteam bewusst von der sie umgebenden Unternehmenskultur und anderen Projekten abgrenzt.

Projektkultur ist der akzeptierte Widerspruch von Werten, der sich aus der Zusammenarbeit unterschiedlichster Mitarbeiter und Werthintergründe ergibt.

In dieser Vielfalt eine Entscheidung zu treffen und dafür die Verantwortung zu übernehmen – die vielleicht auch manchmal anders ausfällt, als wenn sie in einem anderen Kontext getroffen worden wäre – macht die Projektethik aus, der sich das Projektteam bewusst ist und die ihr Handeln steuert.

Über den Autor

Mark Reuter, Dipl.-Psych. und Dipl.-Theol. ist seit 2001 zertifizierter Projektmanagement Trainer (GPM) und seit 2004 autorisierter Trainingspartner GPM. Im Jahr 2009 und 2010 wurde er als Best-in-Class Trainer und Benchmark-Trainer (GPM) unter den autorisierten Trainingspartnern der GPM ausgezeichnet. Herr Reuter ist darüber hinaus PMP der PMI und Projectmanagement-Practioner bei PRINCE2 und verfügt über langjährige Erfahrung als Trainer, Berater und Coach mit den Schwerpunkten Projektmanagement, Eignungsdiagnostik, Teamentwicklung und Konfliktmoderation. Seit dem Jahr 2000 ist Mark Reuter Geschäftsführer der dynamis Personalberatungs- und entwicklungsgesellschaft mbH mit Hauptsitz in Augsburg.

Kontaktdaten:
dynamis Personalberatungs- und
entwicklungsgesellschaft mbH
Mark Reuter
Schillstraße 150
86169 Augsburg

Telefon: 0821/815 65 46
Fax: 0821/815 1993
E-Mail: Mark.Reuter@dynamis-web.com
Internet: www.dynamis-web.com

Elisabeth Bittner, Walter Gregorc (Hrsg.)

Abenteuer Projektmanagement

Projekte, Herausforderungen und Lessons Learned

2010, 239 Seiten, 88 farbige Abbildungen, gebunden
ISBN 978-3-89578-375-3, € 24,90

Erfahrene Projektmanager berichten von Aufgaben in verschiedensten Ländern, vermitteln ein Bild von der Faszination ihres Berufs und zeigen, wie sich in diesem persönliches Engagement und fachliche, organisatorische und soziale Kompetenzen auf einzigartige Weise verbinden lassen.

Manfred Noé

Crash-Management in Projekten

Vorbeugen, Erkennen, Analysieren und Überwinden von Konflikten und Krisen

2006, 253 Seiten, 32 Abbildungen, gebunden
ISBN 978-3-89578-269-5, € 32,90

Dieses Buch zeigt, wie sich Konflikte und Krisen frühzeitig erkennen und analysieren lassen, Krisen überwunden werden und durch welche präventiven Maßnahmen Krisensituationen gar nicht erst entstehen oder ihre Eskalation vermieden wird.

Manfred Noé

Der effektive Projektmanager

Die persönliche Komponente im Projektmanagement

2009, 288 Seiten, gebunden
ISBN 978-3-89578-332-6, € 29,90

Das Buch hilft Ihnen herauszufinden, wo Ihre Stärken und Schwächen liegen, welche Persönlichkeitseigenschaften Sie als Projektmanager besitzen müssen, welche Führungsstile die richtigen für Sie sind und wie die Kommunikation mit Projektbeteiligten und Team zu gestalten ist.

Manfred Noé

Projektbegleitendes Qualitätsmanagement

Der Weg zu besserem Projekterfolg

2006, 320 Seiten,
60 Abbildungen, gebunden
ISBN 978-3-89578-270-1, € 39,90

Dieses Buch beschreibt den Einsatz eines projektbegleitenden, prozessorientierten Qualitätsmanagements als zentrale Aufgabe innerhalb eines Projekts – basierend auf dem Leitgedanken der „Qualität von Anfang an" für alle Projekt- und Entwicklungsprozesse. Projekt- und Qualitätsmanager erhalten damit ein erprobtes Instrumentarium an Methoden und Verfahren, praktische Beispiele, Tipps und Checklisten.

Manfred Burghardt

Einführung in Projektmanagement

Definition, Planung, Kontrolle, Abschluss

5., überarbeitete und erweiterte Auflage, 2007,
359 Seiten, 120 Abbildungen, gebunden
ISBN 978-3-89578-301-2, € 39,90

„Einführung in Projektmanagement" bietet Projektbeteiligten in der Industrie und Studenten eine praxisnahe, verständliche und übersichtliche Einführung in die Methoden und Vorgehensweisen des modernen Projektmanagements.

Richard Pircher (Hrsg.)

Wissensmanagement, Wissenstransfer, Wissensnetzwerke

Konzepte, Methoden und Erfahrungen

2010, 334 Seiten, 86 Abbildungen, gebunden
ISBN 978-3-89578-360-9, € 39,90

Dieses Buch bietet einen praxisorientierten Überblick über Wissensmanagement, -transfer und -sicherung, effektives Auffinden von Wissen, Wissenscontrolling/-bilanz sowie die Querbeziehungen zu Qualitäts-, Prozess- und Projektmanagement, sozialen Netzwerken und Innovation.